朝鮮戦争と中国

——建国初期中国の軍事戦略と安全保障問題の研究——

服部隆行

溪水社

目次

第二部　朝鮮戦争の開戦と中国の国家防衛をめぐる国内外戦略

第三部　朝鮮戦争の停戦と中国の安全保障戦略の変容

朝鮮戦争と中国

序論 ――課題の設定と先行研究の検討――

一、課題の設定

朝鮮戦争は一九五〇年六月二五日に勃発した。中華人民共和国（以下、中国と略記）は同年一〇月一九日、中国人民志願（義勇）軍（以下、中国軍と略記）を朝鮮半島に派遣し、この戦争に参戦したのである。一九四九年一〇月に成立したばかりの中国にとって、朝鮮戦争は以後の建国の過程に重大な影響を及ぼした。

では、朝鮮戦争は建国直後の中国にどのような影響を与えたのであろうか。

アメリカの大統領トルーマン（Harry S. Truman）は、朝鮮戦争の勃発後、直ちに声明を発表した。彼はこの声明において、朝鮮半島へのアメリカ軍の派遣のみならず、台湾海峡、インドシナなどへの軍事プレゼンスをも表明し、中国を強く刺激した[1]。

戦争勃発によるアメリカの中国大陸隣接地域へのコミットメントに対し、中国は即座にアメリカを激しく非難した[2]。朝鮮戦争の勃発を契機として険悪化した米中関係は、中国の同戦争への参戦を経て、その後、長期にわたる両国の深刻な対立への幕開けとなったのである。

朝鮮戦争の勃発を契機とした中国のアメリカへの激しい非難は、外交上のみならず、国内においても大衆運動を通じて、より強化された。朝鮮戦争開戦前から行われていた「平和署名運動」は開戦後、アメリカの台湾、朝鮮半島に対する侵略を非難する運動へと転化し、反米色が一層明確になった。そしてこの運動は中国の朝鮮戦争への参戦以後、「抗美援朝（アメリカに抵抗し、朝鮮戦争を支援する──筆者）」運動となり、朝鮮戦争期の中国における愛国主義的な大衆動員の既定路線となった(3)。

更に朝鮮における戦況と国際環境に対する中国指導層の認識は、中国軍の参戦を不可避とする情況へと追い込んだ。

朝鮮戦争は開戦後、北朝鮮（朝鮮民主主義人民共和国）軍が有利に戦闘を進め、一時は国際連合（以下、国連と略記）軍を半島の南端にまで追い込んだ。しかし、八月以降、北朝鮮軍はそこからの後退を余儀なくされ、これを機として国連軍の反撃が始まったことにより、中国指導層はアメリカの対中侵略への危惧をより一層強め、中国軍の参戦をも視野に入れた軍事戦略の方針を検討し始めたのである。

九月一五日、アメリカ軍は仁川上陸作戦に成功した。その後、同軍を中心とする国連軍が朝鮮半島を南北に分断していた北緯三八度線（以下、三八度線と略記）以北へと進攻したことは、中国指導層のそうした懸念を確定的なものにさせたのである(4)。

以後、中国指導層は自軍が中朝国境の鴨緑江を越える一〇月中旬までのほぼ一カ月間、国際社会への外交的な警告などをも含めて、同軍参戦の最終決定を慎重に考慮しつづけるが(5)、一方で参戦することで生じる国内経済のインフレーション対策をも含めて、戦時態勢への対応を強力に推し進めていったのである(6)。

このように朝鮮戦争勃発以降、中国は臨戦態勢を急速に整えていった。そして戦時態勢の強化が、建国直後の中国の政治、経済、社会、外交、軍事のあらゆる方面において極度の緊張状態をつくりあげたのである。

だが、戦時態勢自体の構築は、決して朝鮮戦争を契機にはじめてなされたものではなかった。それは中国の建国の歩みが、まさにその渦中で行われていたからである。

周知のように、一九四九年一〇月の建国の時点では、中国共産党（以下、中共と略記）を中心とする革命勢力は、大陸全土を「解放」してはいなかった。

当時、中国軍（中国人民解放軍）は大陸南部ならびに、チベットを含めた西南部の「解放」にはまだ着手しておらず[7]、またそれを実現した後も、これらの地域では、中国国民党指導下の中華民国国民政府軍（以下、国府軍と略記）の残存部隊を中心とした「反革命」勢力による反撃に対処しなければならなかった。そのため中国軍は建国後も、「剿匪」や「反革命鎮圧」と称された掃討作戦を主要な任務としており、強力な戦闘態勢を維持し続けていたのである[8]。

しかしながら他方で、中国指導層は新政府樹立以後、直ちに国家再建の事業にも乗り出していた。その中心は、日中戦争、国共内戦という連続した長期の戦争で完全に荒廃し、壊滅的な打撃を受けていた国家経済の立て直しであった。

一九四九年当時、中国の経済は崩壊に瀕していたといっても過言ではない。例えば工業面での総生産量は、それ以前の最高値と比較すると、半分以下に落ち込み、農業面では食糧生産量が四分の一にも減少していた。こうしたなかでインフレが加速し、一九四九年半ばから一九五〇年初頭にかけて、上海の卸売物価は二〇倍にも跳ね上がっていた。

こうした事態は、生産活動の回復による国家財政の安定と戦災からの復興に必要な財政支出とのバランスをはかる上で、中国指導層に難しい舵取りを迫っていた[9]。当時の中国指導層のなかにあって、主要な経済問題の担当者であった陳雲は、早くから国家財政収支の均衡と物価の安定を提唱していた。その結果、一九五〇年の春までにある程度の生産活動が回復したことを背景に、国家経済は徐々に安定した軌道に乗り始めたのである[10]。

中国軍もこの過程において、生産支援活動や復員事業を推し進めていた。特に復員事業は、戦争の過程で五五〇万にも膨れ上がった軍から、一五〇万の人員を除隊させて、軍隊の維持にかかる経費を大幅に削減するとともに、彼らを国家の経済再建事業の一員に加えることを目指していた[11]。

このように建国初期の国家再建事業は未だ戦時態勢下にありながらも、全体的にはそれが生み出す緊張感を徐々に和らげ、新国家建設の歩みに大きな期待を抱かせるものとなっていたのである。

朝鮮戦争は建国期のこうした情況のなかで勃発した。以後中国はその参戦から、一九五三年七月、交渉による戦争の一応の終結を見るまでの約三年間、極度の緊張に満ちた戦時下において、総力戦態勢を保ち続けたのである。このような情況は、建国初期の中国の国家再建過程に大きな影響を及ぼした。周知のように、その最たるものは、十分な時間とそれによって踏まえられる経済の発展段階を慎重に考慮した上でなされるはずであった社会主義経済体制への移行が、急速に進められたことである[12]。

また、朝鮮戦争の勃発による国家再建事業への影響は、こうした経済体制の面のみならず、新政権の政治基盤自体をも揺るがす、国家安全保障上の問題にも及んでいた。それは中国の旧政権である国府を完全に駆逐するはずであった台湾「解放」作戦が、朝鮮戦争の勃発により、結果的に遂行不可能な状態にまで追い込まれたことである。建国期に起こった国家安全保障上の重大な問題は、周知のように、今日においても台湾海峡に横たわっている。その発端となるものが、この時期に形成されていたのである。

中国指導層は台湾「解放」を一九四六年七月以来の国共内戦の「最後の作戦」と位置づけていた[13]。国共内戦は開始当初、アメリカの軍事援助を受けていた国府軍が圧倒的な戦力をもって有利に進めていたが、一年目以降、戦局は中共の迂回戦略や大衆工作を通じて、次第に中国軍の優勢へと転じていった。

一九四八年九月から一九四九年初頭にかけて、中国軍は国共内戦の最大の決戦となった、いわゆる「三大戦役」を実施し、長江以北の全地域を制圧下においた。その後、国共両党は内戦の停止を模索するが、不調に終わった。

一九四九年四月、中国軍総司令の朱徳は全軍に長江以南への進軍を命じ、首都、南京を攻略した。南京を奪われた国府は広州、重慶に首都を移し、一二月には大陸から台湾に移った。この間、国府はその戦力を温存するため、同軍を徐々に大陸より撤退させ、台湾を「反共の大本営」として、戦闘態勢の立て直しを行っていたのである[14]。

こうした国共内戦の経緯により、中国指導層が建国以前から台湾「解放」問題の解決を最優先課題の一つに掲げていたことが確認できる。

それは、中共を中心とする勢力による中国革命の完遂とそれに伴う全中国の「解放」の達成という新政府樹立に至る大きな目標が存在していたからである。だが中国指導層は台湾「解放」問題を、こうした国内政治上の問題からのみではなく、建国初期の対外的な安全保障問題からもそれを重視していた。それは彼らが台湾「解放」をめぐる国際環境について、次の三つの観点を導き出していたことによる。

第一は、国際社会における中国政府の承認に関する問題である。

革命の成功によって中国全土を実効支配していた新政府を、中国の「正統政府」として承認する問題は、当時、国際社会が解決を迫られていた一つの大きな課題となっていた。それは冷戦による東西対立において、新政府自身が早々とソ連への「一辺倒」を表明し、社会主義国の盟主、ソ連との強固な同盟関係を築いていたことなどによって、一層複雑となっていたのである。

建国以前、毛沢東（以下、毛と略記）は「帝国主義」諸国の新政府承認について、それを早急には求めない方針を明らかにしていた。だが、建国時には「国民党反動派と関係を断絶」することを前提としながらも、「およそ平等、互恵、領土主権の相互尊重などの原則を遵守する、いかなる外国政府とも、本政府はひとしく外交関係を樹立する」との方針に転じて、アメリカをも含め、広く国際社会への新政府承認を呼びかけるようになっていたのである[15]。

中国指導層はこうした二国間政府承認のほか、第六章で検討する国連代表権問題をも提起して、国府の国際的地位の剥奪を求めていた。だが現実には思うように進まず、二国間政府承認において、朝鮮戦争勃発までに新中国政府を承認したのは、ソ連をはじめとする社会主義陣営の各国と中国大陸と国境を接する諸国、更に香港に利権をもつイギリスなどの二五カ国ほどに限られていた。[16]

このように新中国政府は国際的な地位を確保できず、それは依然として国府の掌中に帰していた。従って事実上、新中国政府が対外的な承認を経て、自らの安全保障を確保するには限界が生じていたのである。こうした事実は、建国以後、アメリカとの国交回復に至るまでの約二〇年間にわたって、中国指導層が武力による台湾「解放」をア・プリオリに正当化していた重要な根拠の一つになっていた。[17]

第二は、冷戦初期におけるアメリカによる中国大陸への軍事戦略の動向と、それに対する中国指導層の認識の問題である。

建国以後の中国の反米・親ソの対外政策が確定したのは、通常一九四九年六月末のこととされている。それはこの時期に公表された毛の「人民民主主義独裁について」と題する論文が、中国のソ連への「一辺倒」を明確にし、東西冷戦の国際情勢のなかで、中国がソ連の陣営に帰属することを国際社会に認知させたからである。

この背景として、建国直前の米中接近の最後の機会となった南京軍事管制委員会外事処長の黄華とアメリカの駐華大使スチュアート（John L. Stuart）との会談が、ほぼ同時期に事実上決裂していたことが挙げられる。[18]だが近年ではむしろ、ソ連がユーゴスラビアのチトー（Josip Broz Tito）政権の離反を教訓に、一九四八年を通じて、全世界の共産党に対して同陣営への画一的な加盟を強制したことから、既に同年末の段階で、中国の反米・親ソ路線も決定的となっていたとする見解が有力であり、通説とは逆に、先のような対米接触は中国の対ソ自律性の側面からその意義を見出している。[19]

だが、このような建国直前の対米接触の柔軟性とは相反して、中国指導層はアメリカによる中国大陸への侵略について、早くからそれを不可避と見なす認識を固めていた。

一九四九年一月、中国指導層は中国軍が「三大戦役」に勝利を重ねている折りにも、アメリカが敗北の決定的となった国府軍に対する軍事援助を停止することよりも、彼らが直接、沿海諸都市に侵攻する可能性をより強く警戒しており、以後中国軍が長江以南に進撃するなかで、そうした脅威についての認識を一層増大させていた。[20]

先の黄華・スチュアート会談による米中接触も、中共からすると、アメリカの軍事戦略の意図を見出すことが極めて重要であった。またその後八月にアメリカ国務省が発表した『中国白書』は、国府の腐敗が、中共の勝利に結びついていたことを率直に認めていたにもかかわらず、毛はそれを痛烈に批判する論文を幾つも発表していた。このことは、単にソ連への「一辺倒」路線の強化を狙っただけではなく、その背景には、アメリカの中国大陸への軍事戦略に対する極めて強い不信感があったと考えられる。[21]

陳兼（Chen Jian）氏は、中国指導層が一九四九年末、アメリカによる中国大陸への侵略のルートを検討した際、朝鮮、台湾、ベトナムの三つを挙げ、これらを通じて中国への侵入をはかる（「三路向心迂回」）戦略を導き出していたと指摘している。[22]これが事実であれば、中国指導層は、国共内戦の「最後の作戦」である台湾「解放」作戦に勝利して、文字通り中国全土を「解放」し、中国革命を完成させるには、国府との対決のみならず、アメリカとの決戦をも十分に視野に入れていたということになる。

周知の通り、中国指導層は、一九五〇年二月に締結された中ソ友好同盟相互援助条約をアメリカの脅威に対するもっとも有効な安全保障上の方策であると認識していた。この条約はその冒頭に、「日本或いは侵略行為において直接間接的に日本と結託するその他の国」の「攻撃を受けて、戦争状態に入った場合は、他方の締結国は全力をあげて軍事上およびその他の援助を与える」と明記していた。[23]ここには日本が前面に出されているが、それは言うまでもなく、その背後にいるアメリカを強く意識していた。
こうした中ソ間の強力な同盟関係に楔を打ち込むために、一九五〇年一月五日、トルーマンはアメリカの台湾に対する不介入を宣言し、一二日には国務長官アチソン（Dean Acheson）が、アリューシャン列島からフィリピンを結ぶアメリカの防衛ラインより、朝鮮半島と台湾を外すことを明言していた。[24]
だが建国初期の中国にとって、アメリカの脅威に対応するには、強力な中ソ同盟をベースとすること以外に選択肢はありえなかった。それは既に当時、中国が台湾を「解放」するための前哨戦である東南沿海島嶼に対する軍事作戦を敢行して、それに失敗していたことも背景となっていた（第二章に詳述）。従って、既にこの時期、中国指導層は台湾「解放」に対するアメリカの軍事戦略の動向を、ソ連との安全保障体制を盾に慎重に吟味するとともに、それを実施することで自らの安全保障を確立する方向性を模索していたのである。[25]
第三は、国際環境に即した武力闘争路線の有効性に対する認識の問題である。
半植民地状態にあった中国が、中共によって「解放」されたことは、未だそうした「解放」が実現できていない近隣諸国の「反帝国主義・民族独立運動」に大きな影響を与えた。これらの諸国の民族運動の指導者は、中共による広範な「反帝国主義民族統一戦線」の組織と民衆との密接な連携により打ちたてられた武装闘争路線を「毛沢東の道」と見なして、それに高い関心を示した。
一九四九年七月、スターリン（Iosif Vissarionovich Stalin）は新国家建設を前提として、モスクワを訪問していた劉少奇（以下、劉と略記）に対して、中国革命における「毛沢東の道」を認め、中国がアジアの民族解放闘争の牽引力となるよう求めた。更に毛のモスクワ訪問時において、スターリンは、当時のベトナム民主共和国（以下、ベトナムと略記）のホー・チ・ミン（Ho Chi Minh. 以下、ホーと略記）への軍事支援について、中国が主体となって行うよう提起していたのである。[26]

こうしたなかで建国後、中国は「毛沢東の道」による中国革命の成功を他地域の「反帝国主義・民族独立運動」に普遍的に適用するよう主張するようになった。

一九四九年一一月に北京で開催されたアジア・オセアニア労働組合会議において、劉は「毛沢東の道」を積極的にアピールして、「可能な場所と可能なときにおいて」、「多くの植民地・半植民地の人民が民族独立のため歩まなければならない道であり」、そこにおいて「武力闘争こそ」が「主要な闘争形態である」と力説していた[27]。

中国が「毛沢東の道」を強調するのは、単にマルクス・レーニン主義の中国革命への適用に成功したことを自負して、それにもとづいた共産主義者の国際的連帯（「国際主義」）を提唱することにとどまらなかった。それ以上に、中国は近隣諸国が「毛沢東の道」を歩むことによって、そこに同質の政治志向や社会的体質をもつ政権が生み出されることによる安全保障上の利益に、より大きな意義を見出していたのである[28]。

従って、中国は一九五〇年二月の中ソ会談後、インドシナ戦争のさなかにあって、当時フランス軍により中越国境付近にまで追い詰められていたホー率いるベトナム軍に対して、直ちに中国側から軍事顧問団を派遣することを決断した。当初、中国指導層はその目的を台湾「解放」作戦を実施する上での周辺環境の調整の一環、すなわち、中越国境ならびに、中国南部の安定に資するものとして見出していた。しかしながら、朝鮮戦争勃発後、それは単に特定の地域に対する安全保障上の利益のみならず、中国全土のそれに関わる問題にまで高まった。それ故、中国は自国とインドシナ戦争との関わりにおいて慎重かつ柔軟な対応が求められたのである（第三、八章に詳述）。

だが、中国にとって武力闘争は、民族独立運動の後進地域に対して「毛沢東の道」を輸出する対外路線としてのみ存在しているわけではなかった。それは、まさしく中国自身の全土「解放」に向けた「主要な闘争形態」でもあったのである。

この時期、中国指導層は、台湾「解放」を外交的な諸政策によって補強しようとしながらも、基本的には武力によって果たそうとしていた。従って、「毛沢東の道」における武力闘争路線は中国が台湾「解放」作戦を進める根拠ともなっていたのである。その意味で、武力闘争の継続による中国革命の完遂は、近隣の後進地域に対する模範としてのみ存在していたわけではなかったのである。

尤も、中国指導層の台湾「解放」を推進する上でのこのような論理は、冷戦期の国際関係のなかで、大きな障壁に直面していた。それは武力闘争を正当化する論拠として彼らの独特な国際情勢認識である「中間地帯論」が背景にあったからである。(29) そこには武力闘争を推し進める民族解放運動の非国際紛争化（局地化）という論理が根底にあった。従って、先行して見たような中国指導層の対米認識とこの論理の実践には、既に不具合が生じていたのである。

しかしながら、このような両者の齟齬は、中国指導層が冷戦に対して正確な認識を有さなかったことから発したものではない。それは彼らが武力闘争という対外路線を再度、自らの台湾「解放」作戦に還元するとき、この問題をあくまでも国内問題として認識しようとするベクトルと現実の国際問題化との狭間で、その対処において一つの岐路に立たされていた事実を物語るものと言えるからである。その意味で、朝鮮戦争勃発後、アメリカが台湾海峡に介入し、更に朝鮮戦争に自らを含めた諸国家が介入して戦争が国際化した現実は、結果として、中国指導層に「毛沢東の道」における武力闘争路線の実践を徐々に後景に追いやる契機ともなっていたのである。

以上のように、中国指導層は台湾「解放」の重要性を建国初期の中国をとりまく国際環境のなかから認識していた。彼らが抱いていた国際環境認識の根底には、アジアにおける冷戦構造が存在していた。

冷戦後の今日に至っても、台湾問題は未解決のまま残されている。そしてその背景には、台湾問題が冷戦期の国際政治の力学に大きく左右されてきた事実を無視することができない。その意味で、台湾問題は冷戦の負の遺産なのである。(30)

第二次大戦以後、ヨーロッパで始まった冷戦が東アジアにも浸透し、その過程において国共内戦は冷戦構造と結合した。そして朝鮮半島での米中の直接対決を経て、アジアにおける冷戦構造は、長期にわたり米中対立をその中核としてきた。アメリカの対中国「封じ込め」政策は、まさしくその所産であった。

朝鮮戦争の停戦後、台湾海峡において二度の紛争が勃発する。一九五四年九月から翌年七月まで続いた第一次台湾海峡危機では、アメリカの「封じ込め」政策への反発が中国の軍事作戦の契機となった。従ってこの紛争は単なる国共内戦の継続過程ではなく、米中対立を戦争の瀬戸際にまで追い込んでいたのである。この間、一九五四年一二月にアメリカは国府と米華相互防衛条約を締結し、より直接的な中国に対する「封じ込め」を実施したが、中国は一九五五年一月、台湾海峡での最大の軍事作戦である一江山島への攻撃作戦を実施し、同島を「解放」した。これによりアメリカは台湾・澎湖島などの国府実効支配下の領域の防衛と引き換えに、国府軍に一江山島南方の大陳島からの撤退を迫っていた。

また一九五八年八月から一〇月にかけて勃発した第二次台湾海峡危機において、中国はアメリカが台湾海峡防衛のための重要性を認めていた金門、馬祖島への砲撃作戦を開始し、その当日の八月二三日だけで、五万発もの砲弾を打ち込んだと言われている。

他方で、こうした台湾海峡をめぐる米中の攻防は、両者に宥和的な態度を芽生えさせていた。それは外交的な話し合いを通じて、相互の紛争に対する意図を確認し合うことであった。だが、それ自体は望ましいことであったというものの、台湾問題はこれ以降、一層複雑な様相を呈するようになる。

すなわち、二つの台湾海峡危機の後、それぞれ米中大使級会談が開催され、米中間の対話がもたれた。その際両者は相互に本格的な武力衝突を望んでいないことを確認した。そしてこれを受けて、アメリカは蔣介石に武力行使による「大陸反攻」を行わない声明を発表させたのである。だが、このことによって中国の台湾「解放」、国府の

「大陸反攻」のいずれの軍事行動も、アメリカによって「封じ込め」られることになったのである。

国際社会においては、中華人民共和国の成立から一九六〇年代全般にかけて、アメリカの支持により、国府の地位は保全された。台湾海峡をはさんで対立する両者がそれぞれ主張する「一つの中国」の全面的な恩恵を受けていたのは国府であった。

だが他方で一九六〇年代以降、フランスが中国を承認したことや中ソ対立が顕著になったことで、米中の接近がにわかに進展し始めていた。このことは台湾問題をめぐって新たな動きを生み出す契機となった。

こうした国際政治のながれのなかで、一九七一年、国府は国連の代表権を失い、中国の代表権が承認された。そして一九七八年、アメリカは米中国交正常化を機に、国府と断交した。翌年以降、中国は台湾「解放」という言葉を使用しなくなり、それに代って「平和統一」を強調し始め、そのもとでの「一国家二制度方式」を提唱するようになった。

この路線は現在に至っても基本的には変更がなく、中国は台湾に対して民間・経済交流を通じた柔軟な政策を継続している。だが他方で、台湾初の総統選挙を機として、一九九六年に、ミサイル演習と称した中国による台湾海峡への軍事的な威嚇事件が発生しているし、二〇〇五年三月に制定、施行された「反国家分裂法」の第八条では、台湾の独立運動が中台を分裂させる事態となれば、「非平和」手段による問題解決も辞さない構えを見せている。このように未解決の台湾問題は、東アジアの安全保障問題としてなおも予断を許さない情況にある。

本書は以上のような問題関心から、建国初期の中国が朝鮮戦争という国際紛争に即応しつつ、国共内戦以来の軍事戦略上の大きな課題であり、彼らにとって、経済再建を中心とした国家再建事業を迅速に遂行するための安全保障上の前提でもあった台湾「解放」事業にどのように対応し、朝鮮戦争後の台湾問題と自国の安全保障問題について、いかなる展望を見出していたのかを、分析・検討しようとするものである。

従って本書は、中国の朝鮮戦争への参戦過程や中国指導層の同戦争の推進過程に重点を置いて、分析・検討しようとするものではない。その意味において本書における朝鮮戦争の扱いは、右に設定した問題を考察する上でのバックグラウンドとなる。

だが、直接参戦を果たしたこの戦争が、中国指導層の安全保障戦略上の考慮から、それを確保する上でのもっとも有効な方針と判断されていたことは自明である。従って筆者は、台湾「解放」問題についての考察も、朝鮮戦争との直接的な関わりのなかから、分析・検討することが最良の方法であると考えている。実際第七章、八章において朝鮮戦争の停戦交渉の過程から、朝鮮戦争以後の台湾「解放」問題をめぐる軍事戦略と安全保障問題についての中国指導層の認識を導き出した。

次節では、これらの考察の前提として、中国軍の朝鮮戦争への参戦から停戦交渉に至るまでの政治・軍事過程について、簡単に俯瞰しておきたい。

二、朝鮮戦争と中国

中国では朝鮮半島で自軍が本格的に戦闘を開始した一九五〇年一〇月二五日から、停戦会談が開催された一九五一年七月までを、以下の五つの戦役（戦闘の段階）に区分している。[31]

（一）「第一次戦役」、一九五〇年一〇月二五日～同年一一月五日。

（二）「第二次戦役」、一九五〇年一一月二五日～同年一二月二四日。
（三）「第三次戦役」、一九五〇年一二月三一日～一九五一年一月八日。
（四）「第四次戦役」、一九五一年一月二五日～同年四月二一日。
（五）「第五次戦役」、一九五一年四月二二日～同年五月二一日。

本節では、便宜的にこの区分に倣って、朝鮮戦争のそれぞれの戦役ごとの中国軍の軍事作戦の動態とそこから見出すことができる中国指導層の同戦争に対する認識を中心に論じていくこととする。そこでまずこれを述べる前に、朝鮮戦争への中国軍の参戦準備の情況について触れておきたい。

朝鮮戦争勃発後の一九五〇年七月初旬から、中国指導層は数度にわたる国防会議を開催し、中国東北部国境の有事に対応するため、「東北辺防軍」の創設を決定した[32]。この軍隊は、中央人民政府人民革命軍事委員会が直接指揮する「戦略予備隊」に指定され、河南、広東、広西、湖南の各省に駐屯していた第四野戦軍一三兵団下の三八、三九、四〇軍ならびに、黒龍江省のチチハルに駐屯していた四二軍の計四個軍を中心に、装甲部隊などを含めた総兵力二五万五〇〇〇人の部隊であった。

同軍は七月下旬以降、東北部の中朝国境付近に集結して戦闘訓練を開始した。だが、強力な近代兵力を誇るアメリカ軍との直接対決を想定した戦闘訓練は、戦力的にも、兵士の士気の面においても制約があって、十分には行うことができなかったという。

中国軍がアメリカ軍との対決においてもっとも懸念した情況は、空軍力の差であった。これは陸軍を主体としていた中国軍にとって致命的な問題であった。

一九五〇年一〇月初め、中国指導層は、既に述べたように劣勢に立たされた北朝鮮ならびに、そうした事態を重く見たソ連からの参戦要請を一時断ったものの、[33]その後数度の会議を経て、朝鮮戦争への参戦をほぼ決定していた。そして「東北辺防軍」を中国人民志願軍と改称するとともに、周恩来（以下、周と略記）をソ連に派遣して、中国軍の参戦にあたり、ソ連空軍による上空からの支援を要請した。だがスターリンは、ソ連空軍がアメリカ軍と直接対決すれば、戦争がヨーロッパにも拡大する懸念が生じたことと、同軍自体の準備情況が整わないことを理由にして、中国側の要請を拒絶した。

こうしたソ連側の対応に、参戦軍の総司令であった彭徳懐（以下、彭と略記）は激怒したと言われているが、毛はこのような情況下でも参戦することを最終的に決断していた。こうして一〇月一九日、中国軍の一部部隊が中朝国境の鴨緑江を渡河し、二五日までに主力軍も朝鮮半島に入った。また、それまで浙江省や江蘇省で台湾「解放」作戦への参戦準備をしていた第三野戦軍九兵団下の二〇、二六、二七軍も、このとき既に鴨緑江北岸で待機しており、これらを含めた中国軍の総兵力は四五万人に達していた。[34]

（一）「第一次戦役」

一九五〇年一〇月下旬に朝鮮戦争に参戦した中国軍は、早々と国連軍の主力であるアメリカ軍との対決を避け、大韓民国（以下、韓国と略記）軍との戦いを通じて、中朝国境付近にまで追いつめられた北朝鮮軍の劣勢を挽回することによって、戦況を転換することを目標においていた。参戦準備が十分に整わぬまま作戦行動を開始した中国軍は急速に戦闘を進めるのではなく、まずは平壌・元山以北において、国連軍への本格的な反攻を開始するための足場を作り、それから一歩一歩着実に戦線を推し進めるという方針を採っていた。

一〇月二五日早朝、中国軍は韓国軍第一師団との戦闘を開始し、朝鮮半島での戦いの火蓋を切った。中国軍は同月三〇日までに、北進中の韓国軍に打撃を与えた。また一一月一日からの戦闘では、アメリカ軍の一部とも交戦し、その北進を阻止した。

このように最初の戦役では、中国軍が有利に作戦を進め、後述する第二、三次の戦役で優勢に戦闘を進める上での足掛かりを作ったが、他方で対方の兵力を過大評価して戦闘の機会を失うことも多く、戦闘準備が不十分であることをも露呈させていた。だが全体的には「第一次戦役」は順調に推移し、毛はスターリンに、それまでの北朝鮮軍の劣勢が挽回可能であると報告し、自信を覗かせていた。

なお、国内では一一月四日に中共を含めた「民主党派」が「連合宣言」を発表して、内外に中国軍の朝鮮戦争への参戦を示唆するとともに、国内においては戦時総力戦態勢を構築するために、「抗美援朝」の大衆運動を開始する方針を明らかにしていた[35]。

(二)「第二次戦役」

一一月二五日から開始された「第二次戦役」で、中国軍は既に述べた待機中の部隊を投入して、北朝鮮の東部地区でも国連軍の北進を阻止し、北朝鮮全線で戦線を南に前進させることを意図した。

この戦役が開始される前日、国連軍総司令マッカーサー(Douglas MacArthur)は、クリスマスまでに戦争を終結させることを目指した、いわゆる「クリスマス攻勢」を宣言し、国連軍の士気を高めようと躍起になっていた。

中国軍は、先行して行われていた北朝鮮西部での戦闘において、一一月二七日までに、韓国軍第二軍をほぼ壊滅状態にまで追い込み、更にアメリカ軍に対する戦闘をも継続した。中国軍は慎重に迂回戦術を採り、南への進攻を行った結果、一二月四日、北朝鮮の首都、平壌を奪還することに成功した。

このように国連軍が劣勢に立たされた情況下で、トルーマンは、記者会見において、朝鮮戦争での原爆の使用を示唆した発言をし、それは国際社会に直ちに波紋を広げた。一二月四日、イギリス首相アトリー（Clement Richard Attlee）は、急遽ワシントンに赴いて、アメリカの真意を質すとともに、安易に戦争を拡大しないようトルーマンに苦言を呈した[36]。

他方で、北朝鮮東部地区での戦闘は首尾良くは進まなかった。機甲部隊と航空戦力によって擁護された国連軍と零下三〇度にも達する酷寒は、中国軍の前進を大きく阻んだのである。

彭は凍傷などによる犠牲者が続出したため、同地区からの部隊の撤退や比較的温暖な地区への移動を許可した。その結果、この地区ではアメリカ軍を中心に一万余の国連軍を残存させることになった。だが国連軍は既に西部地区で敗走し、平壌陥落の危機が迫ると、東西両戦線での連携が不十分であったことも災いして、東部地区からも撤退を開始していた。これにより中国軍は追撃を開始し、同地区でも南へ戦線を前進させたのである。

ところで、この「第二次戦役」での苛酷な戦闘から端を発して、この頃現地軍と北京との戦役推進をめぐる認識の差が表面化していた。

彭は、連続した戦役により、兵士の休息が必要になったこと、またこうした酷寒と戦闘で減少した兵士の増員、更にこれらを補うための兵站輸送の確保、このほかアメリカ軍との近代戦を経験したことにより新たな戦闘訓練の必要性が生じたことなどによって、厳冬期においてこれ以上作戦をつづけることを避け、残余の期間は翌年春に大規模な戦役を組織するための準備期間に充てることを北京に提言していた。

だが毛は彭の具申を拒否した。毛は中国の朝鮮戦争への参戦とその後の戦闘によって中国軍が国連軍の北上を阻止し、それを北朝鮮北部から撤退させた事実が国際的に大きな反響を呼び、現実に国連では中国との停戦交渉を実現するための各国の動きに拍車をかけていたことをより重く受け止めていた。彼はこうした政治、外交上の観点より、更に大規模な戦役を推し進め、中国軍が国連軍に徹底的な打撃を与えるべきだと判断して、その方針に従うよう彭に要求していた。

このような北京と現地中国軍との確執・対立の争点は、中国軍が朝鮮半島を南北に分断していた三八度線を越えて、戦闘を進め、韓国の首都ソウルにインパクトを与えるか否かということにあった。中国軍に三八度線を越えて南進させようとした毛をはじめとする北京の中国指導層は、自軍の参戦当初の戦略目標に修正を加えていたのである。

既に見たように、参戦当初の中国の目標は、中朝国境に迫る国連軍を撃退することであり、劣勢に追い込まれ反撃態勢がつくれないまま敗走してきた北朝鮮軍を救うため、反撃を行う根拠地を確保することにあった。「第二次戦役」の終結時点で平壌を奪還したことは、既に北朝鮮軍にそうした機会を与えることを可能にしていたのである。だが中国指導層は、参戦とその後の戦闘での中国軍の勝利に対する国際的な反響により、外国軍隊の朝鮮半島からの撤退を主とした北朝鮮側に有利な朝鮮問題解決の道だけでなく、中国にとっての外交上の諸懸案、すなわち国連代表権問題や台湾問題をも解決する糸口をも見出していた（第六章に詳述）。

中国指導層は朝鮮戦争によって、単に自国の安全保障を確保しうるのみではなく、自国の国際政治上の地位をも著しく高める可能性を見出していたのである。

両者の論争はほぼ一九五〇年一二月の一カ月間にわたって繰り広げられていたが、彭は軍事が政治に従わなければならないことを了解していたし、毛も中国軍の窮状を理解していた。従って彭は北京が主張する三八度線を南下し、ソウルに向け進攻する戦略方針を受け入れ、毛も中国軍がこうした作戦をいつ、どのようにして行うかについては、現地にその判断を委ねていた。その意味で、中国軍が三八度線を突破することの「政治的意義」に関する両者の認識の差異は、完全に解消されるまでには至らなかったが、双方とも中国の朝鮮半島における軍事行動の限界を三八度線と認識し、政治的にはこうした軍事行動を経て、有利な立場で国連軍との停戦交渉に臨む意向を固めていた。

（三）「第三次戦役」

こうした考えのもと、一九五〇年一二月三一日より、中国軍は一斉に三八度線に向けて進軍を開始した。国連軍は、三八度線付近に構築していた陣地を次々に放棄して南方に向けて撤退した。中国軍は、一月二日までに全線で三八度線を突破し、四日にはソウルを占領した。中国軍は以後の作戦に備えて、更に三七度線付近にまで南下した上で、一月八日に本戦役を終結した。

この戦役において、中国軍は先の政治的な目標を達成していた。だが、毛はこれまでの戦闘が主として韓国軍との間でなされていたことから、国連軍の主力であるアメリカ軍に更に打撃を与えなければ、中国側が停戦交渉において主導権を掌握できないと見なしていた。

当時毛は、アメリカ軍が朝鮮半島のみならず、中国東南沿海で新たな軍事行動を起こすことを懸念していたし（第四章に詳述）、この時期に、ソ連、中国、北朝鮮の三カ国で交わされた停戦条件に関する「備忘録」においては、国連側に対して強気の姿勢で臨むことが確認されていた。

この頃、毛は「第三次戦役」の勝利を過信し、アメリカ軍を朝鮮半島から撤退させ、朝鮮全土の「解放」をも意図するようになっていたが、現実の中国軍の戦力では、戦線をこれ以上南に前進させるのは無理であった。

従って、中国はこの頃、朝鮮戦争の遂行をめぐる政治と軍事の狭間で大きなジレンマに陥っていたのである。そして、一九五一年一月下旬から開始された国連軍の総反撃により、中国は自国に有利な条件で戦争を終結させる機会を失うと同時に、朝鮮での戦闘において一挙に苦境に立たされるようになる。

（四）「第四次戦役」

一九五一年一月一五日、国連軍は中国軍の最前線において「ウルフハウンド作戦」と呼ばれる偵察的な戦闘を行った。次いで一月二五日、同軍は「サンダーボルト作戦」と称される本格的かつ、大規模な反撃戦を開始したのである。

この国連軍の作戦が開始される直前の一月一七、二二の両日、周は国連側の停戦提案に対する中国の反対提案を行っていた。そこで中国側は、原則的な交渉議案についてはそれまでの方針を崩さなかったものの、交渉方式などについては国連側に若干の譲歩を行っていた。

しかし、アメリカは周の提案を譲歩と見なさず、国連に中国を「侵略者」と決議するように求めていた。二月一日、国連はこの決議を採択したため、朝鮮戦争の交渉による終結の最初の機会は、完全に閉ざされることとなる。(37)「第四次戦役」において、中国軍は予想を大きく上回った国連軍の反撃戦に対応ができず、また先の戦役での前進が災いして、補給路が延び、前線の部隊に必要な軍事物資が届かなかったことから、十分に防御態勢もとれず、東西両戦線においてほぼ全面的な後退を余儀なくされた。

このとき毛は朝鮮戦争の長期化を覚悟し、現地の総司令である彭をも北京に呼び戻して事後の対応策を協議した。彭は戦況に対する北京の楽観的な見通しに激怒し、そうした見方を改めるよう忠告したという。その結果、中国軍は三八度線付近にまで撤退し、次の戦役で反撃することが大筋で決められた。

この方針のもと、中国軍は全線で防御作戦を行った。しかし三月一五日、国連軍はソウルを奪還する。続いて国連軍は四月上旬までに、漢江河口から三八度線を北上し、臨津江を経て東海岸に至る、いわゆる「カンサス・ライン」を形成し、中国軍を三八度線以北に押し戻したのである。

このとき、マッカーサーはこの勢いに乗じて、中国南部に戦線を拡大する意向を表明していた。しかし、トルーマンは、戦線が原状回復の状態になったのを機に戦争の終結を考えるようになり、両者は鋭く対立した。結果として大統領の意に従わないマッカーサーは、四月一〇日、国連軍総司令の職を解任された。後任の総司令にはリッジウェイ（Matthew Bunker Ridgeway）が就任する。[38]

（五）「第五次戦役」

「第四次戦役」で三八度線以北への後退を余儀なくされた中国軍は、この戦役を決定的な一戦と考えていた。この戦役で中国が目指していたのは、三八度線付近で戦線が膠着するのを避け、再度三八度線を越えて進攻し、戦闘の主導権を奪回することにあった。

中国指導層はこの戦役までに、「第三次戦役」終了時に発生した戦争の進展に対する楽観的な観測を完全に放棄していた。彼らは今や、自軍の軍事情勢に即しつつ、有利に戦闘が展開することを望むようになっていた。そこにはどのような情況で戦闘を停止し、どのように停戦のための条件を作り上げるかについて心をくだく中国指導層の姿をも見出すことができるのである。

四月二二日、中国軍は全戦線で三八度線に向け進攻し、「第五次戦役」を開始した。そして早くも二四日には、三八度線に到達したが、国連軍を殲滅できてはいなかった。また、中国軍の後方で国連軍が上陸作戦を行う可能性も十分に予測できたため、進攻を停止し、以後三八度線に沿って、全体の戦線を調整しはじめた。だが五月下旬、国連軍は反撃戦を開始し、再び中国軍を三八度線以北に押し戻したのであった。これにより中国軍は「第四次戦役」と同様、専守防御の態勢に入ることを余儀なくされていた。

だが、相対する両軍の三八度線をめぐる戦線の膠着化は明らかであった。五月末以降、米ソ両国は戦争の終結を目指して、停戦交渉についての駆け引きを本格化させていた。そして七月初めまでに、交戦双方の司令は停戦交渉の開始を表明したのである。こうして朝鮮戦争は戦闘のみで決着をつける段階を終え、戦闘を継続しつつ、停戦交渉を行うという新たな段階に入ったのである。

三、先行研究と資料

朝鮮戦争についての研究は、時事解説的なものまで含めれば、既に戦争と同一の時期より始められていた[39]。それは、この戦争の開戦の経緯が謎に包まれていたからであり、当初内戦として勃発した韓国と北朝鮮との戦闘は、どちらから先に戦端を開いたのか、またこうした内戦の国際化、すなわちアメリカ、中国が介入した経緯にはどのような背景があったのか、更に直接の参戦国ではないソ連が、社会主義陣営の盟主として、北朝鮮や中国が進めるこの戦争にどのように関わっていたのか、などという点について、大きな関心があつまっていたからである。

だが、冷戦期における資本主義、社会主義両陣営の厳しい対立のなかで、朝鮮戦争をめぐる問題は、両陣営のいずれかを支持する人々によって、相互に相手の陣営を非難する形で進められていたため、客観的・学問的な分析には程遠い情況にあった。

尤も、朝鮮戦争の研究にこうした情況を生み出していた要因は、単に冷戦期の二極対立に端を発したものだけではない。ソ連を含めた参戦関係国の朝鮮戦争に関する第一級の資（史）料が未公開であり、研究に不可欠な資料が絶対的に不足していたことが、多年にわたり客観的・学問的な分析を妨げる最大の障碍となっていたのである。[40]

こうした資料情況を大きく改善するきっかけとなったのは、アメリカ側が朝鮮戦争当時の外交政策文書を公開し始めたことにある。[41]これにより朝鮮戦争の研究は、主として、こうしたアメリカの資料を活用した分析が主流となり、かつて見られたようなジャーナリスティックな分析や研究者相互間のイデオロギー的な論争を背景とした考察は徐々に影を潜めることとなった。

だが、アメリカの原資料は公開されたものの、その後それが刺激となって、かつての社会主義陣営の重要な国家から第一級の資料が公開されるようになるには、なおも時間を要した。

こうした情況を最初に変化させたのが中国であった。詳細は後述するが、中国では一九八〇年代の後半より、朝鮮戦争当時、毛が記した電報類を公開し、そのなかから彼が自ら戦争を指導する情況は鮮明となった。次いで一九九一年のソ連の崩壊に伴い、一九九〇年代初頭から、それまで極秘とされて厳重に管理されていたソ連と朝鮮戦争との関わりを示す第一級の資料が大量に公開された。[42]こうした資料のなかから、金日成（以下、金と略記）や毛が軍事援助の承認を得ることのみならず、戦争ならびに、戦時外交の進め方、更に停戦交渉における協議内容に至るまで、彼らの盟主であるスターリンに指示を仰ぎ、朝鮮戦争における中朝側の方針の多くが、スターリンの決裁を経てなされていたことが明白となったのである。

朝鮮戦争は開戦から五〇余年の歳月が経過して、当時の関係各国では既に多くの資料が公開されている。このうち資料の公開がもっとも遅れているのは、直接的な当事者である韓国と北朝鮮である。[43]だが周知のように、朝鮮戦争は現在もなお終結していないことから、直接的な当事国両者の資料の本格的な公開には更なる時間が必要である。このほか近年、朝鮮戦争当時、蒋介石が国府軍の参戦を積極的に主張していたことなどから、台湾と朝鮮戦争との関わりを示した資料についても関心が高まっており[44]、更に我が国外務省の外交文書（記録）の公開が始まって以来、日本と朝鮮戦争との関わりについての研究も進んでいる[45]。

ところで歳月の経過は、単に朝鮮戦争に関する資料の量的な増加と同時に、多言語にわたる資料群をどのように取り扱うのかという新たな問題を生み出している。それは研究者に対して多言語にわたる資料群を前に、単にこれらの資料の間を自由に往来できる言語能力を要請することにとどまらず、朝鮮戦争研究において多面的な視角を有した総合的な分析・検討を行う必要性を提示しているということができる[46]。その意味で朝鮮戦争研究は、開戦から五〇余年を迎え、新たな研究段階へと進み、多言語ならびに、多面的な視角を駆使した研究の深化を強く要求する段階に至っているのである。

さて、前節で示したような中国指導層ならびに、中国軍の朝鮮戦争における動態について詳細な考察が可能となったのは、ほぼ一九九〇年以降のことであり、それまでは一次資料の不足から、参戦中国軍の総司令ですら「林彪」と目されていたほど、研究は立ち遅れた情況にあった[47]。

だが、こうした情況が中国と朝鮮戦争との関わりをめぐる議論について、それまで研究者の十分な関心を引き起こしてこなかったわけではなく、既に中国の朝鮮戦争への参戦ならびに、その後の動態をめぐる分析は、一九六〇年代から本格的に始められていた。アレン・ホワイティング（Allen S. Whiting）氏の『中国、鴨緑江を渡る』や、その後、彼の研究を批判的に継承したロバート・シモンズ（Robert R. Simmons）氏の『朝鮮戦争と中ソ関係』がその先駆的な業績である。両者の研究はイデオロギー的な偏見を排して、当時の中ソ関係、米中関係などを軸に、中国が朝鮮戦争の進展過程においてどのように反応していたのかを詳細に分析した[48]。

他方、我が国では一九六〇年代後半以降、国際政治や軍事史の側から、朝鮮戦争に専門的な分析・検討が加えられるようになった。前者においては、信夫清三郎、神谷不二の両氏が「現代史の画期としての朝鮮戦争」を東アジアの国際政治史の文脈のなかで、どのように位置づけるかについて、史実にもとづいた検討を行い、後者は佐々木春隆氏を中心とする陸戦史研究普及会がアメリカ陸軍の公刊戦史などを用いて、開戦から停戦までの戦闘の全過程を丹念に分析している。[49] また一九七〇年代後半以降に公開されたアメリカの外交政策文書を利用して、小此木政夫氏はアメリカの朝鮮戦争政策を緻密に分析した。[50]

こうしたなかで、中国と朝鮮戦争との関わりを本格的に解明しようとする研究も見られるようになった。その先駆的な業績は、平松茂雄氏により『中国と朝鮮戦争』としてまとめられた。平松氏は、中共ならびに、中国軍の機関紙である『人民日報』や『解放軍報』を入手することすら困難な時期から、これらの新聞などを丹念に読み解く作業によって、朝鮮戦争時の中国の軍事戦略を明らかにした。氏の分析視角は、後進の研究者が中国側から朝鮮戦争を検討する際に活用できる極めて示唆に富む事実をも発掘している。朝鮮戦争開戦前に中国軍の朝鮮民族部隊が北朝鮮に帰還していた事実や、朝鮮戦争参戦後に中国指導層内で戦略方針をめぐって確執が存在したことなどがその主なものである。[51]

平松氏が指摘した事実は、一九八〇年代後半以降、中国側の朝鮮戦争に関する資料が徐々に公開されるなかで実証された。公開された資料のなかで、もっとも中心的な存在は中央文献出版社から「内部発行」の制限つきで刊行された『建国以来毛沢東文稿』(以下、『毛文稿』と略記)であろう。既に触れたように、毛の朝鮮戦争時の電報などを公開したこの一次資料の存在は、中国側からの実証的な研究を可能にするとともに、朝鮮戦争研究を飛躍的に前進させた。[52]

このように建国以後の毛の資料が公開されたことにより、他の中国の政・軍指導層、すなわち周、劉、朱徳、彭などや、彼らの側近ならびに、参戦した中国軍各部隊の指揮官などの資料が、『文選』、『年譜』、『紀事』、『回憶録』などの名で数多く刊行されるようになった。[53] これらの資料をもとに、中国では徐焔、斉徳学氏らの軍事研究者が中国軍の朝鮮戦争における軍事戦略を中心に詳細に論じるとともに、ボリュームのある戦史も公刊された[54]。またこれ以降、中国国内で展開された「抗美援朝」運動に関する資料などの編纂も進んでいる[55]。

日本において、これらの新資料と中国の軍事研究者の著作をいち早く利用し、中国の朝鮮戦争への参戦過程を明らかにしたのが、朱建栄氏の『毛沢東の朝鮮戦争』である。朱氏は、(一) 当時の中国指導層の認識においては、朝鮮戦争におけるアメリカとの直接対決が不可避的であるとされていたこと、(二) そのために中国指導層が当時進めていた台湾やベトナムへの軍事戦略を大幅に調整したこと、(三) 毛沢東をはじめとする積極参戦派と消極派が中国軍の参戦をめぐって大論争を繰り広げたこと、(四) 中国軍参戦の最終的な決定時期において、スターリンは中国軍に対する空軍による支援を拒絶し、参戦に向けた戦力の補強が進まないなかで、毛が参戦を決断したこと、などの事実を明らかにした[56]。

中国の朝鮮戦争参戦をめぐる政治過程を明らかにした朱氏の分析視角は、現在の中国と朝鮮戦争をめぐる研究の基本的なパラダイムを形成した。中国の新資料を活用した朝鮮戦争研究が在日中国人研究者である氏によって、日本語で刊行されたことは、我が国における朝鮮戦争研究を飛躍的に前進させたと言っても過言ではない。同様な分析視角による研究は、在米中国人研究者である陳兼、張曙光 (Shu Guang Zhang) 氏の研究にも引き継がれている[57]。

また、ウィリアム・ストゥーク (William Stueck) 氏は中国側の資料を利用して、国際政治における朝鮮戦争の位置づけを再検討した[58]。更に安田淳氏は、中国側の資料と後述する旧ソ連機密文書などを活用して、中国軍の朝鮮戦争参戦後の軍事過程やそこから導き出される戦争終結への過程を丹念に分析、検証し、数多くの業績を生み出している[59]。

近年の朝鮮戦争の研究においては、中国側の資料のみならずロシアで公開された旧ソ連の機密文書を活用することが、一般的となってきている[60]。

朝鮮戦争に関する旧ソ連の機密文書の存在は、一九九四年にロシア大統領エリツィン (Boris Nikolayevich Yeltsin)

が韓国大統領の金泳三に二〇〇点に及ぶ関係文書を手交したのを機に、一気に注目が集まり[61]、我が国では新聞各社が競ってリークしてそれらの内容を公表した[62]。

こうした旧ソ連機密文書を朝鮮戦争研究で広く利用できるようになったのは、一九九五年に、アメリカのコロンビア大学朝鮮研究センターが、ウッドロー・ウィルソン国際学術センターの国際冷戦史プロジェクトと協力して網羅的に収集した資料のうち、一五〇点ほどを英語に翻訳して公表したためであった[63]。

中国においても、旧ソ連機密文書に対する関心は極めて高い[64]。それは既に述べたように、それまでトップシークレットであったスターリン、毛、金の政治的トライアングルがどのように形成され、自国がいかにして朝鮮戦争への道程を歩まざるを得なかったかを解明する上で、多くの情報を提供してくれるからである[65]。楊奎松、沈志華両氏はそうした観点から、いち早く旧ソ連機密文書を活用して優れた著作を刊行した。殊に沈氏の『中ソ同盟と朝鮮戦争研究』は自らの研究論文とともに、一五〇点に及ぶ旧ソ連機密文書を中国語に翻訳して、公表している[66]。また同氏は、二〇〇三年七月、台湾の中央研究院近代史研究所が刊行した『朝鮮戦争：ロシア档案館の公表された機密文書』を編集した。これには約五五〇点にも及ぶ旧ソ連機密文書の中国語訳が収録されている[67]。

また我が国では、二〇〇〇年にモスクワ国際関係大学のトルクノフ（Anatory Vasilievich Torkunov）氏による旧ソ連機密文書の全部または、その一部を巧みに配列した資料集、『朝鮮戦争の謎と真実』が翻訳、刊行された。更にこうした旧ソ連機密文書を活用して、朝鮮戦争の全容を明らかにした研究書としては、和田春樹氏の『朝鮮戦争全史』がある[68]。

ところで、こうして新たに利用可能となった旧ソ連機密文書は、中国と朝鮮戦争との関わりについて幾つもの新事実を明らかにした。例えば、中国が朝鮮戦争の開戦に関して事前にどれほどの情報を得ていたかについては、今まで知る由もなかったが、新たな資料の発掘でかなり重要な事実が明らかとなった。一九五〇年五月中旬に、金が極秘に北京を訪問し、毛ら中国指導層と開戦計画について会談していたこと、また金は事前のモスクワでの会談で、スターリンから開戦には中国の同意が必要であると言い渡されていたこと、更に中国は金の訪中前にこのようなやり取りが、スターリンと金との間で行われていたことを知らされておらず、金の訪中後、こうした事実を慌ててスターリンに照会をしていたことなどである。[69] そしてこうした新たな事実の解明は、中国と朝鮮戦争との関わりを分析している研究者に、中国の朝鮮戦争への参戦過程、参戦後の政治・軍事過程、戦争終結をめぐる中国の思惑と戦略などについて、一層分析を深めるよう強く促すこととなった。

しかしながら、この多くの資料の発掘は、他方でいびつな形で研究を進展させることとなった。それは中国と朝鮮戦争との関わりを、既に述べたような戦争自体との直接的な関わりで研究を垂直的に深化をさせようとするベクトルであり、中国と朝鮮戦争との関わりをその他の建国期の中国の国家安全保障面での関心から分析・検討をしようとする水平的な視角での研究の深化に関心を促さないことであった。

だが、このことは先学の怠慢によるものではない。それは、中国と朝鮮戦争との関わりについて分析・検討を進めるとき、朝鮮戦争そのものと直接的な関連をもつ資料は数多く開示されているのに対し、朝鮮戦争をめぐる中国の国家安全保障戦略の全体像を解明する上での個々のアクターに関する資料の公表が、未だ十分に進んでいないからである。例えば、本書のサブ・アクターである中国とインドシナ戦争との関わりについては、当時の中越両国の関係者がわずかに『回憶録』を遺すほか、未だ一九九〇年に「内部発行」された公刊戦史が一冊あるのみである。[70]

また本書の中心をなす建国期から朝鮮戦争期の台湾問題についても、現在に至って中国側から体系的、網羅的な資料は公開されてはいない。[71]『毛文稿』や中国指導層の『文選』、『年譜』、『紀事』、『回憶録』、また旧ソ連機密文書においても、中国と朝鮮戦争との関わりを示す資料の総量と比べれば、台湾問題に関する資料は極めて少ない。

しかしながら、このことはこの時期の台湾問題への関心の低さを示すものではない。朝鮮戦争と同様、台湾問題も現在まで未解決であることが、資料の公表を遅滞させる原因となっていると考えられる。

そうした情況にありながらも、中国における朝鮮戦争の研究が本格的な学問のレベルに達した一九九〇年代初頭から、周軍、何迪（He Di）、徐焔、翟志端・李羽壮、楊奎松氏などの各氏がこの時期の台湾問題について、外部からは知ることのできない新資料を用いた論考を発表しており、[72]とりわけ徐氏の『金門の戦い』は、一九五〇年代の中国の台湾に対する軍事戦略全般を取り扱い、朝鮮戦争期の台湾への軍事戦略についても多くのページを割いて言及している。だが、そこに記述される新事実はその根拠とされている資料の出所が明確ではないものも含まれており、これに関する一次資料が中国国内でも一部の研究者しか利用できない現況を窺わせる。

我が国では、浅野亮氏が既に述べた一九九〇年代初頭の中国での研究成果を用いて、また石井明氏は中国の朝鮮戦争政策とインドシナ戦争政策との関連から、更に青山瑠妙氏は旧ソ連機密文書などの新資料を用いて、この問題に言及している。[73]他方で台湾側からみた朝鮮戦争期の大陸政策については、近年まで張淑雅（Chang Su-Ya）、ロバート・アッシネリ（Robert Accinelli）氏の研究のように、この時期のアメリカの台湾政策を通じた大陸への軍事戦略の分析が一般的であったが、[74]松田康博氏は、新たに利用可能となった台湾側の資料を用いて、台湾の大陸に対する軍事戦略などの分析を始めている。[75]

しかしながら、これらのいずれの研究成果も朝鮮戦争期における中国の台湾問題について、この時期の中国の国家安全保障戦略を念頭において、多面的な視角で論じたものではない。筆者は本書において、『毛文稿』や中国指導層の『文選』などの一次資料を中心に、また『年譜』、『紀事』、『回憶録』のほか、『金門の戦い』などの研究書、更には旧ソ連機密文書やそうした資料を利用した近年の研究業績にも依拠しながら、建国初期の中国の朝鮮戦争への参戦と台湾問題をめぐる国家安全保障戦略の動態を、政治、軍事、外交、社会の多面的な視角から分析・検討を進め、結論において、中国指導層の台湾問題についての認識、更には国家安全保障戦略の一環としての台湾をめぐる戦略方針の動態を明確にしたいと考えている。

なお本書では、特に断りがない限り、中国国民党ならびに、その指導下の国民政府について、国府或いは、台湾とし、その軍を国府軍と呼称する。中国人民解放軍ならびに、朝鮮戦争への参戦部隊の名称である中国人民志願(義勇)軍については、中国軍と一括して呼称する。また中国語(大陸)においては、朝鮮戦争を一般的に「抗美援朝」戦争と呼ぶが、日本での一般的な呼称である朝鮮戦争に統一する。更に朝鮮半島の二国、すなわち大韓民国、朝鮮民主主義人民共和国については、それぞれ韓国、北朝鮮の略称を用いる。このほか、朝鮮戦争に参戦したアメリカ軍を主体とする国連軍には韓国軍も含め、北朝鮮軍についても、中国軍の参戦以降、表記上、中国軍に含まれる場合があることをあらかじめ述べておきたい。

註

(1)「朝鮮問題に関するトルーマン大統領の声明(一九五〇年六月二七日)」(日本国際問題研究所中国部会『新中国資料集成』第三巻、日本国際問題研究所、一九六九年)一二二―一二三頁。以下、『資料集成』と略記。
(2)「アメリカの台湾侵略を非難する周恩来外交部長の声明(一九五〇年六月二八日)」同右、一二九―一三〇頁。
(3) 馬斉彬『中国共産党執政四〇年』(北京、中共党史資料出版社、一九八九年)一五頁及び、「中国人民台湾朝鮮侵略反対運動委員会『「アメリカの台湾・朝鮮侵略反対運動週間」を全国的に挙行するよう呼び掛ける通知』(一九五〇年七月一四日)」、「抗米援朝、祖国防衛に関する中国各民主党派の連合宣言(一九五〇年一一月四日)」(前掲『資料集成』第三巻)一三八―一四〇、一八三―一八五頁。
(4) 雷英夫(口述)『在最高統帥部当参謀―雷英夫将軍回憶録』(南昌、百花洲文芸出版社、一九九七年)一四六―一五三頁。
(5) 一〇月三日深夜、周恩来は、インドの駐華大使、パニッカー(Kavalam Madhava Panikkar)と会見し、アメリカ軍が三八度線を越えて進軍すれば、中国は参戦すると警告していた。中共中央文献研究室編『周恩来年譜』上巻(北京、中央文献出版社、一九九七年）八三―八四頁。
（6）中共中央文献研究室『陳雲年譜』中巻（北京、中央文献出版社、二〇〇〇年）六八―六九頁。
（7）なお、中国軍は一九五〇年一〇月六日より昌都戦役を開始し、チベット「解放」に乗りだした。『中共西蔵党史大事記』（拉薩、西蔵人民出版社、一九九五年）一七頁参照。
（8）天児慧『中華人民共和国史』（岩波書店、一九九九年）一六及び、一九頁。
（9）宇野重明、小林弘二、矢吹晋『現代中国の歴史（一九四九―一九八五）』（有斐閣、一九八六年）二九―三六頁、三木清『中国回復期の経済政策―新民主主義経済論』（川島書店、一九七一年）四七―五三頁。
（10）「財政状況和糧食状況（一九五〇年四月一三日）」（『陳雲文選』第二巻、北京、人民出版社、一九九五年）七六―八三頁参照。
（11）「一九五〇年の軍隊の生産建設活動参加についての指示（一九四九年一二月五日）」（東京大学近代中国史研究会『毛沢東思想万歳』（上）、三一書房、一九七四年）一三―一六頁及び、「在人民政協一届全国委員会第二次会議上的軍事報告（一九五〇年六月一六日）」（『聶栄臻軍事文選』、北京、解放軍出版社、一九九二年）三三五―三三九頁。
（12）奥村哲『中国の現代史　戦争と社会主義』（青木書店、一九九九年）参照。
（13）He Di（何迪）, "The Last Campaign to Unify China: The CCP's Unmaterialized Plan to Liberate Taiwan, 1949-1950," *Chinese Historians*, Vol. V, No. 1（Spring 1992）, p. 2.
（14）国共内戦については、さしあたり森下修一『国共内戦史』（三州書房、一九七〇年）及び、軍事科学院軍事歴史研究部『中国人民解放軍戦史』第三巻（北京、軍事科学出版社、一九八七年）を参照。
（15）「中国共産党第七期二中全会における毛沢東主席の報告（一九四九年三月五日）」、「中国人民政治協商会議共同綱領（一九四九年九月二九日）」（前掲『資料集成』第二巻、一九六四年）四三九、五九六頁及び、「中華人民共和国の成立に関する中華人民共和国中央人民政府布告（一九四九年一〇月一日）」（前掲『資料集成』第三巻）五頁。
（16）喜田昭治郎『毛沢東の外交』（法律文化社、一九九二年）一三九頁。
（17）中国は後述する第一次台湾海峡危機以後、一時的に「平和解放」の用語を使用するようになる。尤もその内容は国府に対する投降勧告に等しいものであった。松田康博「中国の対台湾政策―『解放』時期を中心に」（『新防衛論集』第二三巻第三号、一九九六年一月）参照。
（18）「論人民民主主義専政―紀念中国共産党二八周年（一九四九年六月三〇日）」（毛沢東文献資料研究会『毛沢東集』第一〇巻、

北望社、一九七一年）二九一―三〇七頁。黄華・スチュアート会談については、さしあたり、宇佐美滋「スチュアート大使の北京訪問計画」（『国際問題』第一九八号、一九七六年九月）、黄華「南京解放初期我同司徒雷登的幾次接触」（外交部外交史編輯室『新中国外交風雲』、北京、世界知識出版社、一九九〇年）、加々美光行『中国世界』（筑摩書房、一九九九年）を参照。

（19）高橋伸夫『中国革命と国際環境』（慶應義塾大学出版会、一九九六年）一一二―一一四頁及び、青山瑠妙「建国前夜の米中関係」（日本国際政治学会『国際問題』第一一八号、一九九八年五月）四〇―四二頁。

（20）「目前形勢和党在一九四九年的任務（一九四九年一月八日中央政治局通過）」、「軍委関於全国向進軍的部署（一九四九年五月二二日）」（中央档案館『中共中央文件選集』第一八冊、北京、中共中央党校出版社、一九九二年）一五―二二及び、二九二頁。葉飛『葉飛回憶録』（北京、解放軍出版社、一九八八年）五三七―五三八及び、五七一頁。

（21）「丟掉幻想・准備斗争（一九四九年八月一四日）」、「別了、司徒雷登（一九四九年八月一八日）」、「四評白皮書（一九四九年八月二八日）」、「五評白皮書（一九四九年八月三〇日）」、「六評白皮書（一九四九年九月一六日）」（前掲『毛沢東集』第一〇巻）三一七―三五七頁。

（22）Chen Jian, *China's Road to the Korean War: The Making of the Sino-American Confrontation* (New York: Columbia University Press, 1994), p. 94.

（23）「中ソ友好同盟相互援助条約（一九五〇年二月一四日）」（前掲『資料集成』第三巻）五四頁。

（24）「トルーマン大統領の台湾問題に関する声明（一九五〇年一月五日）」（前掲『資料集成』第三巻）三六―三七頁及び、「ナショナル・プレスクラブにおけるアチソン国務長官の演説（一九五〇年一月一二日）」（神谷不二『朝鮮問題戦後資料（一九四五―一九五三）』第一巻、日本国際問題研究所、一九七六年）三九五―四〇七頁。

（25）徐焔氏によると、当時中国指導層は、アメリカが中国への侵略を実現する上でもっとも可能性の高い手段として、日本の参戦を梃子とする間接的な侵略にもっとも関心を注いでいたという。そしてこうした認識は、一九五〇年一月初旬のトルーマンによる台湾問題への不介入声明の後にも、考慮されたと指摘している。徐焔「五〇年代中共中央在東南沿海闘争的戦略方針」（『中共党史研究』一九九二年第二期、一九九二年三月）五三頁。

（26）師哲『在歴史巨人身辺―師哲回憶録』（北京、中央文献出版社、一九九一年）【邦訳、師哲、劉俊南、横沢泰夫（訳）『毛沢東側近回想録』（新潮社、一九九五年）】、四一二―四一五頁及び、銭江『秘密征戦』上巻（成都、四川人民出版社、一九九九年）三〇頁。

(27)「アジア、オセアニア労働組合会議における劉少奇世界労連副主席の開会の辞（一九四九年一一月一六日）」（前掲『資料集成』第三巻）九―一五頁。

(28) 中国の「国際主義」に対する認識ついては、岡部達味『中国の対外戦略』（東京大学出版会、二〇〇二年）六二―六三頁参照。

(29) 建国後の中国指導層の「中間地帯論」の認識については、前掲『中国革命と国際環境』一四二―一四三頁参照。

(30) 以下、中台関係の今日までの政治過程については、山本勲『中台関係史』（藤原書店、一九九九年）及び、高木誠一郎「米中関係の基本構造」、若林正丈「中台関係五〇年略史」（岡部達味編『中国をめぐる国際環境』、岩波書店、二〇〇一年、所収）を参照。

(31) 本節の記述は特に注記がない限り、基本的に以下の安田淳氏の論考を参照した。（一）「中国初期の安全保障と朝鮮戦争への介入」（慶應義塾大学法学研究会『法学研究』第六七巻第八号、一九九四年八月）、（二）「中国の朝鮮戦争参戦問題」（軍事史学会『軍事史学』第一一八号、一九九四年九月）、（三）「中国の朝鮮戦争第一次、第二次戦役―三八度線と停戦協議」（前掲『法学研究』第六八巻第二号、一九九五年二月）、（四）「中国の朝鮮戦争第三～五次戦役―停戦交渉への軍事過程」（小島朋之、家近亮子編『歴史の中の中国政治―近代と現代―』、勁草書房、一九九九年、所収）。

(32) 姜思毅『中国人民解放軍大事典』下巻（天津、天津人民出版社、一九九二年）一〇九三―一〇九四頁及び、斉徳学「関於抗美援朝出兵決策的幾個問題」（軍事科学院軍事歴史研究部『軍事歴史』一九九三年第二期、一九九三年四月）五一頁。

(33)「什特科夫轉呈金日成給斯大林的求援信致葛羅米柯電（一九五〇年九月三〇日）」、「斯大林関於建議中国派部隊援助朝鮮致羅申電（一九五〇年一〇月一日）」、「羅申轉呈毛沢東関於中国暫不出兵的意見致斯大林電（一九五〇年一〇月三日）」（沈志華『中蘇同盟与朝鮮戦争研究』、桂林、広西師範大学出版社、一九九九年）三七六―三八二頁。

(34) 徐焔、朱建栄（訳）「朝鮮戦争にどれだけの兵力を投入したのか」（『東亜』第三一三号、一九九三年七月）二六頁。

(35) 前掲「抗米援朝、祖国防衛に関する中国各民主党派の連合宣言（一九五〇年一一月四日）」。

(36) Harry S. Truman, *Memoirs by Harry S. Truman: Year of Trial and Hope* (New York: Doubleday & Company Inc., 1955).【邦訳、ハリー・S・トルーマン、堀江芳孝（訳）『トルーマン回顧録』Ⅱ（恒文社、一九九二年新装版）】二九七―二九九頁（邦訳）、Dean Acheson, *Present at the Creation: My Years in the State Department* (New York: W. W. Norton & Company Inc., 1969).【邦訳、ディーン・アチソン、吉沢清次郎（訳）『アチソン回顧録』２（恒文社、一九七九年）】一三八―一四六頁（邦訳）。

(37)「中華人民共和国を侵略者であるとする国連総会の決議（一九五一年二月一日）」（前掲『資料集成』第三巻）二五四―二五五

五頁。

(38) Douglas MacArthur, *Reminiscences* (New York: Time Inc., 1964).【邦訳、ダグラス・マッカーサー、津島一夫（訳）『マッカーサー回想記』下（朝日新聞社、一九六四年）】三〇五―三一四頁（邦訳）、General Matthew Bunker Ridgeway, *The Korean War* (New York: Doubleday & Company Inc., 1967).【邦訳、マシュウ・B・リッジウェイ、熊谷正巳、秦恒彦（訳）『朝鮮戦争【新装版】』（恒文社、一九九四年）】一六九―二一九頁（邦訳）参照。

(39) 当時の時事解説的な書物として、例えば、I. F. Stone, *The Hidden History of the Korean War* (New York: Monthly Review Press, 1952).【邦訳、I・F・ストーン、内田敏（訳）『秘史朝鮮戦争』（新評論社、一九五二年、のち、青木書店、一九六六年）】。Guy Wint, *What happened in Korea ?: A Study of Collective Security* (London: Batchworth Press, 1954).【邦訳、グィー・ウイント、小野武雄（訳）『朝鮮動乱回顧録』（国際文化研究所、一九五五年）】などがある。殊に前者は、一九七〇年代まで、朝鮮戦争の開戦をめぐる論争の焦点となっていた。

(40) 例えば、筆者が収集したもので、この当時、中国が公開していた一次資料としては、国内の「抗美援朝」運動の動向を纏めた、中国人民抗美援朝総会宣伝部『偉大的抗美援朝運動』（北京、人民出版社、一九五四年）、国内外の朝鮮問題の資料を翻訳した、『朝鮮問題文件彙編（一九四三年一二月至一九五三年七月）』第一集（北京、世界知識出版社、一九六〇年）しかない。なおこの当時から一九八〇年代全般における中国での朝鮮戦争研究の現状については、朱建栄「中国における朝鮮戦争研究」（『中国研究月報』第五一三号、一九九〇年一一月）を参照されたい。

(41) 一九七二年のアメリカ大統領行政命令に応じて、作成後三〇年経過した政府関係文書が公開されることになった。その代表的なものとして、『アメリカ国務省外交関係文書』(U. S. Department of State, *Foreign Relations of the United States: Diplomatic Papers*, Washington, D. C.: U. S. Government Printing Office) があり、朝鮮戦争期の文書も一九八〇年代初頭から逐次公開、出版された。なお、これ以降のアメリカの朝鮮戦争研究については、阪田恭代「米国における朝鮮戦争研究の現状」（軍事史学会『軍事史学』第一〇三号、一九九〇年一二月）を参照されたい。

(42) さしあたり、和田春樹「ソ連の政治関係文書公開の現状と評価―共産党・外務省・国家保安機関・国防省文書を中心に」（総合研究開発機構『政策研究』第一二巻第七号、一九九九年七月）を参照。なお中国関係の文書については、アレキサンダー・M・グリゴリエフ、川島真（訳）「ロシア国内各文書館所蔵　中国関係資料」（『中国研究月報』第五六五号、一九九五年三月）を参照されたい。

(43)　韓国では、近年初代大統領の李承晩に関する文書が刊行され始め、研究が進みつつある。さしあたり、白井京「資料紹介　大韓民国初代大統領李承晩の関連文書」(『アジア資料通報』第三九巻第二号、二〇〇一年四月)を参照されたい。また韓国の国防軍史研究所では、全三巻からなる朝鮮戦争戦史が編纂され、我が国ではその邦訳書の刊行が進んでいる。韓国国防史研究所、翻訳・編集委員会(訳)『韓国戦争』(かや書房)。北朝鮮資料による研究については、鐸木昌之「北朝鮮史料から見た朝鮮戦争―米国押収文書と韓国の史料を中心に―」(軍事史学会『軍事史学』第一〇三号、一九九〇年一二月)を参照されたい。

(44)　国府軍の参戦問題については、神谷不二「朝鮮戦争と国府軍使用問題」(『法学雑誌』第九巻第三・四合併号、一九六三年三月)が詳しい。台湾における朝鮮戦争関係資料の公開情況などについては、張青華「台灣地区現蔵韓戦資料評介」(『國史館館刊』復刊第二一期、一九九六年一二月)を参照されたい。なお台湾の資料を使用して、朝鮮戦争を再検討した先駆的な試みとしては、石源華「台湾蒋介石政府与朝鮮戦争的起因―蒋中正档案相関史料解読」(復旦大学韓国・朝鮮研究中心『冷戦以来的朝鮮半島問題』、ソウル、図書出版高句麗、二〇〇一年)がある。

(45)　外務省による外交文書の公開は、一九七五年から始まっているが、朝鮮戦争に関する外交文書は第九回(一九八六年)、第一〇回(一九八八年)に公開されている。また日本と朝鮮戦争との関わりについては、殊に掃海艇の派遣問題などをめぐるアメリカ軍への協力体制がどのように築かれたのかについて注目が集まっている。さしあたり、田中恒夫「朝鮮戦争における日本の国連軍への協力―その基本姿勢と役割―」(『防衛大学校紀要・社会科学分冊』第八八号、二〇〇四年三月)を参照されたい。

(46)　我が国のこのような朝鮮戦争研究の課題に対する一つの試みとして、二〇〇〇年度から二年間、慶應義塾大学地域研究センター(現東アジア研究所)のプロジェクトである『朝鮮戦争の再検討』(研究代表、赤木完爾)が実施された。このプロジェクトには筆者も参加したが、今日の朝鮮戦争研究をめぐる多言語的な資料環境に対応して、国内外のアメリカ、ロシア、中国、朝鮮半島を領域とする研究者や軍事、国際政治を専門とする研究者が相互に連携をはかりながら、朝鮮戦争についての包括的な再検討を目指した。なおこの成果は、赤木完爾編『朝鮮戦争　休戦五〇周年の検証・半島の内と外から』(慶應義塾大学出版会、二〇〇三年)として刊行された。

(47)　例えば、後述するアメリカ陸軍の公刊戦史を利用した陸戦史研究普及会の『朝鮮戦争』第六巻にはこのような記述がある。

(48)　Allen S. Whiting, *China Crosses the Yalu: The Decision to Enter the Korean War* (New York: The Macmillan Company, 1960). Robert R. Simmons, *The Strained Alliance: Peking, Pyongyang, Moscow, and the Politics of the Korean Civil War* (New York: Free Press, 1975).【邦訳、ロバート・R・シモンズ、林建彦、小林敬爾(訳)『朝鮮戦争と中ソ関係』(コリア評論社、一九七六年)】。

(49) 信夫清三郎『朝鮮戦争の勃発』（福村出版、一九六九年）、神谷不二『朝鮮戦争―米中対決の原形』（中央公論社、一九六六年）、陸戦史研究普及会『朝鮮戦争』全一〇巻（原書房、一九六六―一九七三年）。

(50) 小此木政夫『朝鮮戦争―米国の介入過程』（中央公論社、一九八六年）。

(51) 平松茂雄『中国と朝鮮戦争』（勁草書房、一九八八年）。なお平松氏は同じ手法で今日に至る台湾問題を軍事的側面から検証した、『台湾問題―中国と米国の軍事的確執』（勁草書房）を二〇〇五年に刊行した。

(52) 『建国以来毛沢東文稿』全一三冊（北京、中央文献出版社、一九八七―一九九八年内部発行）。うち、建国期から朝鮮戦争期に至る文書は第四冊（一九九〇年）まで。なお毛の朝鮮戦争期の文書の一部は、既に中国人民解放軍軍事科学院『毛沢東軍事文選　内部本』（北京、中国人民解放軍戦士出版社、一九八一年【復刻版、蒼蒼社、一九八五年】）によって公開されていた。『毛文稿』は現存するこの時期の毛の文書を全て収録しているわけでなく、そればかりか収められている文書のなかには部分的な削除などの欠落も見られる。前者を補う当該時期の毛沢東に関する一次資料としては、中共中央文献研究室『毛沢東文集（一九四九年一〇月―一九五五年一二月）』第六巻（北京、人民出版社、一九九九年）、『毛沢東軍事文集』第六巻（北京、軍事科学出版社・中央文献出版社、一九九三年）などがある。後者を補うものとしては、「関於中国人民志願軍出動朝鮮作戦的一組電文（一九五〇年一〇月八日―一九日）」（中共中央文献研究室、中央档案館『党的文献』二〇〇〇年第五期、二〇〇〇年一〇月）及び、逢先知、李捷『毛沢東与抗美援朝』（北京、中央文献出版社、二〇〇〇年）などがあり、これらのなかには一部、新たに公開された資料も含まれている。

(53) 建国期から朝鮮戦争期における中国指導層の比較的詳細な資料として、前掲『周恩来年譜』のほか、中共中央文献研究室、中国人民解放軍軍事科学院『周恩来軍事文選』第四巻（北京、人民出版社、一九九七年）、《周恩来軍事活動紀事》編写組編『周恩来軍事活動紀事（一九一八―一九七五）』下巻（北京、中央文献出版社、二〇〇〇年）、『建国以来劉少奇文稿』第一冊（北京、中央文献出版社、一九九八年内部発行）、なお本書は二〇〇五年に改訂・新版が発行され、現在までに一九五二年末までの文書を掲載した第四冊まで刊行されている。中共中央文献研究室『劉少奇年譜（一八九八―一九六九）』下巻（北京、中央文献出版社、一九九六年）、朱徳『朱徳軍事文選』（北京、解放軍出版社、一九九七年）、彭徳懐伝記編写組『彭徳懐軍事文選』（北京、中央文献出版社、一九八八年）、王焔『彭徳懐年譜』（北京、人民出版社、一九九八年）がある。また『回想録』は多数にのぼるため、巻末の引用・参照文献一覧を参照されたい。

(54) 徐焔『第一次較量―抗美援朝戦争的歴史回顧与反思』（北京、中国広播電視出版社、一九九〇年、一九九八年増訂版）、斉徳

学『朝鮮戦争内幕』（瀋陽、遼寧大学出版社、一九九一年）、『巨人的較量―抗美援朝高層決策和指導』（北京、中共中央党校出版社、一九九九年）。戦史としては、《当代中国》叢書編輯部『抗美援朝戦争』（北京、中国社会科学出版社、一九九〇年）、軍事科学院軍事歴史研究部『中国人民志願軍抗美援朝戦史』（北京、軍事科学出版社、一九九〇年第二版）が刊行された。なお本書の初版は、「内部発行」であった。のちに新しい資料をもとに、全面的な改訂を加えた、軍事科学院軍事歴史研究部『抗美援朝戦争史』全三巻（北京、軍事科学出版社、二〇〇〇年）が出版された。このほか、《当代中国》叢書編輯部『当代中国軍隊的軍事工作』上（北京、中国社会科学出版社、一九八九年）は建国後の中国軍の軍事活動全般について記したものであるが、朝鮮戦争についても詳しい。

(55)「抗美援朝」運動に関する資料は以下のようなものが挙げられる。中共北京市委党史研究室『北京市抗美援朝運動資料匯編』（北京、知識出版社、一九九三年）、中共江蘇省委党史工作弁公室、江蘇省档案館、南京市档案館『抗美援朝運動在江蘇（一九五〇―一九五三）』（南京、中国档案出版社、一九九七年）、中共江西省委党史資料征集委員会『江西抗美援朝運動』（北京、中央文献出版社、一九九五年内部発行）。

(56) 朱建栄『毛沢東の朝鮮戦争』（岩波書店、一九九一年）。なお本書は、二〇〇四年に旧ソ連の機密文書を利用して改訂され、文庫版として刊行された。本書を参照するにあたり、筆者は主として旧版を利用しつつも、新版での朱氏の見解も適宜参考にしたことも付記しておく。

(57) Chen, *op.cit.*, Shu Guang Zhang, *Mao's Military Romanticism: China and the Korean War, 1950-1953* (Lawrence: University Press of Kansas, 1995).

(58) William Stueck, *The Korean War: An International History* (Princeton: Princeton University Press, 1995).【邦訳、ウィリアム・ストゥーク著、豊島哲（訳）『朝鮮戦争―民族の受難と国際政治』（明石書店、一九九九年）】。

(59) 註（31）で示した以外の安田淳氏の論考には、主として以下のものがある。「中国の朝鮮戦争停戦交渉開始に関する一考察」（慶應義塾大学法学研究会『教養論叢』第一〇八号、一九九八年三月）、「中国の朝鮮戦争停戦交渉に関する一試論―外国軍隊の撤退と軍事分界線問題―」（軍事史学会『軍事史学』第一四一号、二〇〇〇年六月）、「中国の朝鮮戦争停戦交渉―軍事分界線交渉と軍事過程―」（前掲『法学研究』第七五巻第一号、二〇〇二年一月）、「中国の朝鮮戦争停戦交渉―捕虜返還問題と軍事過程―」（同右、第七七巻五号、二〇〇四年五月）。

(60) これに前後して出始めた旧ソ連の中国問題担当者などのメモワールや個人的に収集した資料を利用した研究書として、S.N.

Goncherov, J. W. Lewis and Xue Litai, *Uncertain Partners: Stalin, Mao, and the Korean War*（Stanford: Stanford University Press, 1993）がある。ここで利用された資料は、スターリンの中国問題担当の秘書、コワリョフ（Ivan Vladimirovich Kovalev）のものであり、巻末にはその資料が明らかにされている。

(61) ロシアから韓国に引き渡された機密文書については、森善宣「朝鮮戦争関連『ロシア外務省』文書の紹介」（『富山国際大学紀要』第一〇号、二〇〇一年三月）に詳しい。なお、この機密文書をリークして、中国語に翻訳したものとしては『前蘇聯政府档案朝鮮戦争文電摘要』（台北、中共研究雑誌社、一九九九年）がある。

(62) 例えば、『毎日新聞』一九九三年八月七日。

(63) "New Russian Documents on the Korean War," *Cold War International History Project Bulletin*, Issues 6-7（Winter 1995/96）. このほかの『ブレティン』にも幾つも散見する。

(64) 二〇〇二年八月、中国は国家プロジェクトとして、中国社会科学院などが中心となって、後述する沈志華氏が収集した旧ソ連機密文書、約一万五〇〇〇点のうち、八〇〇〇点程を中国語に翻訳した全三四巻本（計三六冊）の『蘇聯歴史档案選編』（北京、社会科学文献出版社、内部発行）を刊行している。残念ながら本書全巻にわたって、中ソ関係や朝鮮戦争に関わる資料は収録されていない。

(65) 旧ソ連機密文書の公開をめぐる研究動向などについては、さしあたり、河原地英武「朝鮮戦争とスターリン―ソ連公開文書の検討」（軍事史学会『軍事史学』第一四一号、二〇〇〇年六月）を参照されたい。

(66) 楊奎松氏には「青石」の筆名で『百年潮』誌に掲載した「斯大林力主中国出兵援朝―来自俄国档案的秘密」（一九九七年第二期、一九九七年三月）、「朝鮮停戦内幕―来自俄国档案的秘密」（一九九七年第三期、一九九七年五月）のほか、『中共與莫斯科的關係（一九二〇―一九六〇）』（台北、東大圖書公司、一九九七年）、『毛沢東与莫斯科的恩恩怨怨』（南昌、江西人民出版社、一九九九年）がある。沈氏は前掲『中蘇同盟与朝鮮戦争研究』。このほかの朝鮮戦争関連の研究書として、『朝鮮戦争掲秘』、『毛澤東、斯大林與韓戦―中蘇最高機密档案』（香港、天地図書有限公司、一九九五、一九九八年）を刊行している。

(67) 沈志華『朝鮮戦争：俄国档案館的解密文件』全三冊（台北、中央研究院近代史研究所、二〇〇三年）。なお本書に収録されている機密文書は氏の前著『中蘇同盟与朝鮮戦争研究』と重複しているものもある。

(68) Anatory Vasilievich Torkunov, *Zagadochnaya Voina: Koreiskii konflikt 1950-1953*（Godov: Rossspen, 2000).【邦訳、A・V・トルクノフ、下斗米伸夫、金成浩（訳）『朝鮮戦争の謎と真実』（草思社、二〇〇一年）】、和田春樹『朝鮮戦争全史』（岩波書店、二

〇〇二年）。

(69)「什特科夫関於金日成訪華計画致維辛斯基（一九五〇年五月一二日）」、「羅申関於金日成與毛沢東会談情況的電報（一九五〇年五月一三日）」、「史達林関於同意朝鮮同志建議致毛沢東電（一九五〇年五月一四日）」（前掲『朝鮮戦争：俄国档案館的解密文件』上冊）三八一―三八四頁。

(70) 中国軍事顧問団歴史編写組『中国軍事顧問団援越抗法闘争史実』（北京、解放軍出版社、一九九〇年内部発行）。なお戦後のインドシナ問題の全般を取り扱った資料として、『印度支那問題文件匯編』（北京、世界知識出版社、一九五九年）があるが、朝鮮戦争時期の中国とインドシナ戦争との関わりについては触れていない。また一九五〇年九月中旬より、中越国境付近で繰り広げられた、いわゆる「国境戦役」において、「中共中央代表」として中国から派遣された軍事顧問団とベトナム軍を指揮した陳賡の当時の日記も貴重な資料である。この他回想録などについては、第三、八章の註及び、巻末の引用・参照文献一覧を参照されたい。陳賡『陳賡日記（続）』（北京、解放軍出版社、一九八四年内部発行）。本書は二〇〇三年に、一九三七年から一九四一年（各年欠落部あり）ならびに、一九四九年上半期を扱った、一九八二年発行の同『日記』とともに合本され、「内部発行」の限定も外され、新編の『陳賡日記』となったが、多くの箇所で削除が目立つ。

(71) 国共内戦末期から台湾「解放」作戦の準備段階までの一次資料を収録したものとして、『従延安到北京―解放戦争重大戦役文献和研究文章専題選集』（北京、中央文献出版社、一九九三年）、瀋陽軍区政治部編研室『建国初期我軍渡海作戦史料選編』（瀋陽、白山出版社、二〇〇一年軍内発行）がある。国務院台湾事務処弁公室研究局『台湾問題文献資料選編』（北京、人民出版社、一九九四年内部発行）は、台湾問題をめぐる公式文書を収録したもの。郭立民『中共対台政策資料選輯（一九四九―一九九一）』上冊（台北、永業出版社、一九九二年）は台湾で発行された中国の文献集であるが、詳細ではない。『復刻版台湾問題重要文献資料集』全三巻（龍渓書舎、一九七一年）の第一巻は、一九五〇年代の中国の台湾問題に関するパンフレットを集めたものである。

(72) 周軍「新中国建国初期人民解放軍未能遂行台湾戦役計画原因初探」（『中共党史研究』一九九一年第一期、一九九一年一月）、He, *op.cit.*, 徐焔『金門之戦』（北京、中国広播電視出版社、一九九二年）、翟志端、李羽壮『金門紀実―五〇年代台海危機始末』（北京、中共中央党校出版社、一九九四年）、青石（楊奎松）「一九五〇年解放台湾計画擱浅的幕後」（『百年潮』一九九七年一期、一九九七年一月）。

(73) 浅野亮「未完の台湾戦役―戦略転換の過程と背景」（『中国研究月報』第五二七号、一九九二年一月）、石井明「朝鮮戦争か

ら中ソ対立へ―国家統一・経済建設と革命支援の相克」（『世界歴史』第二六巻、岩波書店、一九九九年、所収）、青山瑠妙「中国の対台政策―一九五〇年代前半まで」（『日本台湾学会報』第四号、二〇〇二年七月）。

（74） Chang Su-Ya（張淑雅）, *Pragmatism and Opportunism: Truman's Policy toward Taiwan, 1949-1952* (Ph. D. The Pennsylvania State University, 1988). 同「米国対台湾政策轉変的考察（一九五〇年一二月―一九五一年五月）」（『中央研究院近代史研究所集刊』第一九期、一九九〇年六月）、Robert Accinelli, *Crisis and Commitment: United States Policy toward Taiwan, 1950-1955* (Chapel Hill: The University of North Carolina Press, 1996).

（75） 松田康博「台湾の大陸政策（一九五〇―五八年）―『大陸反攻』の態勢と作戦」（『日本台湾学会報』第四号、二〇〇二年七月）。

第一部　台湾「解放」戦略をめぐる中国の安全保障戦略と周辺環境

第一章　中国人民空軍建設援助に関する中ソ交渉について

——中華人民共和国成立前夜の交渉——

はじめに

中国人民空軍（以下、中国空軍と略記）は、一九四九年一月、毛沢東（以下、毛と略記）が「目前の形勢と一九四九年の任務」と題する党内指示のなかで、一九四九年及び、一九五〇年の間に空軍を建設する旨を提唱したことにより、その体制づくりが本格的に始まった[1]。

以来、同年三月に、中国共産党（以下、中共と略記）中央軍事委員会（以下、中央軍委と略記）はその内部に航空局を設立し、五月にはその規模を拡大させた[2]。このように、空軍建設に向けた機構づくりは、他に先じて進められていったものの、まだ空軍司令部が創設されていないだけではなく、肝心の航空機（空軍機）の調達・確保、パイロットなどの空軍要員の養成・訓練など、実質的な空軍建設を進める目途はたっておらず、空軍が機動力を備えるようになるというには、程遠い状態であった。

しかしながら当時、国共内戦は中国人民解放軍（以下、中国軍と略記）が「渡江戦役」を順調に進めたことで、最終段階をむかえており、そのなかで、中共の最終戦略目標の一つであった台湾攻撃には、作戦上、空軍が台湾海峡上空の制空権を握り、兵員の渡海上陸を援護することが、勝利を導く上で不可欠の条件となっていた。それ故に、中共指導層にとって台湾攻撃を実施するまでの間に、戦闘力を有する空軍を早急に建設することが、大きな課題になっていたのである[3]。

しかしながら、当時中共が独力で空軍を建設することは不可能であった。そこで、急遽一九四九年八月に中共とソ連双方の代表との間で執り行われたのが、空軍建設援助についての交渉であった。

この交渉は後に中国空軍の最初の司令員となる劉亜楼（当時、中国軍第四野戦軍一四兵団司令員。以下、劉と略記）らが[4]、後の中華人民共和国（以下、中国と略記）建国初期の空軍建設に対する援助を求めてモスクワを訪れ、ソ連空軍総司令ヴェルシニン（Konstantin Andrevich Vershinin）らとの間で行ったものであり、その具体的な成果は、中国の空軍建設の基礎を形成したばかりか、結果的に、朝鮮戦争に参戦する中国の航空部隊をも養成することとなったのである[5]。

今日、この交渉の存在自体についてはある程度知られるものとなってきたものの、このときに協議された詳細な内容についてはほとんど知られていない[6]。そこで本章では、この交渉に参加した中国（中共）側の代表の一人である、呂黎平（以下、呂と略記）の回想録を手がかりにして[7]、協議内容の詳細を明らかにしていくこととする。

一、劉亜楼らのモスクワ訪問の決定

劉が空軍を組織する準備を命じられたのは、一九四九年の春頃のことであったが[8]、本格的にその準備を進めるようになったのは、台湾攻撃の実施計画が練られ始めた同年六月以降のことであった[9]。

七月一〇日、毛は周恩来（以下、周と略記）に書簡を送り、「『わが空軍が、敵の空軍を短期間（例えば、一年）で圧倒するのは、不可能である』」と指摘しながらも、ソ連に三〇〇～四〇〇人を六～八カ月間派遣し、そこで空軍について学習させること、またソ連から一〇〇機前後の航空機を購入して、現有の空軍とともに攻撃部隊を組織することで、「『明年夏には台湾を奪取できるよう準備せよ』」と指示した。[10]

毛のこのような空軍建設に関する具体的な指示は、台湾攻撃に実戦投入可能な空軍ができるか否かによって、台湾攻撃の実施を延期する可能性をも示唆したものであり、台湾攻撃を行う上で、毛が如何に空軍の役割を重視していたかを示している。

翌一一日、周は毛のこの指示にもとづいて、劉に一年内に、空軍を建設することを命じた上で、八月初めにモスクワに赴き、空軍の専門家を招聘すること、更に航空機の購入及び、パイロットの訓練をソ連に依頼することなどについて、ソ連と交渉するよう伝えた。[11]

これを受けて、劉はモスクワへ同行することになった王弼、[12]呂とともに、直ちに中共中央委員会（以下、中共中央と略記）に提出する最初の援助要請案の作成に執りかかった。呂の回想録によると、それは以下のようなものであった。

（一）　ソ連製航空機の購入

ヤコブレフ戦闘機、一〇〇～二〇〇機、同爆撃機、四〇～八〇機を購入し、予備パーツ、日本製或いは、ドイツ製の重量爆弾をも購入して、これらの航空機に配備する。

（二）　ソ連の航空学校での空軍要員の訓練

パイロット一二〇〇名、技術員五〇〇名、合計一七〇〇名をソ連に派遣し、訓練させる。もし、ソ連側の事情が許せば、それを三年間継続する。またソ連側の同意が得られれば、その一七〇〇名を九月中に召集し、一〇月にはソ連に行かせる。それらに要する全ての経費は中国側が負担する（当面はソ連側で立て替え、将来中国が償還する）。

（三）　ソ連空軍高官の招聘

顧問として九月に三～五名を招聘し、空軍司令部及び、航空学校で指導の任につかせる。

（四）

一、二の項目にソ連側が原則的に同意すれば、モスクワ訪問中の劉少奇が率いる中共中央代表団が帰国するまでに劉が小型の代表団を組織して、モスクワを訪問する。[13]

劉らはこの援助要請案を中共中央に提出した。中共中央はこの援助要請案を直ちに承認するとともに、七月二六日それを原案のまま、ソ連側に打診する中国の具体的な援助要請として、当時モスクワに派遣されていた劉少奇に打電し、ソ連側と交渉することを求めた。

劉少奇はこの件を翌二七日、スターリン、武装力量部部長のワシレフスキー（Aleksander M. Vasilevskii）、副首相のブルガーニン（Nikolai A. Bulganin）らに伝えた。[14] このときスターリンは劉少奇に対し「中国がいま空軍の建設を行うことは既に遅すぎる。あともう一年早ければ、空軍を中国南部の解放作戦に投入することができたであろうに」と述べたという。[15]

ソ連は、中国の最初の援助要請案に対して、中国空軍の要員の訓練をソ連で行うのではなく、それを中国国内で行うとした修正案を提示したことを除いて、基本的にそれらの受け入れに同意した。こうして劉ら、空軍の建設援助を求める中国の小型代表団のモスクワ派遣が決定したのである。[16]

二、中国の空軍建設援助要請

しかしながら、劉らが作成した援助要請案は、もともと中共中央に提出する参考程度だったこと、[17]更にソ連が中国の空軍要員の訓練を領内では行わず、中国国内での実施を提案してきたことにより、既述の援助要請案に沿ってソ連と協議を行うことは、むずかしくなった。

そこで劉らは、モスクワへ出発するまでの限られた期間内に援助要請案の各項目を再検討した。そして、ここで手直しされた援助要請案は出発直前に中共中央に承認され、モスクワでの協議の場において中国がソ連に提示する正式な援助要請案となったのである。それは、以下のように要約することができる。

(一)　ソ連製航空機の購入
三〇〇～三五〇機。
(二)　中国国内における航空学校の建設
六つの航空学校の開設（既存の東北航空学校も含む）。
(三)　航空学校への指導教官の招聘
既存の東北航空学校を含む、六つの航空学校はそれぞれ一つの飛行場ごとに、六〇名（合計、三六〇名）のパイロットを訓練する。なお、一人のパイロットが実戦に参加できるようになるまでには一五〇～二〇〇時間の訓練が必要であり、それを一〇カ月～一年間かけて行う。以上に必要な指導教官をソ連から招聘する。[18]

航空機の購入については、当初の援助要請案より多く購入することとなった。これは台湾攻撃を実施する上において、空軍が台湾海峡上の制空権を確保するには、少なくとも国民政府（中国国民党、以下、国府と略記）空軍が保有する航空機よりも、多くのそれを有さなければならないことに配慮したためであった[19]。また、訓練するパイロットの人数を大幅に減らしたことについて、呂は、パイロットと地上勤務の要員（技術員など）との割合を適正にすべく配慮したためであるとしているが[20]、ソ連から購入する航空機の機数をも考慮したのではないかと思われる。

こうして劉らは、モスクワへ出発する前日の七月三一日、朱徳、周、毛と会見した。このとき、劉は毛からソ連と交渉する際の中国側の全権代表に任命された[21]。

劉らは八月一日、まず汽車でハルピンに向かい、四日に到着した。そこで東北軍区政治委員高崗の専用列車に乗り換え、満州里に向かった。更に列車を乗り換えてチタに向かい、そこでソ連側が用意していたソ連共産党中央政治局の専用機に乗り換えてモスクワに向かった。劉らが目的地モスクワに到着したのは八月九日のことであった[22]。

三、協議の全容

八月九日、モスクワに到着した劉らは、一二日午前、先に滞在していた劉少奇、王稼祥に会い、毛の指示や既述の援助要請案について報告した後、翌一三日に、ソ連側の代表と最初の協議に臨んだ[23]。中国側からは劉らのほか、劉少奇、王稼祥もこの会談に参加し、ソ連側はワシレフスキー、ヴェルシニンら、あわせて五名が参加した。

この協議では、ワシレフスキーから、先に中国側の具体的な援助要請案の提示が求められたことにより、劉が再検討された援助要請案をロシア語で提起するとともに、あわせて既存の東北航空学校での空軍要員の訓練情況[24]ならびに、当時の中国空軍の建設情況などについても報告した。

この援助要請案に対して、ヴェルシニンは、中国がソ連から三〇〇～三五〇機の航空機の購入を希望する理由、そのなかでの戦闘機と爆撃機の比率、更に空軍要員を訓練する飛行場の情況などについて質問をした。これらの質問に対して、呂は、国府が保有する以上の空軍機が中国側には必要であること、戦闘機と爆撃機の比率については、二∶一が適正な数量であると考えていること、更に訓練を行う飛行場については、ハルピン、長春、瀋陽、錦州、天津、北平、済南の各飛行場が適すると答えた。

こうしたやりとりの後、劉少奇は、改めて中国が提示した援助要請をもとに、ソ連側の具体的な援助計画を提示してくれるよう求めた。ワシレフスキーはこれに同意するとともに、更に詳細な交渉を行うため劉らがヴェルシニンらと再度協議を行うこと、そして協議がまとまり、協定書への仮調印がとり行われた後、スターリンに上申してその裁決を仰ぎ、批准を行う、といったソ連側が考える交渉の進め方について中国側に同意を求めた。劉少奇はこれに同意するとともに、自らは今回の会談をもって帰国の途につくこと、その後の中国側の全権は劉に委ねてあることを伝え、最初の協議は終了した[25]。

一四日、劉らはソ連空軍司令部でヴェルシニンらとの本格的な協議に入った。

協議において、ソ連は、中国側に東北航空学校での訓練情況、パイロットの技術水準、現在の航空機の保有数及び、その種類、更に飛行場での修理能力など、空軍建設の現状についての詳細な質疑を行った。一方中国は、ソ連空軍司令部の機構名、航空学校の編制、訓練年限、科目、時間数など、主にソ連空軍での空軍要員の養成の方法について質問をしていた。

呂は、中国側が出した質問に対して、「ジェット機の性能と一部の作戦指揮上機密に属する項目を除き、そのほかの質問事項について、ソ連側は我々に対して基本的に誠意をもって回答し、少しも返答を留保することはなかった」と回想している。(26) こうしてこの日の協議で、おおよそ双方が相手方の考え方を理解できたこととなり、その最後に、ヴェルシニンが三日以内にソ連側の具体的な援助計画を提示すると述べ、二回目の協議は終了した。

八月一八日、ソ連空軍司令部で行われた三回目の協議で、ソ連側の援助計画が提示された。以下はそれをまとめたものである。

（一）航空学校の設立

六つの航空学校の設立を援助する。そのうち四つを戦闘機学校、二つを爆撃機学校とする。

（二）航空機の譲渡

ア、六つの航空学校への練習機の配備

ヤコブレフ—18型初級練習機、九〇機

ヤコブレフ—11型中級練習機（爆撃練習機）、九〇機

ラボーチキン—9UTI型及び、同2型高級練習機、九〇機

計、二七〇機

イ、戦闘機学校、爆撃機学校への配備

戦闘機学校（四校）

ラボーチキン—9型戦闘機、一二〇機

爆撃機学校（二校）

ツポレフ—2型爆撃機、四〇機

ウ、その他
輸送機、四機
計、一六〇機
合計、四三四機

（三）パイロットの訓練方法と指導教官の派遣
ア、パイロットの訓練方法
三五〇～四〇〇名のパイロットを一年間で訓練を修了させる。初級、中級、高級各練習機でそれぞれ五〇～六〇時間の操縦訓練を行い、合計、一五〇～一八〇時間の訓練によって飛行において必要とされる技術を修得させる。
イ、指導教官の派遣
専門家……戦闘機学校、四〇〇名、爆撃機学校、二四〇名
計、六四〇名
幹部………二〇名
その他……地上勤務要員、理論教員、医者、後勤保障要員、中国空軍司令部に派遣する専門家、パラシュート旅団を組織するための専門家。
計、二一八名
合計、八七八名

このほか、自動車、燃料、充電設備、飛行用装備などの飛行に必要な関連物資については、中国側の援助要請の

数量通りに配備すること、また東北航空学校（長春）に在籍していた一一〇名のパイロットについては、六つの航空学校でそれぞれ半年間戦闘に関する訓練を受けた後、作戦任務を担当する混合師団（二個の戦闘機連隊と一個の爆撃機連隊）に編成すること、その際の航空機については、戦闘機学校から戦闘機、八〇機、爆撃機学校から爆撃機、二〇機を調達すること、更に一年後に航空学校を卒業した者たちで、二個の戦闘機師団、一個の爆撃機師団（全て、各々三個の連隊からなる）を編成し、その際に必要な航空機については、次年度の上半期に再度協議することなどが、ソ連から提示された[27]。

ソ連から提示されたこれらの援助計画は、中国側が提起した援助要請をほぼ満たすものであり、劉は直ちにソ連の提案に同意し、ソ連の好意に感謝の意を述べるとともに、「『購入する航空機、機材の代金及び、招聘する専門家にかかる経費については、世界の通常の価格にもとづいて算定するように求め、その金額については、中国政府が誠実に受けとめて、将来ソ連政府に償還する』」ことを約束した[28]。

こうして劉とヴェルシニンが中ソ両国の代表としてそれぞれ協議書に仮調印し、両国間の交渉は終結した。交渉の終了後、劉らはヴェルシニンの勧めにしたがって、約二カ月間ソ連にとどまり、モスクワ近郊の空軍基地で最新鋭のミグ—15型ジェット戦闘機を視察したり、ハリコフ近郊の航空学校で訓練風景を参観するなどして過ごし、一〇月中旬に帰国したのであった[29]。

おわりに

以上、本章では、中国空軍の建設援助をめぐる中ソ交渉について検討してきた。

本交渉を見るかぎり、ソ連は、中国側の空軍建設に向けての援助要請に対し、有償の援助としながらも、おおよそ、彼らの援助要請を満足させる援助計画を提示した点から見て、非常に好意的、かつ協力的に中国側との交渉に臨んだ様子が窺われる。

一方中国も、有償の援助であるとはいえ、このようにソ連のおおがかりな援助が得られたことに対して、深い感謝の念を抱いていた。

今回の交渉で中国が得た具体的な成果を見ると、ソ連による多数の航空学校の建設に対する援助や、ソ連から中国に譲渡される航空機の種類が、実戦機よりも練習機に比重が置かれていたということからも窺えるように、結果的に、中国空軍を建設する上での基礎づくりに力が注がれるものとなった。それ故、今回の交渉で、台湾攻撃を実行するために、中国空軍が国府の空軍を上回る戦闘力を確保するという、中国のもう一つの目標が達成できたか否かは、疑問である。

しかしながら、この点については、既に述べたソ連側の援助計画のなかにも見られるように、中国への実戦機の譲渡については、別に機会を設けて協議を行うことが約束されており、そうしたことから、今回の交渉では中国空軍の発展に応じて、随時、中ソ間で交渉がもたれることも合意されていたのではないかと思われる[30]。

その意味で一九四九年八月の中ソ間のモスクワ交渉は、中国空軍の起点として、中国空軍の歴史に正しく位置づけられるべきであろう。

註

（1）「目前形勢和党在一九四九年的任務（一九四九年一月八日中央政治局通過）」（中央档案館編『中共中央文件選集』第一八冊、北京、中共中央党校出版社、一九九二年）一九頁。

(2) 空軍司令部編研室『空軍史』(北京、解放軍出版社、一九八九年)二五頁参照。
(3) 第二章を参照のこと。
(4) 平松茂雄『中国と朝鮮戦争』(勁草書房、一九八八年)一〇七頁参照。なお、劉は一九一〇年生まれで、一九三九年からソ連の軍事学院に留学後、独ソ戦争にも参加した経験をもつ。一九四六年に帰国し、東北航空学校校長、東北野戦軍参謀長などを歴任していた。《当代中国》叢書編輯部『当代中国空軍』(北京、中国社会科学出版社、一九八九年)四〇頁など参照。
(5) 朝鮮戦争への参戦に向けた中国空軍の整備情況については、平松茂雄「朝鮮戦争と中国空軍の建設」(『国防』第三九巻一〇号、一九九〇年一〇月)が詳しい。
(6) 管見の限り、この交渉の存在について日本で初めて紹介したのは、前掲『中国と朝鮮戦争』である。しかしながら、中国の空軍関係者とソ連側との交渉の全容については、明らかにされていない。
(7) 呂黎平「赴蘇参与談判援建空軍回憶」(中国人民解放軍歴史資料叢書編審委員会編『中国人民解放軍歴史資料叢書 空軍回憶資料』、北京、解放軍出版社、一九九二年軍内発行)。なお、呂は、一九一七年生まれで、当時、東北航空学校の訓練所の所長であった。星火燎原編輯部『中国人民解放軍将師名録』第二集(北京、解放軍出版社、一九八七年)二二五頁など参照。
(8) 楊万青「人民空軍的首任劉亜楼」(中共中央党史研究室『中共党史資料』第四二輯、一九九二年六月)二一九頁。
(9) 六月一四日、中央軍委は第三野戦軍の粟裕らに具体的な台湾攻撃の計画を練り上げるよう求めている。「軍委同意一〇兵団延期入閩致粟裕、張震等電(一九四九年六月一四日)」(『従延安到北京—解放戦争重大戦役文献和研究文章専題選集』、北京、中央文献出版社、一九九三年)五二〇頁。
(10) 前掲『当代中国空軍』三五頁及び、中共中央文献研究室編『毛沢東年譜(一八九三—一九四九)』下巻(北京、人民出版社・中央文献出版社、一九九三年)五二九頁。
(11) 前掲呂黎平、一四〇頁。
(12) 王弼は、当時中央軍委航空局の政治委員であった。彼は一九二七年から一九四〇年までソ連の航空学校に在籍していた。前掲『当代中国空軍』四一頁など参照。
(13) 前掲呂黎平、一四一頁。劉少奇が率いる中共中央代表団は、六月二六日より、モスクワを訪問していたようである。蔡景恵、張源洪「一九四九年劉少奇秘密訪蘇前后状況的考察」(『北京党史研究』一九九四年第三期、一九九四年一〇月)六一頁。なお、劉少奇らのモスクワ訪問については、石井明『中ソ関係史の研究(一九四五—一九五〇)』(東京大学出版会、一九九〇年)の第六章が詳しい。
(14) 註(11)と同じ。
(15) 徐焔『金門之戦』(北京、中国広播電視出版社、一九九二年)一八頁。
(16) 既述の三名のほか、劉の夫人、翟雲英も同行した。前掲楊万青、二二〇頁。
(17) 前掲呂黎平、一四一頁。
(18) 同右、一四一、一四四頁及び、前掲楊万青、二二一頁参照。なお楊は、一つの航空学校で六〇~八〇名のパイロットを訓練するとしている。
(19) 呂によれば、当時国府空軍は、P—51戦闘機、一五〇~二〇〇機、B—24及び、モスキート爆撃機、四〇~五〇機、計、一九〇~二五〇機の実戦可能な空軍機を保有していたとしている。また楊は、八個飛行大隊、三三〇機が中共の作戦対象となる国民政府空軍の戦闘力であると述べている。呂黎平、一四一頁及び、楊万青、二二一頁。
(20) 呂によれば、パイロットと地上勤務人員の割合は、一:二が適正であるとしている。同右、呂黎平、一四一頁。
(21) 前掲楊万青、二二三頁。
(22) 前掲呂黎平、一四三頁。なお楊は八月一一日にモスクワに到着したとしている。同右、二二四頁。
(23) 本節は特に注記がない限り、前掲呂黎平、一四三—一四八頁に依った。
(24) 呂によれば、当時東北航空学校(長春)には、訓練中の者も含めて一一〇名のパイロットがおり、日本及び、国府から接収した日本製、アメリカ製の航空機で訓練を行っていた。同右、一四四頁。
(25) 劉少奇は、九月の全国政治協商会議及び、一〇月一日の中華人民共和国建国の式典に参加するため帰国した。同右、一四三頁。
(26) 同右、一四五頁。
(27) 同右、一四五—一四六頁。
(28) 同右、一四六頁。
(29) 王弼のみソ連の空軍専門家の招聘準備のため九月中旬に帰国した。前掲楊万青、二二四頁。
(30) 一九五〇年一月、劉は、当時中ソ友好同盟相互援助条約締結のため中ソ会談が行われていたモスクワを訪れ、ソ連側と空軍建設に関する交渉を行ったようである。このとき、劉は「毛沢東の指示にもとづいて、航空兵部隊を組織する最初の計画を立て、ソ連から、ラボーチキン―9型戦闘機、二八〇機、ツポレフ―2型爆撃機、一九八機、練習機及び、通信機、一〇八機、合計、五八六機を購入する草案をまとめた」としている。これをもとにどのような交渉がなされたのかは不明であるが、二月一五日、毛はスターリンに書簡を送り、六二八機の飛行機の購入を要請していた。「関於任命肖勁光為海軍司令員等事給劉少奇的電報（一九五〇年一月一三日）」（『建国以来毛沢東文稿』第一冊、北京、中央文献出版社、一九八七年内部発行）二三四頁、「関於請蘇聯方面允許劉亜楼帯顧問同赴莫斯科給毛沢東的電報（一九五〇年一月一四日）」（中共中央文献研究室『建国以来劉少奇文稿』第一冊、北京、中央文献出版社、一九九八年内部発行）二七〇頁、前掲『当代中国空軍』七八頁及び、《当代中国》叢書編輯部『当代中国軍隊的軍事工作』下（北京、中国社会科学出版社、一九八九年）一六一頁。このほか、同年二から三月、八月、一〇月にも中国側からの要請により、当時中国で防空任務を担当していたソ連空軍がその任を終えて帰国する際に、ソ連空軍が使用していた航空機を売却する交渉がなされており、このなかにはミグ―15型ジェット戦闘機も含まれていた。これについては前掲平松茂雄「朝鮮戦争と中国空軍の建設」六七、七一―七二頁及び、エス・ヴェ・スリュサレフ「上海を守ったソ連の飛行士たち（一九五〇―一九五一）」（『極東の諸問題』第六巻二号、一九七七年六月）に詳しく述べられているので参照されたい。

第二章　中国の台湾「解放」作戦と朝鮮戦争参戦問題

はじめに

一九八〇年代末以降、中華人民共和国（以下、中国と略記）側の朝鮮戦争に関する資料の公開が進むなかで、一九五〇年六月二五日の朝鮮戦争の勃発から、一〇月一九日の中国人民志願軍（以下、中国人民解放軍も含めて中国軍と略記）の入朝参戦までの間に、当時中国指導層が朝鮮戦争への対応をめぐって様々な議論を戦わせていたという事実が明らかになってきた。

それによって、今日までに解ったことは、当時中国指導層は中国軍の参戦を決定する過程において、参戦によって引き起こされる新国家建設への影響が、如何なるものになるかという点をめぐって包括的な分析、研究を重ねていたことである。

この間、中国指導層内部では度々意見の相違が生じていた。だが彼らは中国を取り巻く国際環境の変化、すなわちアメリカの朝鮮戦争への介入から、アメリカ軍の仁川上陸作戦の成功を経て、北緯三八度線を突破して、朝鮮半島を北進する情況が決定的になった事実を踏まえ、アメリカが中国本土への武力侵攻を行うという緊迫かつ、直接的な脅威が増大した情況を認識し、新国家建設に向けた様々な課題を一時的に棚上げにしてでも参戦すべきであるという方向で最終的な意見の一致を見たのである。(1)

しかしながら、このような研究はなお十分なものとは言い難い。何故ならば、このような研究のほとんどが、中国が朝鮮戦争への参戦までのプロセスをどのように歩んできたかということへの考察にとどまり、朝鮮戦争への参戦によって一時的に棚上げされていった建国当初の課題が中国指導層内部においてどのように検討され、どのように処理されてきたかについてはほとんど明らかにされていないからである。

この問題の考察は、参戦の決定がなされる過程において、彼らの間で意見の相違が何故生じたのかを解明するためにも意義のあることと思われる。

本章が採り上げる台湾「解放」問題も新国家建設に向けて、一つの解決すべき課題であり、中国が朝鮮戦争への参戦を決定する過程で、一時的に棚上げすることを余儀なくされたものであった。

周知の通り、この問題は、革命戦争時代からの継続的な課題であり、中国共産党（以下、中共と略記）が中心となって推し進めてきた中国全土の「解放」事業の最終戦略目標の一つとなっていた。

中共は一九四六年七月に国共内戦が勃発して以降、一九四八年九月から一九四九年六月にかけて繰り広げられた、いわゆる「三大戦役」、「渡江戦役」での勝利により、国民政府（中国国民党、以下、国府と略記）側に大打撃を与えた。これによってほぼ全土の「解放」が確実となったが、台湾及び、東南沿海島嶼に逃れた国府勢力を駆逐するまでには至らず、国府との戦いは建国後も新国家の重要な課題として残されていたのであった。

その意味で、台湾「解放」は、新中国政権、すなわち中華人民共和国にとって、まずその領土を確保するために絶対に達成しなければならないことであった。それはまた、国府勢力の背後に位置するアメリカを牽制するためにも不可欠なことであり、新中国建設の特に国防及び、国家の安全保障面においても大きな意義を有することであった。(2)

以上のように、この問題は複合的な側面において重要性を帯びていた。それ故に、朝鮮戦争への参戦を決定する過程で、中国指導層がそれを一時的に棚上げすることを決断する際、何ら躊躇しなかったとは考えにくい。しからば、中国指導層は当時、長年の目標であった全土「解放」事業の早期完成と朝鮮戦争勃発以降のアメリカの中国大陸への進攻という差しせまった脅威をどのように捉え、如何にして両者に対する戦略の調整をはかったのであろうか。[3]

本章では、このような台湾「解放」問題を、国共内戦の最終段階からの継続した課題であり、かつ新国家建設に向けての解決すべき必須の課題であったとの見方に立って、まずそれが朝鮮戦争勃発直前までどのように遂行されていったのかを考察する。次いで朝鮮戦争への中国の参戦が決定される過程において、この課題が中国指導層のなかでどのように取り扱われていたのかを検討する。朝鮮戦争への中国の参戦が決定される過程における台湾の「解放」問題の位相を明らかにすることが、本章の最大の課題であるが、資料の制約により、この点はなお、不十分なものになることをあらかじめお断りしておきたい。

一、国共内戦の最終段階に対する中共の認識

一九四八年一一月一四日、毛沢東（以下、毛と略記）は、「遼瀋戦役」の勝利を経て、国共内戦が「あと一年前後」で終結するとの見通しを明らかにしていた。[4]

それから約二カ月後の一九四九年一月八日、毛は、中共中央委員会（以下、中共中央と略記）政治局会議で、「目前の形勢と党の一九四九年における任務」と題した報告を行い、その席で、「淮海」、「平津」などの戦役が優勢に展開するなかで、国府軍主力が「基本的」に中国軍によって打倒されたとの認識を示した。[5]

毛のこうした認識は、いわゆる「三大戦役」の勝利ならびに、優勢な展開、また一九四七年中旬以降に見られた

中国軍の諸々の作戦におけるほぼ全面的な勝利などによって深められていた。更に毛の報告は「基本的」な勝利をもとに、国府の殲滅を再度提唱し、同時にそのために南方（長江以南）への進軍準備を進めることを確認していた。[6]すなわち、ここで報告された中共の国府に対する「基本的」な勝利は、国共内戦が最終段階に至ったとする根拠になったのである。

尤も、中共にとって国共内戦における国府に対する軍事上の勝利が「基本的」になされたことは、国共内戦が勃発して以降、最大の目標が達成されたことを意味していた。一九四七年中旬、国府と中共との戦況が逆転し、中共が進攻の段階に転じたことを、かつて毛は、「歴史の転換点」と讃えていたことからもそれが窺える。[7]

他方で、国共内戦以前から中共は、アメリカが自らの支援で軍事力を強大化してきた国府軍の劣勢を克服するために、国府軍との連合ないしは、単独で国共内戦に介入することをも想定していた。このことは、言うまでもなく彼らが国共内戦の最終段階の作戦を推し進める上での最大の脅威となりうるものであった。だが、毛は当時、その可能性を先の報告のなかで、次のように否定的に分析していた。

我々は従来、すなわち、アメリカが直接出兵し、中国沿岸の若干の都市を占領し、我々と交戦する可能性を常に作戦計画のなかに入れてきた。この見通しは、現在まだ放棄すべきではなく、そうすることによって、そのような事態が万一到来した時において、我々が手の下しようがない境地に置かれるのを免れることができる。だが、中国人民の革命の力量はますます強固となり、アメリカが直接軍事干渉をする可能性もまた近日来、ますます減少しており、かつアメリカが財力及び、武器を用いて中国国民党を援助する可能性もますます減少してきている。[8]

この毛の認識は、国共内戦の最終段階における作戦の遂行を保障するとともに、内戦での勝利の客観的な可能性を明確にしている。

毛の報告は、一九四七年中旬以降の一連の中国軍の勝利が一時的なものではないことを明らかにしていた。すなわち、軍事戦略上から言えば、中国軍の国府軍への一連の勝利は、単に反攻ではなく、進攻の段階に入ったことで勝ち取ったものであり、それによって戦略上、一時的な勝利により優勢を築いたのではなく、揺るぎないそれを築いたということであった。言い換えれば、アメリカの国府軍への支援が徐々に減少していることと相俟って、国府軍が形勢を逆転させ、再び進攻に出る可能性を極めて少なくした状態で築いた中国軍の「基本的」勝利であることを鮮明にしたのである。

だが同時に、この報告は毛自身の対米認識が示されている点でも注目に値する。すなわち、毛はここで「アメリカが直接出兵し、中国沿岸の若干の都市を占領」する「可能性」、「アメリカが直接軍事干渉をする可能性」が「減少している」との認識を示し、その根拠として「一年来、特にここ三カ月来、アメリカ政府の態度が動揺して定まらないこと」を挙げていた(9)。

このことは、中国軍が国府軍を「基本的」に打ち砕いた情況のなかで、もっとも恐れていたアメリカの動向について、当面、「直接」的な「軍事干渉」を行う「可能性」が「減少している」ことによって、現時点ではある程度、対外的な安全保障が確立されており、この情況が国府への更なる進攻を行うにあたって、客観的に有利な情勢を作りだしているとの認識を示したものであった。

しかしながら、毛のこのような認識が、決してアメリカの動向を軽視したものではないことも指摘しておかなければならない。すなわち、「アメリカが直接出兵」する「可能性」に対する見通しは「現在まだ放棄すべきではない」とするとともに、更にその後段ではアメリカの政策の二面性を鮮明にし、一方では国府など「反革命」集団を支援しながら、他方で「人民解放軍（中国軍のこと―筆者）の全国での勝利が近づくに当たって、更には（中華―筆者）人民共和国の存立を承認することで、惜しみなく合法的な地位を勝ち取ろう」としていると見なし、このような「帝国主義の陰謀計画については我々は警戒を強め、併せてそれを撃破する決意を必ずや強固にしなければならない」とも主張していた(10)。

毛の対米認識は、アメリカに対する「警戒」を引き続きいだいていなければならないが、当面は、アメリカの「直接」的な「軍事干渉」はあり得ないであろうとするものであった。すなわち、当面そのような状態が続くと見ることによって、国府軍を殲滅することを目標においた中国軍の進軍を保障したといえる。

このような認識を毛がもつに至った背景は、毛自身が言及した最近の「アメリカ政府の動揺」とそれにともなって国府軍に対する支援が減少しつつある情況を踏まえたものであったが、これとは別に、国共内戦を優勢に進めている中共が内戦後の国際情勢を見通しつつ、新たな方向性を模索しようとしていたこと、すなわち、ソ連との接触を回復しようとする試みをはじめていたことも、毛の認識を強固にしたものと考えられる。

毛のロシア語の通訳であった師哲の回想録を見ると(11)、国共内戦において、極めて「傍観者」的立場をとっていたソ連と、中共が接触を回復していった事実は(12)、早くも一九四七年中旬以降、毛が彼に国共内戦の戦況報告などをロシア語に翻訳することを命じて、スターリンへ送付していたこと、また一九四八年三月には、毛自身が訪ソすることを決意していたとの記述から窺うことができる(13)。

一九四八年一一月、劉少奇は「国際主義と民族主義」を発表し、アメリカ・ソ連の二大陣営の対立を重視して、中立主義を否定し、「向ソ」（ソ連への接近）への理論的な基礎を作り上げていた(14)。

これら一連の中共の「向ソ」への指向は、国府及び、アメリカの懸念を募らせていたのである(15)。

以上のように、毛は極めて劣勢な立場に立たされている国府軍に対するアメリカの支援、すなわち、軍事援助ないしは、国府との連合、またはアメリカ単独での進攻の可能性が、当面、薄らいだとの認識のもと、アメリカへの警戒を弱めることなく、むしろ強めながらも、[16]国府を殲滅することで自らの勢力の安全が保障されるものと認識し、国共内戦の最終段階の作戦を推進することを決定したのである。

しかしながら、この当面という、短期間かつ極めて不確定的要素が存在する条件を付して、このような決定を下した背景には、中国軍の優勢な軍事情勢による最終的な勝利への自信と内戦後の自らの安全保障を模索しつつ、ソ連との接触を回復しはじめた中共の対外戦略の存在があった[17]。

では、毛らはどのようにして国共内戦の最終段階の戦略目標である台湾「解放」作戦を推進しようとしていたのであろうか。次節ではその過程について検討していくことにしよう。

二、台湾「解放」計画と東南沿海島嶼「解放」作戦

（一）　台湾「解放」計画の決定過程

師哲の回想録によると、一九四九年一月末、スターリンの特使としてソ連共産党中央委員会政治局員で外国貿易相でもあったミコヤン（Anasts I. Mikoyan）は当時、河北省平山県西柏坡にあった中共中央を訪問し、毛ら中共指導層との会談に臨んでいた。

この席で、毛は国共内戦の前途に触れ、アメリカが直接的に国共内戦に介入する可能性が少ないとする自らの認識を示した上で、この有利な条件を利用して、国共内戦で最終的な勝利が獲得できるまで戦闘を推し進めると述べ

るとともに、その延長線上にある台湾「解放」問題については、台湾が事実上、アメリカの保護下にあることから、その解決には、なお時間がかかるとの見解を示したという[18]。

師哲の記憶が正しいならば、毛はこの頃から既に国共内戦の最終段階に至って、台湾「解放」までもを念頭におき、戦い抜くことを考えていたことになり、このことをミコヤンを通じてスターリンに伝達しようとしていたものと思われる[19]。

しかしながら、ミコヤンとの会談の際、毛はまだ台湾「解放」作戦の実施時期などに具体的には触れてはいなかった。従って毛のその見解は、中国軍の南方への進軍における中・長期的な展望として存在していたものと考えられる。

それでは、台湾「解放」問題について、中共が党内で意識的に議論し始めたのはいつ頃からであろうか。

それは、一九四九年三月五日から一三日まで開催された中共第七期第二回中央全体会議（以下、七期二中全会と略記）が起点となる。

七期二中全会は、中共が党の政策の重点を、農村から都市へ移すことを決定した会議として有名であり、その決定に従い、中国軍の南方への進軍も「先に都市を占領し、そのあとで農村を占領」する方針となった[20]。また、この会議終了時までに、南方への進軍における作戦配置をも決定し、後に台湾「解放」作戦の予定部隊となる中国軍の第三野戦軍（以下、三野戦と略記）には、「渡江作戦」後の任務として東南沿海地区での「解放」作戦に従事することが指示されていた[21]。

この会議の終了後の三月一五日、新華社は「中国人民は必ず台湾を解放しなければならない」と題した「時事評論」を発表した。それは、アメリカの台湾への軍事プレゼンスを批判するのと同時に、「中国国民党反動派が台湾を最後の悪あがきの根拠地にすることを絶対に認めない。中国人民の解放闘争の任務は、すなわち、全中国を解放することであり、台湾、海南島、中国に属する最後の一寸の土地をも解放して終わるのである」、「中国人民の解放闘争の勝利は必ず短い期間において全て実現しなければならない」と強調していた[22]。

さて、具体的な台湾「解放」計画が練られ始めたのは、同年五月末の上海「解放」戦役終了直前のことであった。これは上海の陥落がいよいよ現実のものになりつつあった五月二六日、蔣介石が台湾に渡り、そこを「反共の大本営」にしようと、動き始めたことに起因している。

この時点で、中共は台湾「解放」作戦を実施する上で、解決しなければならない二つの課題についての研究を開始していた[23]。その一つは近い将来、作戦に投入可能な海、空軍をもつことであり、いま一つは、東南沿海島嶼に点在している国府軍を駆逐し、そこを台湾攻撃の前進基地にすることであった[24]。

前者については後に触れるが、後者については上海「解放」を目前に控えて、既にその動きを始めていた。五月二三日、中共中央軍事委員会（建国以降は、中央人民政府人民革命軍事委員会。以下、両者とも、中央軍委と略記）は三野戦に対して「迅速に予定を繰り上げて、福建省に進軍し、六、七月内に」福建省沿海都市部などの「要地」で勝利を収めることを指示した[25]。また二五日には、三野戦副司令員の粟裕が、管轄下の第七兵団に舟山群島への進軍を求め[26]、二七日には同じく管轄下の一〇兵団に対しても福建省への進軍を命じていた[27]。

このような東南沿海地区への進軍は、当初中共が予想していた以上に早いものであり、中国軍の南方への進軍が予想以上に上手く展開していたことを物語っている。

他方でこれと同時に、中央軍委は三野戦に台湾「解放」計画の攻略プランについての検討を求めていた。

六月一四日、中央軍委は粟裕らに宛てた電報において、台湾「解放」の準備を進めるに当たって「注意して」、「研究に着手」した上で、現段階での作戦に対する意見を報告するよう伝えるとともに、「我々が長期に台湾問題を解決できないならば、上海及び、沿海各港は多大な被害を受けるであろう」として、その準備計画について当初の予定を繰り上げて実施できるように指示した[28]。また六月二一日、毛は粟裕らに打電し、台湾「解放」への準備を三野戦の数カ月間の「四つの大きな工作」のひとつとして位置づけることを命じていたのである[29]。

こうして一九四九年五月から六月にかけて、台湾「解放」作戦の実行部隊が決定され、三野戦がその作戦決行のための準備を始めることとなった。七月一〇日、毛は「明年（一九五〇年―筆者）夏に台湾を奪取できるよう準備せよ」と指示していた[30]。これにより、一九四九年七月の時点で、台湾「解放」作戦の日程は、一九五〇年夏と決定されたのであった。

こうして上海での作戦の終了以来、約一カ月で台湾「解放」作戦の実施予定時期が決定したのであったが、既に述べたように、この作戦を実行するまでの課題として、東南沿海島嶼に陣取る国府軍を駆逐するための戦闘が残されていた。

この作戦は単に、台湾「解放」作戦を実施するための前哨戦的な意義をもつだけではなく、中国軍が事実上、初めて海を渡って行う作戦であり、そういった意味では、台湾での戦闘の予行演習というべきものであった。

（二）　第三野戦軍の「渡海作戦」計画と東南沿海島嶼「解放」作戦

上海戦役終了後、中央軍委の指示で、三野戦は直ちに台湾「解放」計画の立案と東南沿海島嶼への攻撃作戦の準備に入った。

一九四九年六月当時、三野戦は七、九、一〇兵団及び、野戦軍直属部隊、華東軍区海軍（以下、華東海軍と略記）などの総兵力六〇万を擁する軍隊であった[31]。

そのうち、七、一〇兵団は、上海での戦役終了後、中央軍委及び、粟裕の指示により、東南沿海島嶼での作戦に従事することとなった。そして、七兵団には舟山群島への攻撃作戦の準備を、一〇兵団には福建省東部沿海隣接都市の「解放」後、厦門島、金門島への攻撃作戦の準備を行うことが命じられ、三野戦の最強部隊といわれていた九兵団は江蘇省南部で休息、部隊の整備・訓練を行った後、台湾「解放」作戦に加わるための準備を行うことになっていた。[32]

ところで、三野戦がこのような「渡海作戦」（上陸作戦）を決行するには、渡海部隊に対する海、空軍の援護、または渡海部隊と海、空軍との連合（共同）作戦が必要であることは言うまでもない。[33] 大陸を追われて、東南沿海島嶼に点在していた国府軍は、有力な海、空軍を動員して中国軍の攻撃に備えていたから、この作戦には海、空軍の援護は絶対的に不可欠となっていた。[34]

だが、当時中国軍には戦力となる海、空軍は全くなかった。それ故、一九四九年七月以降、毛は作戦に投入することができる海、空軍を早期に組織するために、中国軍の海、空軍の指導者となるべき人物（尤も、当時中国軍には、まだ海、空軍の司令員はおらず、それらの担当予定者がいるのみであった）をソ連に派遣し、これらの建設に対する援助を獲得するよう求めていた。[35]

しかしながら、この援助要請は、決行を目前にしていた東南沿海島嶼「解放」作戦に役立てることを前提として行われたものではなかった。

というのは、「渡海作戦」のかなめとなる空軍について言えば、作戦機の購入のみならず、パイロットの養成もしなければならず、それを含めて空軍を作戦に投入できるようにするには、少なくとも一年という時間が必要であったからである。[36] こういったことは、三野戦が東南沿海島嶼「解放」作戦を実施する上で大きな障碍となったのである。

このように東南沿海島嶼に対する作戦は、最終戦略目標である台湾「解放」作戦の前哨戦としての意味をもつものであったにもかかわらず、そのために必要とされる準備を十分に行うことには限界があった。

しかしながら、中央軍委或いは、三野戦が、こうした事情を考慮して、東南沿海島嶼「解放」作戦を当面中止するか若しくは、延期するかを検討した形跡は見られない[37]。もし、このことについて何も議論がなされていなかったとすれば、中国軍の指導層は東南沿海島嶼「解放」作戦に対して、余りにも甘い見通しを立てていたことになる。

こうした極度の楽観的な見通しは、台湾「解放」作戦における大きな欠陥を鮮明にした。すなわち、東南沿海島嶼の作戦は失敗し、これにより、台湾への攻撃作戦の全日程に重大な影響を及ぼすことになったのである。

さて、七兵団と一〇兵団の東南沿海島嶼「解放」作戦は、一九四九年八月中旬までに、それぞれの作戦準備を完了していた。

七月二四日、七兵団は舟山群島への攻撃作戦を前に、浙江省の寧波で作戦会議を開き、舟山本島を防衛する国府軍への攻撃を決行する前に、その外周を防衛する同部隊への攻撃を決定した[38]。

当時、舟山群島を防御する国府軍の実兵力は五万人と推定されていた。しかし、これに対して七兵団は、二個軍六個師団のうち、四個師団にあたる約四万人の兵力しか作戦に投入できず、海、空軍がないばかりか、兵力の面でも国府軍に対してははるかに劣勢であった。そのうえ、兵員をこれらの島嶼に上陸させるための輸送用の船舶（上陸船）にも事欠いており、既に作戦上、七兵団は相当不利な立場に置かれていた[39]。

しかしながら、七兵団は、比較的大陸に近い島々から兵力を集中して上陸を試みることによって、八月一八日には大謝島に進攻して勝利を収め、一〇月初めには金塘島、蝦峙島、桃花島を占領、舟山本島への進攻も間近となった。これに対して国府軍は、舟山本島の防衛を念頭におき、兵力の増強を決定していた。

一一月三日、七兵団二一軍の六一師団の一部が、舟山本島から東南に三・五海里離れた登歩島に上陸し、同部隊は一時登歩島の四分の三を制圧したが、増強された国府軍の反撃を受けて退却し、結果的には舟山群島での戦いに敗退したのである[40]。

他方で、一〇兵団の金門島への攻撃作戦も七兵団と同様な問題を抱えつつ[41]、一〇月初旬に作戦会議を行い、同月一三日或いは、一五日に厦門島、金門島を同時に攻略する計画を決定していた[42]。

当時、厦門、金門両島付近には、国府軍約四万五〇〇〇人が防衛に当たっており[43]、一〇月一一日、三野戦司令部は一〇兵団の「渡海作戦」の準備情況から、多くの「金門の敵（国府軍のこと、以下同じ—筆者）に逃亡を許すという最大の欠点」を認識した上で、一部の戦力で同島の国府軍を牽制しながら、まず全力で厦門島を攻撃し、その後金門島の作戦に移るとの方針に変更していた[44]。

一〇月一五日、一〇兵団は厦門島に進攻した。そして一七日には同島を攻略し、勝利を収めた。だが続く金門島の攻撃においては、一〇兵団司令部が作戦方針を同兵団の前線部隊である二八軍に委ねていたこと、またそれをめぐって、一〇兵団と二八軍の両司令部の間で意見対立が発生していたことにより、統一的な指揮がとれなかったばかりか[45]、厦門島の陥落後、国府軍が兵力を金門島に集中していたこともあって、一〇月二四日、金門島への攻撃作戦を開始したものの、二七日までに一〇兵団の敗北が濃厚となっていたのである[46]。

三、東南沿海島嶼「解放」作戦の失敗と中ソ会談における台湾問題

（一）東南沿海島嶼「解放」作戦の失敗と台湾「解放」作戦計画の変更

七、一〇兵団による舟山群島、金門島への攻撃作戦は、両者とも一一月初旬の段階で、失敗が明白となった。

これに伴い、中国指導層は、上海戦役終了直後から進めてきた三野戦による東南沿海島嶼「解放」作戦を暫時中止し、これらの作戦における失敗の原因を詳しく分析するとともに、失敗に終わった作戦から再度それを遂行するための教訓をくみ取ることにした。更に中央軍委はこうした経緯から、台湾「解放」作戦の計画全体の見直しも行っていた。

中国指導層は、七、一〇兵団による攻撃作戦の失敗を、国共内戦で中国軍が優勢に作戦を展開するようになった一九四七年中旬以降、久しくなかった大きな敗北と捉えていた[47]。

他方で中央軍委は、これらの失敗が各地方で作戦に従事している部隊に影響を及ぼすことがないよう配慮して、一〇兵団による金門島攻撃の失敗がほぼ確定した一〇月二九日、各野戦軍前線司令部に打電し、そこに三野戦が一〇兵団の金門島での失敗について批評した文書を添付するとともに、「解放戦争全体の終結の時期は、既に遠くに存在しているものではなくなった（中略）、焦ることなく、残りの敵を殲滅する計画を立て、全国を解放することが至要である」と指示した[48]。

七、一〇兵団の攻撃作戦の失敗は、既述の中央軍委の電報にも見られるように、作戦準備を十分にしていないにもかかわらず、焦って戦果を得ようとしていたことに多くの原因が存在していた。それ故、毛は三野戦が再度作戦を遂行する上で、作戦準備を十分に行うよう求めていた。一一月一四日、毛は粟裕に「もし、作戦の準備が周到にできていなければ、（作戦実行の時期を―筆者）延期すべきである」と述べ、作戦実行の時期を延期してでも、十分な作戦準備を行うように指示していた[49]。

この指示を受けて、粟裕は中国軍が作戦を一時中断している間に、国府軍が東南沿海島嶼の防衛力を更に強化すると予想していた。その上で、十分な作戦の準備を行うとの考えから、一一月二二日、粟裕は毛に舟山本島における作戦（「定海作戦」）を「一九五〇年一月或いは、二月」に延期する方針を提案していた。更にこうした方針を受けて、一二月初め、前線では翌年二月末までに舟山群島への攻撃作戦の準備を全て完成させて、同年春にはそれが展開できるよう目標が定められた(50)。

一二月五日、毛は粟裕の提案に同意するとともに、正式に作戦の延期について協議するため、彼に北京へ来るように求めていた(51)。

毛が舟山群島への攻撃作戦の延期に同意したことで、一二月、中央軍委はそれまでの台湾「解放」作戦計画を放棄し、新たな作戦計画を作り上げた。

この新たな台湾「解放」作戦とは、まず中国軍の第四野戦軍（以下、四野戦と略記）の一部が従事している広西「解放」戦役が終了した後、同部隊が中心となって海南島への攻撃作戦を担当し、また従来から舟山群島への攻撃作戦に従事していた七兵団に、台湾での作戦に投入する予定であった九兵団を加えて、同島の再攻撃を遂行する(52)。次いで以上の作戦が成功した後に、一〇兵団が、再度金門島への攻撃作戦を決行し、それが成功した後、台湾外周の島嶼を占領し、三野戦の全軍を集中して、台湾「解放」作戦に当たるというものであった(53)。

以上の中央軍委の決定により、東南沿海島嶼の作戦には、新たに海南島への攻撃作戦が加えられ、それには四野戦の一部分が主として担当することになった。同時に中央軍委は海南島への攻撃作戦が新たに加わったこと、舟山群島への再攻撃の日程を延期したことなどを考慮して、一九五〇年夏に予定していた台湾「解放」作戦の延期も決定した(54)。

次節では、ここで決定した新たな攻撃作戦がどのように進められていったかを見ていくことにするが、その前に、一九四九年末から行われていた中ソ首脳会談において、中国が早期に台湾「解放」作戦を実現するために、どのような思惑をもっていたのかについて触れておきたい。

（二）　台湾「解放」作戦の早期実現とソ連の軍事援助問題

周知の通り、一九四九年末から翌一九五〇年二月初旬まで断続的に行われた中ソ首脳会談は、中国・ソ連の同盟関係を確実なものにする上で非常に重要な外交交渉であり、この交渉の成果は中ソ友好同盟相互援助条約として結実した。

しかしながら、モスクワで行われた中ソ両国の会談は、中ソ条約の締結が最重要課題であったことは言うまでもないが、中国にとってはそれと同様に、インドシナ戦争における当時のベトナム民主共和国に対する支援とそれに関わる南部国境の安全保障問題、更に国際連合（以下、国連と略記）の中国代表権問題において、ソ連の積極的な理解と協力が得られるか否かを決する上でも重要な会談でもあった。

これらのことは他の章で詳細に検討しているので、[55]本項においては、この外交交渉を通じて、中国が台湾「解放」作戦の早期実現をめぐって、ソ連の積極的な援助が得られることに大きな期待を抱いたこと、だが他方で当初、ソ連はそれに対して非常に消極的な態度であったことを指摘するとともに、そうした困難な交渉情況を台湾「解放」作戦の責任者であった粟裕が、どのように捉えていたかについても簡単に触れておきたい。[56]

中華人民共和国の建国以前から、中国指導層は台湾「解放」作戦の実施にあたり、この作戦へのソ連軍の支援を視野に入れていた。

だが、一九四九年七月、劉少奇がモスクワを訪問し、スターリンと会談を行った際に、中国側から提起されたこうした要望は彼に拒絶され、同年一二月中旬に始まった毛とスターリンとの会談においても、彼は初回の会談でその要請を同様に拒絶していた。

そこで中国は台湾「解放」作戦へのソ連軍の支援要請を諦め、直ちに、ソ連からこの作戦を遂行する上で必要な海、空軍の武器・装備の購入を中心とした軍事援助を求める方針に切り替えた。

劉少奇のモスクワ訪問において、こうした援助をめぐるソ連側との交渉は比較的順調に進んでいた。しかしながら、スターリンは毛との会談において、こうした援助に消極的な姿勢を見せていた。

スターリンのこうした態度に、毛が不満であったことは言うまでもないが、後述するように、当時、台湾「解放」作戦の新たな軍事方針として、陸、海、空軍の合同作戦（以下、三軍合同作戦と略記）を策定していた粟裕にとっても大きな不満であったに違いない。

このとき、スターリンが中国の台湾「解放」作戦に対する軍事援助を渋った背景には、主として台湾問題にアメリカの干渉を招くことへの懸念があったからであるが、何迪氏によれば、一月五日、粟裕は「台湾解放問題に関する報告」において、政治的には、アメリカがその同盟国との間にコンセンサスが形成できていないこと、軍事的には、アメリカが東アジアの戦争に十分な戦力を投入するには一定の時間が必要であることなどから、台湾「解放」作戦がアメリカの軍事的介入を招かないと主張していたと指摘している。[57]

粟裕のこの報告は、当時、中ソ間において断続的に行われた軍事援助をめぐる協議にも伝達され、中国側の主張の基礎をなしていたようである。

一月一一日、毛はモスクワから、舟山群島、金門島への攻撃作戦の準備情況について粟裕に問い合わせをしていた。[58]同日、劉少奇は粟裕に代わって毛に返電し、冒頭で「舟山群島、台湾、金門島、海南島作戦の資料に関して、全てあなた（毛のこと—筆者）に転送した」とし、続いて「粟裕の報告」から、「空軍の援助及び、若干必要となる海軍の援助がなければ、渡海の水陸両面作戦を行うことは不可能であり、近日来の海南島及び、金門島の報告もこの点を証明している」と述べ、総参謀部がここ数日、これらの問題を研究しているので、これが終了後、直ちにその結果をモスクワに報告するとした上で、最後に「おおよそこれらの作戦は全て性急に行えず、全体として相当長期間の準備が必要である」と伝えていた[59]。

この電報から解ることは、粟裕が、現状の中国の軍事力で台湾「解放」作戦を実行することが困難であることを指摘して、毛を通じて、少しでも多くの軍事援助をソ連から得られるよう切実に求めていたことである。

次節において述べるように、粟裕はこの頃、空軍力の絶対的な優勢により、制空権を確保すれば、早期に台湾「解放」を実現できることも提起していた。粟裕にとっては、このような十分な態勢が早期に整えられることが本望であったのであろう。しかしながら、この時点で、そうしたソ連の援助を期待することは困難であった。

ソ連が中国のこうした要請にどのように応えようとしていたかは判然としないが、これ以後、ソ連の中国への軍事援助に対するそれまでの頑な姿勢は徐々に変化していった。その背景には、一月五日のアメリカ大統領トルーマンの台湾への不介入声明ならびに、それを補完した同日と一二日の国務長官アチソンの演説があった[60]。ソ連はこれらを受け、台湾問題でアメリカの干渉が減少するとの認識をもち始めていた。

楊奎松氏は、このことを踏まえて、一月二二日、スターリンが毛との会談において、台湾「解放」作戦に対するソ連の直接的な援助についてはなにも言及しなかったものの、毛に同作戦を遂行するために必要な準備を行うことを許可したと指摘している[61]。

粟裕もこうしたアメリカの動向を敏感に捉えていた。一月二七日、彼は「台湾解放問題と軍隊建設に関する報告」において、台湾「解放」作戦を国共内戦の「最後の作戦」と位置づけるとともに、中国がこの作戦を遂行することを契機に、アメリカが介入し、「第三次世界大戦」を引き起こす可能性がないことを強調していた[62]。

粟裕の報告がソ連の軍事援助をめぐる協議にどれほどの影響を与えたのかは解らないが、一月末以降、ソ連は中国の軍事援助の要請に応じ始めていた[63]。

しかしながら、後述するように、中国はソ連が台湾「解放」作戦の実施に対するそれまでの認識を修正したことによって、それの軍事援助を得られるようになったものの、決してこれにより即効性を得て、早期の作戦の実施を可能にしたわけではなかった[64]。

その意味において、台湾「解放」作戦を実現するために、中国が要請していた軍事援助に対して、ソ連が必ずしも積極的に応じなかった事実は、彼らにとって早期にこの作戦を遂行する上でのひとつの大きな困難であったことを見出すことができるのである。

四、舟山群島への再攻撃と海南島攻撃作戦

一九四九年一二月、中央軍委は新たに海南島への攻撃作戦を加えた台湾「解放」作戦計画の実施を決定した。この決定のもと、作戦予定部隊はその準備に入ったのであるが、その過程においてもっとも重視されたのは軍事力の増強であった。

中央軍委は台湾「解放」作戦に投入する兵力を従来の八個軍から、三野戦主力全軍に相当する一二個軍に増強することを決定した[65]。そのうち「一九五〇年一月或いは、二月」に決行する予定であった舟山群島への再攻撃には、従来の七兵団に九兵団を加えた、合計六個軍を作戦に投入するとともに、先の作戦には海、空軍を投入できなかったことが失敗の原因だったことから、再攻撃においては三軍合同作戦を実施することをも決定していた[66]。

しかしながら、ここで三軍合同作戦の実施を決定したものの、当時の中国の海、空軍といえばソ連の援助を得て、その基礎建設がようやく始まったばかりであった[67]。

それ故に、三軍合同作戦を決定した時点で、舟山群島への再攻撃を決行するにあたって、作戦に投入することができる海、空軍を如何にして組織するかが、作戦を成功に導く大きなカギであった。

三軍合同作戦を毛に提起したのは粟裕であった。一二月初旬に毛の同意を得て以降、粟裕は三軍合同作戦の本格的な実施に向けて、中央軍委、三野戦ならびに、海、空軍指導層との間で具体的な作戦方針などの検討を進めていった。(68)

そのなかで、粟裕は東南沿海島嶼における戦力を優勢な海、空軍の支援で維持し、それへの防衛を有利に進めていた国府軍に対して、中国軍が「渡海作戦」時に、強力な空軍を投入することで、東南沿海島嶼上空での制空権を確保し、作戦を有利に進める方針を打ち出していた。

一九五〇年一月中旬、粟裕は中央軍委に「もし、空軍が（国府軍に対して—筆者）絶対的な優勢を確保することができるならば、予定を繰り上げて台湾を攻撃することができるばかりか、舟山群島を攻めずに直接台湾を攻略することができる（但し金門島はやはり台湾より先に攻略すべきである）」と報告していた。(69)

このように粟裕は、三軍合同作戦の準備にあたり、特に強力な空軍の投入を考えていたわけであったが、これは現実的なものではなかった。

というのは、一九四九年八月、中国が空軍の建設援助をめぐるソ連との最初の交渉で得た航空機は、練習機が中心であり、実戦用の作戦機は多くなかった。従って当時、中国空軍の最大の課題は、作戦に投入するパイロットなどの空軍要員の迅速な養成とともに、ソ連から作戦機を大量に購入することにあった。既に述べた中ソ会談での軍事援助要請において、毛はスターリンに六二八機の航空機の購入を要請していた。すなわち、空軍を実戦に投入するには、まだ多くの時間を必要としていたのである。(70)

このようなことから、中央軍委は作戦に投入できる海軍の建設を急ピッチで進めることがより現実的であると判断し、現存の華東海軍の強化を中心にして、三軍合同作戦の準備を進める方針を決定したのである。[71]

ところで、四野戦の一部（一二兵団四〇軍、一五兵団四三軍）と海南島の独立部隊である瓊崖縦隊は、一二月中旬より、海南島への攻撃作戦の準備を進めていた。

四野戦のこれらの部隊は、今回初めて「渡海作戦」を決行することもあって、当時モスクワにいた毛は、四野戦司令員の林彪に対し、海南島への攻撃作戦の実施を決定した直後から、「金門島の二の舞を演ずることがないよう」、特に作戦地点への上陸に際して、準備を怠らないよう指示していた。林彪もこれに応え、直ちに四野戦の作戦科長を南京の粟裕のもとに派遣して、「渡海作戦」の調査を行う旨を伝えていた。[72]

こうしたなかで、作戦部隊は海南島への「渡海作戦」を実施する上で、空軍の参戦の必要性を見出していた。だが毛は、舟山群島への再攻撃に空軍を投入するため、海南島への攻撃作戦にはそれを使用しない方針をも伝えていたのである。[73]

一九五〇年一月一〇日、毛は林彪に同年春から夏までに、海南島を「解放」するよう指示した。[74]四野戦は空軍の支援を欠く条件下で、作戦部隊による海南島への上陸方法に関して検討を重ねた結果、少数精鋭部隊が先行して「極秘渡海」を実施して足場を築いた後、大部隊による「強行渡海」を実行して、同島への上陸を果たす方針が決定したのである。[75]

海南島への攻撃作戦は、三月五日に決行され、これらの上陸部隊は五月一日に同島を「解放」した。しかしながら攻撃作戦においては、同島を防衛していた国府軍一〇万人のうち、約三万三〇〇〇人しか殲滅できず、残りの七万人近い国府軍については台湾への撤退を許してしまった。[76]

他方で、海南島での勝利が確定した五月の初旬には、舟山群島への再攻撃の準備も完了しつつあった。

華東海軍の強化を中心に進められてきた再攻撃の準備は、四月下旬までにその形を徐々に整え、四月二三日の華東海軍一周年記念の式典では、戦闘艦五一隻、上陸艦艇五二隻、補助船舶三〇隻に対する命名式が行われていた(77)。また四月二五日には、三軍合同作戦の会議が開催され、舟山群島への再攻撃が、三野戦七、九兵団の六個軍及び、海、空軍による合同作戦で執り行われることを確認した(78)。

このとき既に、蒋介石は中国軍が三軍合同作戦をもって、近く舟山群島への再攻撃を実施するとの情報を得ていた。彼は国府軍が海南島の防衛に失敗しつつあったとき、同軍を撤退させたのと同様に、台湾の防衛に専念するとの考えから、五月一三日より密かに舟山群島からも国府軍を撤退させていた(79)。

国府軍の動向を察知した三野戦の作戦部隊は、既に「六月下旬」と定めていた作戦実施予定を繰り上げ、五月一六日から舟山群島への再攻撃を開始したが、国府軍の撤退によって大規模な戦闘はなく、五月一九日までに舟山群島の「解放」を終えていた(80)。

以上のように、一九四九年一二月に中央軍委が決定した新たな台湾「解放」作戦の計画のもと、東南沿海島嶼の「解放」作戦はようやく勝利を得ることができた。しかしながら、多くの海南島、舟山群島の国府軍に台湾への撤退を許したことで、国府軍の兵力は台湾に保有する現有勢力と合わせて、約四〇万人に膨れ上がり、台湾の防衛力はより強力となっていたのである(81)。

従って、中国軍が台湾「解放」作戦を決行するには、更なる軍事力の増強が必要となっていたのである。

五、朝鮮戦争の勃発と台湾「解放」作戦の延期

（一）金門島への再攻撃の準備と台湾「解放」作戦実施への決意

海南島及び、舟山群島への攻撃作戦の終了後、東南沿海島嶼の「解放」作戦は大詰めを迎え、いよいよ三野戦一〇兵団が主力となる金門島への再攻撃の準備に力が注がれることになった。

一〇兵団は前回の金門島への攻撃作戦が失敗に帰して以降、その反省を踏まえて、福建省での兵站ラインの確保を含む、後方支援の保障態勢の確立が主な任務となっていた。

当時、一〇兵団はこの任務をある程度進めた後、金門島への攻撃準備のため、三野戦直属部隊（二四、二五、三二軍）にそれを引き継がせる予定であった。[82]

だが、一〇兵団自体が「剿匪」に手間取っていたこと、[83]更に三野戦のほとんどの部隊が舟山群島の再攻撃準備に追われていたことなどから、これらの部隊が一〇兵団の任務を引き継ぐために福建省に入ることができず、同兵団は一時的に、全く金門島への再攻撃の準備ができない状態におかれていた。[84]

一九五〇年三月になって、三二軍が福建省に入り、一〇兵団の任務を引き継ぐことができた。こうしてようやく、同兵団は再攻撃の準備に取りかかったのである。[85]

このように、一〇兵団の金門島への再攻撃の準備は当初の予定より遅れてはいたものの、五月中旬に舟山群島の作戦が終結すると、直ちにこの作戦で使用した上陸船などの船舶が与えられ、更にこれまで福建省に入ることができなかった二四、二五軍と砲兵三師団も攻撃作戦の遂行部隊に加えられ、金門島への再攻撃準備は一挙に加速したのであった。[86]

五月一一日、一〇兵団は先の失敗の汚名をすすぎ、再攻撃に向けて、実戦のカンを取り戻すために、福建省の南端にある東山島への攻撃作戦を開始し、翌日には同島を攻略した。この戦いで国府軍駐東山島兵力五〇〇〇人のうち三〇〇〇人を台湾へ撤退させてしまったものの、一〇兵団にとって久々となる東南沿海島嶼での作戦の成功は、金門島への再攻撃に向けて、大きな自信を抱かせるものとなった。[87]

ところで、一九五〇年春以降、中国指導層ならびに、三野戦の台湾「解放」作戦に対する意識は、いよいよその最終段階である台湾への攻撃作戦の準備に向けられていた。

例えば、華東軍区及び、三野戦前線指揮委員会が一月一七日に発布した「一九五〇年の六つの大きな任務の決定」において、主要な任務を「東南沿海及び、台湾の中国国民党を徹底的に殲滅し、各兄弟部隊と協力して、全国解放の栄光の任務を完成する」と規定していたのに対し[88]、三月一日に華東軍区及び、三野戦が制定した「六つの大きな任務を執行する計画」では、「全ての工作は台湾を解放するために行う」と記されていた[89]。更に周軍氏は、四月、中共中央が「『台湾を解放することは全党のもっとも重要な闘争任務である』」という指示を与えていたと指摘している[90]。

台湾の「解放」という問題は、これまで最終的な戦略目標として掲げられていたが、このようにこの問題が強調されてきたことは、一九五〇年の春の段階で、この作戦の実施が非常に現実味を帯びてきたと見ることができる。

このような傾向は、五月、海南島及び舟山群島での作戦が終了するとますます強くなり、中央軍委、三野戦の関心はもっぱら、如何にして、台湾海峡を越えるかという戦術的な研究に向けられていた[91]。

こうしたなかで、中国軍の台湾「解放」作戦に対する大きな課題は、既に述べたように国府軍が台湾防衛に専念したことで増強された四〇万の兵力に対して、中国軍がこの作戦に向けてどれだけの戦力を投入することができるかということにあった。

三野戦前線委員会は、舟山群島を攻略する直前の五月一七日、「台湾を攻撃する準備工作についての指示」を発布し[92]、台湾への攻撃作戦に投入する第一梯団に舟山群島への再攻撃作戦に参加している主力六個軍を、更に第二梯団として、福建省で金門島への再攻撃を準備していた一〇兵団及び、二四、二五軍を充てることを決定した[93]。

また六月二三日、三野戦は中央軍委に、中国軍が台湾「解放」作戦を実施するときまでに、国府軍の兵力が五〇万人となる可能性を指摘した上で、これに対し、三野戦の実戦闘力が三〇万から三八万人しか見積もれないことをもとに、他の中国軍各軍より、三ないし四個軍を予備部隊や第二梯団に組み込み、作戦に参加させることを要請していた[94]。

以上のように、中国指導層は金門島への再攻撃が実施される以前から、既に台湾「解放」作戦を念頭におき、その作戦準備を進めていた。その意味で、台湾「解放」作戦の準備は最終段階へと移行していたのである。だが、台湾に対する作戦において、中国はまだこのように戦力を増強するという大きな課題を抱えており、こうした問題を解消し、この作戦を実現するには、更に多くの時間を必要としていたのである[95]。

（二）朝鮮戦争の勃発と台湾「解放」作戦の延期の決定

一九五〇年六月二五日、朝鮮戦争が勃発し、続いて二七日には、アメリカが朝鮮戦争、台湾海峡への介入を決定したことで[96]、中国指導層は台湾「解放」作戦の実施を暫時中止することならびに、それを延期することを決定した。朝鮮戦争の勃発は、中国指導層に台湾「解放」作戦の実施に関して、暫時中止或いは、延期する方向での検討を迫ったのである。

中国指導層がこうした方向で検討していることを作戦にかかわる軍事指導者が知るのは、朝鮮戦争勃発後の間もない段階でのことであった。しかしながら、我々がこの事実を窺い知るための資料は極めて少ない。この点を明らかにしてくれる資料として挙げることのできるものは、唯一当時中国海軍の司令員であった肖勁光の回想録のみである。

それによると、肖勁光は朝鮮戦争勃発後、中国指導層が台湾「解放」作戦の実施について、既に見た方向で検討していることを六月三〇日に周恩来から聞いたという[97]。だがこのことは、彼が海軍司令員という要職にあり、事柄

も深く彼に関係することから、比較的早期に伝えられたのかも知れない。(98)

中国指導層が台湾「解放」作戦を暫時中止或いは、延期する方向で検討することになったのは、朝鮮戦争の勃発による国際情勢の変化、とりわけ六月二七日にトルーマンが第七艦隊の台湾海峡への派遣を命じたことで生じた、それへの介入に対して、中国指導層が敏感に反応したことにあった。このことがアメリカの軍事プレゼンスへの対応であったことは、肖勁光の回想録からも窺うことができる。

しかしながら、筆者は、中国指導層がアメリカの軍事プレゼンスに対応して、即座に台湾「解放」作戦の延期を決定していたとは見なさない。

というのは、肖勁光の回想録に見られる彼と周恩来のやりとりのなかに、以下の点が触れられていないからである。その一つは、この時点で、台湾「解放」作戦の延期を決定したとするならば、当然明示されるべき時期の問題、すなわち、それをいつまで延期するのか、という問題に触れられていないことである。いま一つは、それの延期決定のなかには、金門島への再攻撃も含まれていたのか、否かということである。

これらの筆者の疑問は既に先学の研究が明らかにしてくれている。(99)それらに従って、このときの中国指導層の台湾「解放」作戦への対応が如何なるものであったかを整理すると、以下のようになろう。すなわち、中国指導層は、アメリカの軍事プレゼンスによって、台湾「解放」作戦の延期を前提に、まずはそれの実施の暫時中止を決定し、その後の朝鮮戦争情勢の推移と、台湾に向けたアメリカの軍事プレゼンスの深化の度合いを見て、最終的な延期の決定を下すというものであった。(100)

従って、中国指導層は朝鮮戦争の勃発及び、それに続くアメリカの台湾海峡への軍事プレゼンスなどへの即時的な対応としては、台湾「解放」作戦の暫時の中止のみを決定したということになる。

ところで、一九五〇年六月末までに、中国指導層が台湾「解放」作戦の暫時中止のみを決定して、後の時機を見て最終的な結論を出そうとしていたことにおいて、七月以降、中国指導層の会議でこのことが何も議論されなかったとは考えにくい。しかしながら、管見の限り、それについて知ることができる資料は見当たらない。

この時期に開催された重要な会議のなかで、そこでの討議の内容を知ることができるのは、朝鮮戦争の勃発に際して、東北地区の防衛力を強化するために東北辺防軍を創設することなどを決定した国防軍事会議に限定されている[101]。

尤も、台湾「解放」作戦の延期の決定は、朝鮮戦争の情勢の変化及び、台湾に対するアメリカの軍事プレゼンスの深化と強く結びついていたことから考えると、この時期には、中国指導層は対外情勢の分析に追われて、それを議論するまでの物理的、精神的な条件を欠いていたのかも知れない。

しかしながら八月に入ると、中国指導層は朝鮮戦争への参戦に向けた動きを一挙に加速し、台湾「解放」作戦の延期は決定的となった。

八月四日に開催された中共中央政治局会議で、毛は朝鮮戦争の今後の情勢を分析して、北朝鮮（朝鮮民主主義人民共和国）軍の戦況が「楽観を許さない」ものであることを指摘するとともに、それを根拠に中国軍の朝鮮戦争への参戦準備を強化するとの方針を明らかにしていた[102]。

だが、毛がこのような方針を示したのは、朝鮮戦争における北朝鮮軍の前途を悲観したためだけではなかった。それは毛が、台湾に対するアメリカの軍事プレゼンスの深化、すなわち、七月二七日にアメリカの国家安全保障会議が、国府に対する軍事援助の方針を決定したこと、それに続いて三一日には、国連軍総司令のマッカーサーが台湾を訪問し、蒋介石と会談を行ったこと[103]、そして八月四日には、早くもアメリカの国府に対する軍事援助が始まり、日本の沖縄基地から、アメリカ第一三航空隊のF―80ジェット戦闘機が台湾に飛来し、配備されたことなどの一連の事実を深く懸念したためであった[104]。

いずれにしても、中国指導層はこの会議で朝鮮戦争への参戦準備を加速することを決定し、これを受けて台湾「解放」作戦の延期が確実になったものと考えられる[105]。

こうして一九五〇年八月八日、三野戦の司令員であった陳毅は、毛及び、中央軍委に「一九五一年には台湾を攻撃しないことを確定し、一九五二年に台湾を攻撃する建議を行う」と提起し、中央軍委は八月一一日、「一九五一年には台湾を攻撃せず、一九五二年を待って情況を見て再度決定する。金門島については、一九五一年四月以前においては攻撃しないことが賢明であり、四月以後命令を待って再度攻撃する」と指示した[106]。

これを受けて台湾「解放」作戦の前線部隊であった三野戦は、中央軍委の指示を受けて、台湾「解放」作戦の準備を彼らの長期任務とする方針を打ち出し、八月中旬から「精簡整編」に着手した[107]。更に中央軍委は、九月五日までに、三野戦の主力部隊であった九兵団に対して、朝鮮戦争への参戦準備命令を下し、九兵団の東北地区への移動が決定した。このように朝鮮の戦線に主力軍が奪われたことで、三野戦の台湾「解放」作戦の延期は完全に確定的なものとなったのである[108]。

おわりに

以上のように、中国指導層は遅くとも、一九五〇年九月までに台湾「解放」作戦の延期を確定し、それ以後、朝鮮戦争への参戦に向けた準備をより積極的に行うことになった。

ところで、中国指導層は朝鮮戦争の勃発、アメリカの朝鮮半島、台湾海峡への介入という一連の国際環境の変化に、即時的な対応として、台湾「解放」作戦の延期を前提とした暫時中止の決定を下したものの、何故、正式な決定までに一カ月以上もの日時を要したのであろうか。この点はなおも疑問が残る。

だが、このことを検討するには、公表された資料が大きく不足していると言わざるを得ない。特に、台湾「解放」作戦の延期を決定する上で、何らかの検討がなされたと思われる一九五〇年七月において、中国指導層が台湾「解放」作戦の延期問題をめぐって、どのような議論を行っていたのか、判明しないことがこの問題の解明を困難にしている。

既に見たように、台湾「解放」作戦は、中国指導層にとって、自らの正統性を絶対的にし、また新国家（新政権）の安全保障を確立するという意義をもっていた。中国指導層にとって、早急にこの問題を解決することが、新国家を建設する上での大前提であった。

中国指導層は台湾「解放」作戦を対外的な脅威、特にアメリカの脅威が比較的弱まっている時期に推進することを決定した。すなわち、新国家の安全保障は、この時期に台湾「解放」作戦を実施することによって、それを確立することが可能であると考えていたためであった。

しかしながら、朝鮮戦争の勃発によるアメリカの台湾海峡に対する軍事プレゼンスは、このような考えにもとづく、安全保障の確立を困難にさせた。ここにおいて、台湾を「解放」して新国家の安全を確保するには、アメリカとの対決が不可避となっていた。

だが、当時の中国指導層は、これを機に直ちに対米対決を覚悟することはできなかった。尤も中国指導層は、早くから対米対決の可能性を予測し、それへの心構えを固めていた(109)。しかしながらこのことが現実の問題となったとき、実際に対応するためには、やはり慎重にアメリカの対中戦略を分析することが必要となったのである。

このように考えるならば、中国指導層が一九五〇年六月末までに、台湾「解放」作戦の実施については、暫時の中止を決定しつつも、その時点で金門島への再攻撃に関しては何らの決定も下していないことは注目に値する。

このことは中国指導層が一連の国際環境の変化に即応するため、従来の安全保障態勢をも含めたそれの包括的な再検討が必要であると認識していたことを示している。

中国指導層は、過渡的な措置として、まず台湾「解放」作戦を暫時中止し、朝鮮戦争に即応して、東北地区の防衛力を強化し、新たな安全保障態勢を模索した。他方で、従来の安全保障観にもとづき、アメリカとの対決が回避できる事態をも想定しつつ、少なくとも金門島への再攻撃だけは実施できる戦闘力を残しておきながら、当面のアメリカの出方を注視していたのである。

しかしながら、八月に入ると、アメリカは国府への軍事援助を再開し、台湾に対する軍事プレゼンスを一層拡大した。こうしたアメリカの動向を見て、中国指導層は、国府を完全に打ち破ることで確立される従来の安全保障方策に見切りをつけ、朝鮮半島においてアメリカと直接対決する方針を固めた。それにともなって、台湾「解放」作戦の延期が最終的に決定されたのである。

従って、台湾を「解放」するという問題は、新国家の安全保障問題に深く根ざしていただけに、中国指導層がその作戦の延期を決定する際には、極めて慎重な態度をとることを余儀なくされた。こうしたことが、この決定の多段階化を促したのである[110]。朝鮮戦争の勃発によるアメリカの朝鮮半島、台湾海峡への介入という一連の事態に、中国指導層が対応しようとするとき、最初に直面した大きな問題は、台湾「解放」作戦の遂行という課題に、如何に対処すべきかということであった。

だが、中国指導層内部で朝鮮戦争への参戦に向けての議論が本格化しつつあるなかで、比較的早期に台湾「解放」という課題の一時的な棚上げを決定できたことは、中国がその後の朝鮮戦争への参戦に向けた準備を、より機動的に行うことを可能にしたのである。そういった意味では、台湾「解放」作戦の延期の決定は、中国が朝鮮戦争への参戦を目指す上で、大きな転換点となったのである。

註

（1）朱建栄『毛沢東の朝鮮戦争』（岩波書店、一九九一年）参照。
（2）安田淳「中国初期の安全保障と朝鮮戦争への介入」（慶應義塾大学法学研究会『法学研究』第六七巻第八号、一九九四年八月）三五―四〇頁。
（3）早くから、神谷不二氏などにより、朝鮮戦争勃発後数カ月間の中国の関心（対応）は、台湾問題に比重が置かれていたことが指摘されていた。しかしながら、管見の限り、中国側の朝鮮戦争に関する資料の公開が進むにつれて、研究者の関心は、何故中国が朝鮮戦争への参戦に傾いたかといった方面からの分析に力点を移していったように思われる。このような研究動向のなかで、近年台湾「解放」問題を念頭におきつつ、中国の朝鮮戦争への参戦過程を分析する研究が見られるようになった。例えば、浅野亮氏は、朝鮮戦争の開戦におけるアメリカの台湾への軍事プレゼンスが、中国に台湾「解放」作戦の延期を決定させたと指摘しながらも、中国がこうした決定を下したことで、即座に朝鮮への出兵を模索したのではないこと、そして朝鮮戦争の勃発から約二カ月後に、中国が再度同作戦の延期を決定していることから、作戦の延期が「多段階」の決定であったと指摘している。浅野氏が提起した「多段階」の決定という見解は筆者も同意するものであり、この決定が中国指導層のなかで、どのような検討を経てなされたものなのかを、本章で考察してゆきたい。神谷不二『朝鮮戦争―米中対決の原形』（中央公論社、一九六六年）、浅野亮「未完の台湾戦役―戦略転換の過程と背景」（『中国研究月報』第五二七号、一九九二年一月）八―一一頁参照。なお近年公表・公刊されたロシア・中国の資料から、台湾「解放」作戦の実態を分析したものとして、青山瑠妙「中国の対台政策―一九五〇年代前半まで」（『日本台湾学会報』第四号、二〇〇二年七月）二〇―三九頁がある。
（4）「中共中央負責人評論中国軍事形勢（一九四八年一一月一四日）」（毛沢東文献資料研究会『毛沢東集』第一〇巻、北望社、一九七一年）一九二頁。
（5）「目前形勢和党在一九四九年的任務（一九四九年一月八日中央政治局通過）」（中央档案館『中共中央文件選集（一九四九年一月至九月）』第一八冊、北京、中共中央党校出版社、一九九二年）一五頁。以下、『文件選集』と略記。
（6）同右、一六―一七及び、二二頁。なお南方への進軍については、一九四九年の課題として既に一九四八年末に提起されていた。「将革命進行到底―一九四九年新年献詞（一九四八年一二月三〇日）」（前掲『毛沢東集』第一〇巻）二〇八頁。
（7）「目前形勢和我們的任務　一九四九年一二月二五日在中共中央会議上的報告」（前掲『毛沢東集』第一〇巻）九七頁。
（8）前掲「目前形勢和党在一九四九年的任務（一九四九年一月八日中央政治局通過）」一七頁。

（9）同右。
（10）同右、一七―一八頁。
（11）師哲『在歴史巨人身辺―師哲回憶録』（北京、中央文献出版社、一九九一年）【邦訳、師哲、劉俊南、横沢泰夫（訳）『毛沢東側近回想録』（新潮社、一九九五年）】参照。以下、『在歴史巨人身辺』と略記。
（12）岡部達味「中国外交の四〇年」（岩波講座現代中国第六巻『中国をめぐる国際環境』、岩波書店、一九九〇年、所収）五頁参照。なお本論はのちに「中国外交の五〇年」と改題され、新版の同書に収録（二〇〇一年）。
（13）前掲『在歴史巨人身辺』三四七、三五一、三六六頁及び、石井明『中ソ関係史の研究（一九四五―一九五〇）』（東京大学出版会、一九九〇年）二二七頁参照。中共中央文献研究室『毛沢東伝』には、毛が既に一九四七年初めに、モスクワへ行き、スターリンとの会談を希望していたとある。中共中央文献研究室『毛沢東伝（一八九三―一九四九）』（北京、中央文献出版社、一九九六年）【邦訳、金冲及、村田忠禧、黄幸（監訳）『毛沢東伝』下（みすず書房、二〇〇〇年）】八三六頁参照。
（14）劉少奇、浅川謙次（訳）「国際主義と民族主義（一九四八年一一月一日）」（『国際主義と民族主義』、国民文庫社、一九五四年、所収）。
（15）高木誠一郎「米中関係の基本構造」（前掲『中国をめぐる国際環境』、所収）一一八頁。
（16）このことは、上海「解放」戦役の勝利を目前にしていた五月二三日に、中央軍委が中国軍第三野戦軍の現下の主要な任務を「第三野戦軍と協力して、ありうるべきアメリカの軍事干渉に対処することである。この準備をすれば、アメリカの軍事干渉の野心を阻止でき、アメリカを恐れさせ、アメリカが出兵し、干渉する可能性を低下させることになる」と述べていることからも明らかである。このことから、中国指導層が当面、アメリカの「直接」的な干渉が減少していると認識しているものの、常にアメリカへの警戒を怠っていなかったことが窺われる。「軍委関於全国向進軍的部署（一九四九年五月二三日）」（前掲『文件選集』第一八冊）二九二頁、姚旭「抗美援朝戦争的英明決策―紀念中国人民志願軍出国作戦三〇周年」（『党史研究』一九八〇年第五期、一九八〇年一〇月内部発行）五頁。
（17）その一方で、当時中共がアメリカに対して、宥和政策を採っていたことも良く知られるところである。これはソ連陣営に組み込まれた場合、独自の外交戦略の展開が難しくなるとの懸念から発したものだと指摘されるが、筆者は、中共がソ連に傾きつつも、この時点では、まだあらゆる対外戦略の可能性を模索していたのではないかと考えている。井尻秀憲「中華人民共和国成立前夜の国際関係」（『アジア研究』第二八巻第一号、一九八一年四月）参照。

(18) 前掲『在歴史巨人身辺』三八〇―三八一頁。

(19) 当時、スターリンはアメリカの軍事介入を誘発する可能性から、中国軍の南方への進軍に対し否定的な見解をもっており、ミコヤンはこうした彼の見解を毛に伝達するために訪中したとの説がある。しかしながら、本文で示したように、毛はミコヤンとの会談で台湾「解放」問題にまで言及していたことからすると、毛は既にスターリンの見解を知っていた可能性が高い。また当時、蒋介石から提示された和平交渉にしても、一月一一日、毛はスターリンに対し、「我々は南京（政府、国府のこと―筆者）に無条件投降を求めること、十分に中国国民党の陰謀を明らかにすることに傾いている。同時に我が国の革命は既に勝利が明らかであり、再度（政治的な―筆者）迂回戦術を採るには及ばず、（このようにすることは―筆者）勝利を獲得する時期を遅らせてしまう」と通達していたとする指摘もあり、毛はミコヤンとの会談を通じて、スターリンに南方進軍への勝利の自信を伝えたかったのではないかと思われる。前掲『中ソ関係史の研究（一九四五―一九五〇）』二二八―二二九頁及び、小泉直美「スターリン期の対アジア外交」（山極晃『東アジアと冷戦』、三嶺書房、一九九四年、所収）六九―七〇頁参照。余湛、張光祐「関於斯大林曾否効阻我過長江的探討」（外交部外交史編輯室『新中国外交風雲』、北京、世界知識出版社、一九九〇年）二〇頁。

(20)「中国共産党第七期二中全会における毛沢東主席の報告（一九四九年三月五日）」（日本国際問題研究所中国部会『新中国資料集成』第二巻、日本国際問題研究所、一九六四年）四三四頁。以下、『資料集成』と略記。

(21) 徐焔『金門之戦』（北京、中国広播電視出版社、一九九二年）一一頁。

(22)「中国人民一定要解放台湾（一九四九年三月一五日新華社時評）」（前掲『文件選集』第一八冊）四九三―四九四頁。

(23) 前掲『金門之戦』一七頁。

(24) 同右、一七―二〇頁。

(25) 前掲「軍委関於全国向進軍的部署（一九四九年五月二三日）」一九二頁。なお、進軍については、前日に粟裕が中央軍委に打診していることから、この命令はそれへの返答も兼ねているものと思われる。「粟裕、張震関於入閩部隊可否提早行動致軍委電（一九四九年五月二二日）」（『従延安到北京―解放戦争重大戦役文献和研究文章専題選集』、北京、中央文献出版社、一九九三年）五一九頁。以下、『従延安到北京』と略記。

(26) 前掲『金門之戦』二〇頁。

(27) 同右。第一〇兵団の福建省の進軍については、後に一〇兵団の都合上、粟裕が六月二五日に延期することを中央軍委に打電し、それを受けて中央軍委は一〇兵団の進軍を七月上旬までに行うことを示し、若干の猶予を与えていた。「粟裕、張震、周駿

鳴関於一〇兵団建議六月二五日入閩致軍委電（一九四九年六月一三日）」、「軍委同意一〇兵団延期入閩致粟裕、張震等電（一九四九年六月一四日）」（前掲『従延安到北京』）五一九—五二〇頁。

(28) 同右、「軍委同意一〇兵団延期入閩致粟裕、張震等電（一九四九年六月一四日）」五二〇頁。

(29) この工作のほか、上海市・浙江・江蘇・安徽・江西各省の都市の接収・運営、福建省・厦門島の占領、未「解放」地区に進軍する第二野戦軍への支援も含まれた。中共中央文献研究室『毛沢東年譜（一八九三—一九四九）』下巻（北京、人民出版社・中央文献出版社、一九九三年）五一九頁。なお何迪氏によれば、この電報には台湾「解放」作戦の準備に関して、本文で示した内容より一層明確な指示があったことを指摘している。それによれば、毛は三野戦の同作戦準備が遅れていることをとがめ、作戦準備に十分に配慮すること、台湾が「解放」されなければ、沿海島嶼の交通路が確保できず、そこが外国商人に支配されてしまうことなど挙げた上で、一九四九年夏秋季の間に、完全な作戦準備を行い、冬の到来とともに台湾を占領することを指示したという。 He Di（何迪）, "The Last Campaign to Unify China: The CCP's Unmaterialized Plan to Liberate Taiwan, 1949-1950," *Chinese Historians*, Vol. V, No. 1 (Spring 1992), pp. 1-2.

(30) 同右、五二九頁。

(31) 前掲『金門之戦』二〇頁及び、姜毅思『中国人民解放軍大辞典』下（天津、天津人民出版社、一九九二年）二三一〇—二三一四頁、平松茂雄『蘇る中国海軍』（勁草書房、一九九一年）一六頁など参照。

(32) 同右、『金門之戦』二二頁、一一七頁。なお九兵団が台湾「解放」作戦の準備に入った時期には諸説があり、徐焔氏は、粟裕がその準備部隊を組織したのを一九四九年秋とし、作戦には八個軍を投入し、そのうち九兵団の四個軍（二〇、二三、二六、二七軍）を第一梯団とする計画を策定したと述べている。これに対して周軍氏は、上海「解放」戦役終了後、粟裕が台湾「解放」作戦の準備部隊として八個軍を充てることを考えていたが、七、一〇兵団が上海での作戦後、直ちに新たな任務に就いていたこと、華東地区の「剿匪」が完了していないことなどがあり、九兵団の四個軍のみで渡海、上陸作戦の訓練を行ったと述べている。なおいずれにしても、一九四九年末までに、三野戦は一二個軍、約五〇万の兵力を台湾「解放」作戦に投入することを決定したという。周軍「新中国建国初期人民解放軍未能遂行台湾戦役計画原因初探」（『中共党史研究』一九九一年第一期、一九九一年一月）六七頁。軍事科学院軍事歴史研究部『抗美援朝戦争史』第一巻（北京、軍事科学出版社、二〇〇〇年）六一頁。

(33) 中国大百科全書軍事巻編審室『《中国大百科全書・軍事》戦争・戦略、戦役分冊』（北京、軍事科学出版社、一九八七年内部発行）一二一頁参照。

(34) 既に、一月八日の「目前の形勢と党における一九四九年の任務」で、毛は一九四九年及び、一九五〇年のうちに作戦に投入できる海、空軍を建設する必要性を挙げていた。前掲「目前形勢和党在一九四九年的任務（一九四九年一月八日中央政治局通過）」一九頁。

(35) 空軍の建設援助についてのソ連との交渉については、第一章を参照のこと。なお、海軍の建設援助についての交渉は、九月二三日にソ連に赴いた張愛萍により進められた。《当代中国》叢書編輯部『当代中国海軍』（北京、中国社会科学出版社、一九八七年）六八三頁及び、浅野亮「海空軍建設と沿岸諸島戦役―人民解放軍『近代化』の淵源をめぐって―」（『姫路獨協大学外国学部紀要』第五号、一九九二年一月）一七七頁参照。

(36) 徐焔氏は、通常航空学校で一人のパイロットを養成するのに、二、三年の時間が必要であるが、この時早急にパイロットを必要としたため、中央軍委は六カ月以内に航空学校での訓練を終了し、その後作戦に投入するとの指示を与えていたと述べている。前掲『金門之戦』一一三頁。パイロットなど空軍の要員の養成についても、空軍の建設援助をめぐる中ソ交渉で採り上げられていた。第一章を参照されたい。

(37) 他方で、毛は空軍を欠いていたことを理由に、台湾への攻撃作戦の実施時期について配慮を見せていた。八月二日、毛は粟裕に、台湾の国府軍内部に多数の協力者（国府からの離反者）がいる場合には作戦を早期に開始する、との付帯条件をつけながらも、海、空軍、特に空軍が十分に準備できなければ、作戦実施時期を延期し、現時点でその時期を決定しないと述べていた。He, *op.cit.*, pp. 3-4.

(38) 《当代中国》叢書編輯部『当代中国軍隊的軍事工作』上（北京、中国社会科学出版社、一九八九年）二三九頁。

(39) 同右、二三八―二三九頁。なお舟山本島での作戦実施には一五〇〇隻の上陸用の船舶が必要だと見積もっていた。「唐亮、袁仲賢、周駿鳴関於轉発第七兵団対舟山作戦之建議致陳毅、粟裕（一九四九年一〇月一三日）」（瀋陽軍区政治部編研室『建国初期我軍渡海作戦史料選編』、瀋陽、白山出版社、二〇〇一年軍内発行）三二一頁。以下、『渡海作戦史料選編』と略記。

(40) 同右、二四〇―二五一頁及び、陳広相「千舟揚帆戦東海―人民解放軍解放舟山群島紀実」（『軍事史林』一九九五年第二期、一九九五年二月）二二―二六頁参照。

(41) 一〇兵団は八月下旬に福州を「解放」した後、九月一九日には漳州を「解放」し、「渡海作戦」に入った。前掲『当代中国軍隊的軍事工作』上、二二一―二二六頁参照。

(42) 「袁仲賢、周駿鳴関於轉報第一〇兵団預定金厦戦闘発起時間致中央軍委等電（一九四九年一〇月三日）」（前掲『渡海作戦史料選編』）一七頁。孫宅巍「金門作戦失利述評」（『軍事史林』一九八九年第二期、一九八九年四月）二七頁。
(43)「袁中賢、周駿鳴轉報一〇兵団金、厦戦闘部署致軍委等電（一九四九年一〇月一〇日）」（前掲『従延安到北京』）五二六頁。なお漳州戦役終了直前の九月中旬の時点では、国府軍、約四万一〇〇〇人と見積もっていた。「粟裕、袁仲賢、周駿鳴関於轉報第一〇兵団漳厦戦役部署致中央軍委等電（一九四九年九月一五日）」（前掲『渡海作戦史料選編』）九―一〇頁。
(44)「唐亮、袁仲賢等関於先攻厦門併以一部箝制金門之敵較穏当致葉飛、韋国清等電（一九四九年一〇月一一日）」同右、二四頁。なお一〇月一七日、三野戦司令部は中央軍委に対し、上陸船の不足を理由に厦門、金門両島の同時作戦展開が不可能であることを説明していた。「唐亮、袁仲賢、周駿鳴関於第一〇兵団因船只不够先攻厦門再攻金門致中央軍委等電（一九四九年一〇月一七日）」同右、二九頁。前掲『当代中国軍隊的軍事工作』上、二二七頁及び、前掲孫宅巍、二七頁。
(45)翟志端、李羽壮『金門紀実―五〇年代台海危機始末』（北京、中共中央党校出版社、一九九四年）三四―三六頁。
(46)「粟裕、袁仲賢、周駿鳴轉報第一〇兵団関於三個団登陸金門情況致中央軍委等電（一九四九年一〇月二七日）」（前掲『渡海作戦史料選編』）三二頁。前掲『当代中国軍隊的軍事工作』上、二二三頁参照。
(47)毛は、一一月八日、特に金門島への攻撃作戦の失敗について、「（過去―筆者）三年半以来、初めてのあってはならない大損失であった」と述べたという。前掲孫宅巍、二九頁。
(48)「軍委関於攻撃金門島失利的教訓的通報（一九四九年一〇月二九日）」（『建国以来毛沢東文稿』第一冊、北京、中央文献出版社、一九八七年内部発行）一〇〇―一〇一頁。以下、『毛文稿』と略記。なお三野戦の前線指揮部や中共中央華東局の金門島攻撃の失敗に関する報告資料は、「葉飛、劉培善関於金門島戦闘経過和失利原因給第三野戦軍前委、中共中央華東局的報告（一九四九年一〇月二八日）」、「中共中央華東局関於総結金門失利経験教訓致葉飛、陳鉄君等電（一九四九年一〇月二九日）」（前掲『渡海作戦史料選編』）三三―三五、三八―三九頁。
(49)「関於定海作戦部署給粟裕的電報（一九四九年一一月一四日）」（前掲『毛文稿』第一冊）一三七頁。特に金門島作戦に失敗した一〇兵団については、再攻撃の準備にあたり、以後二カ月間、「政治工作」を徹底することが求められた。「第三野戦軍政治部関於金門戦役失利給第一〇兵団的政治工作指示（一九四九年一一月一四日）」（前掲『渡海作戦史料選編』）四〇頁。
(50)「粟裕関於攻取舟山群島等問題給毛沢東併中央軍委的信（一九四九年一一月二二日）」、「浙東前線指揮所関於舟山戦役延期后各軍部署調整命令（一九四九年一二月三日）」同右、三三八―三三九、三四〇―三四一頁及び、前掲周軍、六八頁。
(51)「関於会商攻撃舟山群島弁法給粟裕的電報（一九四九年一二月五日）」（前掲『毛文稿』第一冊）一七九頁。

(52)　前掲『金門之戦』一一四頁。
(53)　徐焔「五〇年代中共中央在東南沿海闘争中的戦略方針」（『中共党史研究』一九九二年第二期、一九九二年三月）五二―五三頁。
(54)　本文中にあるように、一二月、中央軍委は新しい台湾「解放」作戦計画を決定したが、具体的にいつ頃から各作戦に取りかかるのかについて、その詳細は判明しない。しかしながら、ここで東南沿海島嶼「解放」作戦の実施計画を大幅に見直したことから、最終段階の台湾「解放」作戦自体も当初の計画よりも大きく遅れることになったと思われる。
(55)　これらのことについては、第三章、第六章を参照されたい。
(56)　本項は筆者の問題関心上、特に第六章第一節第二項の内容と多分に重複している。このことをあらかじめお断りするとともに、特にことわりのない限り、本節の記述は第六章の当該箇所の注記を参照されたい。
(57)　He, *op.cit.*, pp. 7-8.
(58)　「為詢問進攻舟山群島的准備工作状況給粟裕的電報（一九五〇年一月一一日）」（前掲『毛文稿』第一冊）二三〇頁。なお毛は訪ソ中、北京に頻繁に台湾「解放」作戦の準備情況を問い合わせており、特に後述する海南島への攻撃作戦の準備情況については、それを指揮する林彪に直接指示を与えていた。
(59)　「関於舟山等地作戦需要空軍協助問題給毛沢東的電報（一九五〇年一月一一日）」（中共中央文献研究室『建国以来劉少奇文稿』第一冊、北京、中央文献出版社、一九九八年内部発行）二五二頁。
(60)　「トルーマン大統領の台湾問題に関する声明（一九五〇年一月五日）」（前掲『資料集成』第三巻）三六―四一頁、「ナショナル・プレスクラブにおけるアチソン国務長官の演説（一九五〇年一月一二日）」（神谷不二『朝鮮問題戦後資料（一九四五―一九五三）』第一巻、日本国際問題研究所、一九七六年）三九五―四〇七頁参照。
(61)　楊奎松『中共與莫斯科的關係（一九二〇―一九六〇）』（台北、東大圖書公司、一九九七年）六一六―六一八頁参照。
(62)　He, *op.cit.*, p. 2, 8. なお、註（57）とともに、粟裕の台湾「解放」作戦へのアメリカの介入に対する認識はきわめて楽観的であるが、当時の中国指導層のそうした可能性についての基本的な認識は、陳兼氏の指摘のように、台湾がアメリカの大陸侵略の一つのルートであり、徐焔氏によれば具体的な可能性として、日本の参戦を梃子とする間接的な侵略にもっとも関心を注いでいたという。こうして見ると粟裕の認識に対する背景には、当時協議が動き始めたばかりの中ソ友好同盟相互援助条約の第一条の

「日本或いは侵略行為において直接間接的に日本と結託するその他の国」により「攻撃を受けて、戦争状態に入った場合は、他方の締結国は全力をあげて軍事上およびその他の援助を与える」という文言を台湾「解放」にいち早く適用させ、ソ連の参戦をも含めた多くの支援を引き出そうとする意図が見出される。Chen Jian, *China's Road to the Korean War: The Making of the Sino-American Confrontation* (New York: Columbia University Press, 1994), p. 94, 前掲徐焔「五〇年代中共中央在東南沿海闘争中的戦略方針」五三頁。「中ソ友好同盟相互援助条約（一九五〇年二月一四日）」（前掲『資料集成』第三巻）五四頁。

(63) 特に、中国空軍へのソ連の援助に関しては、第一章の註を参照されたい。

(64) 二月四日、毛は粟裕に、蜂起して中国軍に寝返った元国府軍のパラシュート部隊を利用して台湾上陸に活用する計画を伝えている。この案はそもそも、毛とスターリンとの最初の会談（一二月一六日）で、彼らを台湾へ降下上陸させ、そこで国府に反対する蜂起を促す方法としてスターリンが提示していたものであった。この時点において、毛が粟裕にこのことを提起していることからすると、ソ連から台湾「解放」作戦を実現するための軍事援助を得るには、なおも時間が必要であったことが窺われる。「関於起義的傘兵第三兵団加強訓練問題給粟裕的電報（一九五〇年二月四日）」（前掲『毛文稿』第一冊）二五六頁及び、「斯大林与毛沢東会談記録（一九四九年一二月一六日）」（沈志華『中蘇同盟与朝鮮戦争研究』、桂林、広西師範大学出版社、一九九九年）三二七頁。

(65) 前掲『金門之戦』一一七頁。

(66) 前掲『当代中国軍隊的軍事工作』上、二五二頁。

(67) 前掲『金門之戦』一一二―一一三頁。

(68) 前掲『当代中国軍隊的軍事工作』上、二五二頁及び、前掲「関於会商攻撃舟山群島弁法給粟裕的電報（一九四九年一二月五日）」一七九頁。

(69) 前掲周軍、七〇頁。

(70) 前掲『当代中国軍隊的軍事工作』下（北京、中国社会科学出版社、一九八九年）一六一頁。

(71) 前掲周軍、七〇頁。当時中国海軍の司令員に任命されたばかりであった肖勁光の回想録によれば、海軍の建設を急ピッチで進めるために、中ソ友好同盟相互援助条約の締結のため、ソ連に滞在していた毛、周恩来は、ソ連からの海軍の装備の購入について二つの協定を締結し、装備購入金額は一億五〇〇〇万元に達したという。肖勁光『肖勁光回憶録（続集）』（北京、解放軍出版社、一九八九年）九四頁及び、前掲『蘇る中国海軍』三〇頁参照。なお一月の時点で三軍合同作戦の準備が十分に整っていないことから、舟山群島への再攻撃は更に延期することが決定された。
(72)「関於渡海作戦等問題給林彪的電報（一九四九年一二月一八日）」（前掲『毛文稿』第一冊）一九〇―一九一頁。「林彪関於渡海作戦的准備致毛沢東電（一九四九年一二月二〇日）」（前掲『渡海作戦史料選編』）一七七頁。
(73)「第一五兵団関於渡海作戦准備工作報第四野戦軍併中央軍委電（一九四九年一二月二七日）」同右、一八二頁。「関於同意争取在旧年歴前進攻海南島的方針的電報（一九四九年一二月三一日）」（前掲『毛文稿』第一冊）二〇三頁。
(74)「関於海南島作戦問題給林彪的電報（一九五〇年一月一〇日）」同右、二二八頁。
(75)資料上、先行して「極秘渡海」する作戦方針は空軍支援がないことが確定した段階から、直ぐに四野戦内部で検討され始めたようである。また上陸作戦自体については、乗船経験のない「北方」出身者をどのように教育・訓練するかが懸案となっていた。更に大規模な上陸を果たすための船舶の不足を補うために、香港から上陸船を購入する計画ももち上がっていた。「第四野戦軍関於先派少数兵力偸渡海南島給第一五兵団的指示（一九五〇年一月三日）」、「第一五兵団関於推遅渡海作戦時間向第四野戦軍、中央軍委的請示報告（一九五〇年一月五日）」、「鄧華、頼傳珠、洪学智関於海南島情況渡海作戦方法向中央軍委、毛主席的報告（一九五〇年二月九日）」（前掲『渡海作戦史料選編』）一八五―一八七、一九一頁及び、前掲『当代中国軍隊的軍事工作』上、一三七頁。
(76)前掲周軍、六八―六九頁。
(77)前掲『金門之戦』一二二頁。
(78)前掲『当代中国軍隊的軍事工作』上、二五三頁。なお徐焔氏はこの会議が四月一五日に開催されたとしている。前掲『金門之戦』一一四頁。
(79)前掲『当代中国軍隊的軍事工作』上、二五三頁。
(80)「張震関於舟山作戦部署等情況致毛沢東等電（一九五〇年五月一〇日）」（前掲『渡海作戦史料選編』）三四五頁。なおこの資料からは、「六月下旬」という作戦実施予定がいつ決定されたのかは判然としない。また舟山群島を防衛していた国府軍が台湾に撤退したことで、結果的に中国軍が本格的な三軍合同作戦を実施することはなかった。ちなみに中国軍に関するもっとも早い出来事などを扱った劉培一、雲青『中国軍事之最大観』（北京、知識出版社、一九九四年）によれば、本格的な三軍合同作戦は、一九五五年の一江山島への攻撃作戦が最初であるという。二九五―二九六頁参照。
(81)前掲周軍、六九頁。

(82)　前掲『金門之戦』一一八頁。
(83)　同右、一二八—一二九頁。
(84)　同右、一二九—一三〇頁。
(85)　同右、一二九頁。
(86)　同右。
(87)　同右、一三〇頁及び、軍事科学院軍事歴史研究部『中国人民解放軍戦史』第三巻（北京、軍事科学出版社、一九八七年）四八頁参照。
(88)　鄧礼峰『新中国軍事活動紀実（一九四九—一九五九）』（北京、中共党史資料出版社、一九八七年）五八頁。以下、『新中国軍事活動紀実』と略記。
(89)　同右、八三頁。
(90)　前掲周軍、七〇頁。
(91)　前掲『金門之戦』一三〇頁。
(92)　前掲『新中国軍事活動紀実』一〇二頁。
(93)　前掲周軍、六九頁。なお同日、同前線委員会は各軍に同様の内容を「台湾攻撃の勝利を保証する幾つかの意見」として下達していた。このとき発布された華東軍区の「訓練大綱」によれば、本年七月から翌年三月まで、陸、海、空軍がそれぞれの訓練を進め、以後四、五月において、三軍が合同作戦の訓練を行うことになっていた。従って三軍合同による台湾「解放」作戦の実施は、これ以後に予定されていた。前掲『抗美援朝戦争史』第一巻、六一頁。
(94)　同右。なお徐焔氏は当時の中国軍の戦闘力が、国府軍の同じ数のそれより高いことを指摘した上で、更に大陸内部から東南沿海地区へ移動することが可能な部隊として、国防機動隊の名で全軍の戦略予備隊となっていた四野戦一三兵団（三八、三九、四〇軍）と第一野戦軍一九兵団（六三、六四、六五軍）を挙げている。三野戦が実戦闘兵力の不足を懸念し、三野戦以外からの、台湾「解放」作戦に投入する部隊を要請していたことで、中央軍委はおそらく、機動力のあるこれらの部隊を優先的に投入することを考えていたのではないかと考えられる。前掲『金門之戦』一一九頁及び、前掲安田淳、四二—四四頁参照。
(95)　無論、兵力の問題だけではなく、海、空軍の戦力増強を目指して、前述の中ソ会談以降、中国はソ連に急ピッチで武器・装備などの輸出を求めていた。このことに関しては、近年刊行された《周恩来軍事活動紀事》編写組編『周恩来軍事活動紀事（一九一八―一九七五)』下巻(北京、中央文献出版社、二〇〇〇年)で詳細が明らかとなった。以下、『周恩来軍事活動紀事』と略記。

(96)「朝鮮問題に関するトルーマン大統領の声明(一九五〇年六月二七日)」(前掲『資料集成』第三巻)一一二頁。

(97) 前掲『粛勁光回憶録(続集)』二六頁。以下、粛勁光が周恩来から伝えられたとする内容を書き留めておく。「六月三〇日、すなわち朝鮮戦争が勃発して五日目、周恩来総理は私(粛勁光のこと―筆者)を呼び寄せ、中央(中央人民政府のこと―筆者)の当面の情勢の展開に対する分析と我が国の対応について説明した。周(恩来―筆者)総理は私に『この情勢の変化は、我々が台湾を攻略するのに面倒なことになった。というのは、アメリカが立ちはだかっているからである。しかし、我々の準備も不十分であったから、利点もあったといえる。現在、我々のとるべき態度は、アメリカの台湾への侵略、中国の内政に対する干渉を糾弾することと、軍事計画において、陸軍の復員を継続し、海、空軍の建設を強化し、台湾を攻撃する時期を延期することである』と述べたのである」。

(98) 前掲『当代中国海軍』の四一頁には、中共中央の台湾「解放」作戦の延期の決定が、七月中旬に、粟裕から伝えられたと記されている。しかしながら、彼がこのことを誰に伝えたのかは明記されていない。本書の性格上、有力なのは無論海軍であるが、海軍であるならば、司令員の粛勁光が六月末の段階でこの決定を知っていたにもかかわらず、海軍自体に伝えられるまでには時間がかかっていることになり、伝達までに一定の時間を要したことになる。このことから、六月末の段階で朝鮮戦争勃発後の台湾「解放」作戦への対処について、即座に伝えられていたのは一定レベルの軍事指導者に限定されていた可能性がある。なお二〇〇〇年に刊行された『抗美援朝戦争史』には、前書を引用した上で、粟裕の伝達先を「華東軍区部隊」としている。前掲『抗美援朝戦争史』第一巻、六二頁。

(99) 周軍氏は、後述する八月八日の陳毅の建議によって「党(中共のこと―筆者)中央、中央軍委との作戦全局にわたる構想が完全に一致した」と指摘している。これが事実ならば、八月八日までは台湾「解放」作戦の延期方針ならびに、具体的な延期期間(日程)は正確な決定が出されておらず、それまでは暫定的な中止であったと見るべきであろう。また徐焔氏は、金門島への再攻撃に関して、これが六月末の台湾「解放」作戦の新たな対応方針には含まれておらず、七月中も一〇兵団が中心となってその準備を進めていたこと、九月一五日のアメリカ軍の仁川上陸の成功を受けて、中国指導層が金門島への攻撃作戦の延期をも決定したと指摘している。また『周恩来軍事活動紀事』の一二一頁によれば、四月一三日までに、中央軍委が同島への再攻撃の実施時期を八月中と定めていたとの記載がある。更に『金門紀実―五〇年代台海危機始末』の九六頁には、一一月、毛が一〇兵団の司令員の葉飛に金門島への再攻撃の任務を解除するとの電報を発したと記されている。前掲周軍、七二頁及び、前掲『金門之戦』一四三―一四五頁。

(100) 近年刊行されたトルクノフ氏の著書には、これに関し非常に興味深い記述がある。それは、七月一日、当時ソ連の駐華大使であったローシチン（Nikolai V. Roshcin）が、周恩来との会談に臨み、そのときの印象として、アメリカの台湾海峡への軍事プレゼンスに対する中国側の反応において、国府空軍の中国沿岸での空爆が収束し、海上船舶の航行に安全が確保できたことによい効果があったとして、そのことを評価しているように見えたとモスクワに伝えていたことである。もし彼の言うような反応を中国が示していたとすれば、中国はこうしたことをも踏まえて、アメリカの軍事プレゼンス深化の度合いを慎重に検討していたということも考えられる。Anatory Vasilievich Torkunov, *Zagadochnaya Voina: Koreiskii konflikt 1950-1953* (Godov: Rosspen, 2000).【邦訳、A・V・トルクノフ、下斗米伸夫、金成浩（訳）『朝鮮戦争の謎と真実』（草思社、二〇〇一年）】一五四頁（邦訳）。

(101) この会議は七月七日、一〇日に開催された。斉徳学「関於抗美援朝出兵決策的幾個問題」（軍事科学院軍事歴史研究部『軍事歴史』一九九三年第二期、一九九三年四月）五一頁。

(102) 解力夫『朝鮮戦争実録』上巻（北京、世界知識社、一九九三年）一三九頁及び、斉徳学『朝鮮戦争内幕』（瀋陽、遼寧大学出版社、一九九一年）三〇頁。

(103) 前掲『朝鮮戦争―米中対決の原形』五五―五六頁。

(104) 張山克『台湾問題大事記』（北京、華文出版社、一九九三年内部発行）四七頁及び、『金門紀実―五〇年代台海危機始末』九六頁。

(105) 八月五日、毛は東北軍区司令員の高崗に「現在既に集結している辺防軍（東北辺防軍〔中国人民志願軍の前身部隊〕―筆者）各軍は八月中には作戦任務はないだろうが、九月上旬には、作戦に投入できるよう準備を整えるべきである」と指示していた。「軍委関於東北辺防軍月内完成一切作戦准備給高崗的電報（一九五〇年八月五日）」（前掲『毛文稿』第一冊）四五四頁。

(106) 前掲周軍、七二頁。

(107) 同右。なお「精簡整編」とは、機構を簡素化し、部隊を整理、再編成して、少数精鋭にすることをいう。

(108) 「関於九兵団北調和整訓問題的批語（一九五〇年九月八日）」（前掲『毛文稿』第一冊）四九八頁。この脚注一には、九月五日、華東軍区が毛に九兵団の北方への移動方法について報告したことが記されている。

(109) 註（16）を参照のこと。

(110) 前掲浅野亮「未完の台湾戦役―戦略転換の過程と背景」一一頁。

第三章　建国初期中国のベトナム支援の決定について
――中国の台湾「解放」とその周辺環境の安定をめぐって――

はじめに

一九四九年一二月二四日、北京の劉少奇（以下、劉と略記）、朱徳、周恩来はホー・チ・ミン（以下、ホーと略記）が率いるベトナム民主共和国（以下、ベトナムと略記）に軍事援助を与えること、後に初代駐越大使となる羅貴波を派遣すること、更に軍事顧問を派遣することなどのベトナムへの支援策を示した電報を発し、中ソ友好同盟相互援助条約（以下、中ソ条約と略記）の締結のためモスクワを訪問していた毛沢東（以下、毛と略記）に意見を求めた。[1]

中華人民共和国（以下、中国と略記）建国直後、中国指導層は当時インドシナ戦争のさなかにあったベトナムへの支援を模索し、既にその具体的な支援内容にまで及んで議論をしていたのである。

周知の通り、インドシナ戦争は一九四六年一二月、フランス、ベトナムの両者が全面対決に入ったことで本格化したが、一年後には膠着状態に陥っていた。この局面を打開し戦争に決定的な転換点をもたらしたのが、中国のベトナム支援であった。それはフランスに比べて劣勢であったベトナムの戦闘力を高め、ベトナムを最終的な勝利へと導く大きな支えとなったのである。

また、中国のベトナムへのコミットメントはアジアの冷戦構造にも極めて大きな影響を与えた。アメリカはアジアにおける中国の影響力の増大を深刻に捉えていたが、朝鮮戦争での直接対決、インドシナ戦争でのベトナムの勝利を経て、こうした認識を一層強めていった。そしてこれに伴うアメリカの対中国「封じ込め」の強化は、アジアにおける冷戦を一段と厳しいものへとエスカレートさせていったのである。

ところで、中国のベトナム支援に関して、これまで主として中国側の資料が極めて少なかったことから、その決定過程はほとんど明らかではなかった(2)。しかしながら近年極僅かではあるが、当時ベトナム支援に携わった人物の回想録、またこれらの人物に対するインタビューなどを纏めた研究書、更には中国軍が編纂した戦史などが出版され(3)、ベトナム戦争の起源や朝鮮戦争時の周辺情況の分析に関心のある幾らかの研究者が、これらの資料を積極的に利用して検討を重ねてきた。

そのなかで中国のベトナム支援の決定に関して、これまで大きく分けて以下の四つの視角からアプローチがなされてきた。一、両国の歴史的側面、二、イデオロギー的側面、三、隣接する両国の安全保障的側面、四、朝鮮戦争及び、米中対決の側面、である。そして多くの論者は中国のベトナム支援の決定にこの四つの側面が絡み合った複合的な背景を提起し、我々がその決定過程にアプローチする上で極めて有用な視座を与えている(4)。

しかしながら以下で検討するように、中国のベトナム支援の決定過程をめぐって、これまで当時中国が積極的に推し進めていた軍事戦略との関わりについて十分な分析がなされていなかった。すなわち、建国後も国共内戦は最終段階の途上にあり、特に「最後の作戦」と位置づけられた台湾「解放」作戦は未だその前哨戦にしか至っておらず、建国初期の軍事戦略上のもっとも大きな課題であった(5)。

中国にとって台湾「解放」の完成は、国民政府（以下、国府と略記）を完全に消滅することだけでなく、台湾を通じたアメリカによる中国侵略の脅威を遠ざける意味合いからも非常に重要であった。従って、中国がベトナム支援を行うことによって創出された外部環境をどのように利用しようと考えていたのかを分析することは、ベトナム支援の軍事戦略上の契機を探るためのアプローチとして重要な視座を提示できるものと考える。

そこで本章では、当時の中国とソ連との関係、更に中国を取り巻く国際情勢にも注意を払いながら、以下の二点について主として検討を加えたい。一、台湾「解放」作戦の進行状況ならびに、この作戦の後方地域にあたり、かつベトナムとも隣接していた中国南部の軍事情勢、更に当時行われていた中ソ会談での台湾、ベトナム問題の議論を踏まえつつ、中国のベトナム支援の決定過程を検討すること、二、一の検討成果を踏まえつつ、中国がベトナム支援を自身の軍事戦略のなかでどのように位置づけていたのかを検討することである。そして最後にこれらの分析結果をもとに、朝鮮戦争の勃発がベトナム支援の軍事戦略上の位置づけにどのような影響を与えたかについても若干触れることとしたい。

一、中国南部の軍事情勢と台湾「解放」をめぐる現実

建国当時、中国南部は広範囲にわたり未「解放」であった[6]。建国前夜の一九四九年九月から一〇月にかけて中国軍は、国府華中軍政長官であった白崇禧軍と華南軍政長官であった余漢謀軍に対する追撃作戦に入り、一一月初めに雷州半島を除く広東省全域を「解放」、更にそれからほぼ一カ月後の一二月中旬になってようやく広西省全域を「解放」した。また西南地区では更に遅く、一一月に入ってようやく「解放」作戦に着手し、雲南省全域が「解放」されたのは翌年二月中旬のことであった[7]。

他方で、台湾に逃れた蒋介石の国府軍を追って同島の「解放」作戦が中国軍にとって大きな課題となっていた。一九四九年六月、中国共産党（以下、中共と略記）中央軍事委員会は台湾「解放」の主力軍となる第三野戦軍（以下、

三野戦と略記）に対し、同島攻撃作戦の研究を命じた。三野戦はその前哨戦として、東南沿海に浮かぶ舟山群島、厦門島、金門島戦役を実施したが、厦門島の「解放」には成功するものの、舟山、金門の「解放」には失敗した。これらの作戦に失敗したことへの衝撃は大きく、中国指導層は台湾「解放」の作戦計画の全面的な見直しと作戦準備期間の延長を迫られた。だがその一方で、一二月に入ると、広東、広西両省の「解放」を終えた第四野戦軍は海南島戦役の準備に着手していた。このように一九四九年末の中国南部の軍事情勢ならびに、台湾「解放」作戦をめぐる現実は、正念場を迎えていたのである。[8]

台湾「解放」作戦において、中国指導層は海、空軍を投入することを重視していたが、それとともに作戦遂行のための周辺環境の保障も不可欠であると認識していた。従って、軍事戦略上、その後方地域にあたる中国南部の不安定な軍事情勢は、台湾「解放」作戦の遂行自体を困難にさせる要素になっていたのである。

既述のように、一九四九年末にかけて、中国軍は中国南部の「解放」作戦を積極的に展開していたが、これと平行して「剿匪」も順次行っていた。「剿匪」とは、既に「解放」された地区に潜伏している国府軍の残余部隊やその他の反抗勢力を粛清することであり、「剿匪」の完成は当該地域の安定に不可欠であった。[9]華東、中南地区では既に一九四九年五月頃から中国軍の南下とともに進められ、華東地区では沿海島嶼から上陸し反乱を企てる国府軍の「特務」勢力に、中南地区では「匪賊」に対して「剿匪」が展開されていた。しかしながら、「解放」されて間もない広東省、広西省、湖南省西部、湖北省西南部などでは、一九四九年末の段階においても「剿匪」にほとんど着手しておらず、ましてや西南地区においては未だ「解放」作戦もままならない状態であっただけに、それの早期の実施は望めなかった。[10]

北京の中国指導層は、中国南部の「剿匪」に全力を尽くそうとしていた。そしてその方針として、特に国府軍残余部隊を中国から越境させず、中国領内で殲滅するよう現地部隊に指示を与えていた。一九四九年一二月末、当時モスクワ訪問中であった毛も自ら国府軍残余部隊の越境、逃亡を阻止するよう指示を与えている[11]。しかしながら他方で、中国指導層は国府軍残余部隊を追撃して中国軍が国境を越えることも厳しく禁じていた。それは中国指導層が、インドシナ戦争で中国国境の近くまで北上していたフランス軍と、越境した中国軍との武力衝突を懸念していたからである[12]。だがそれ以上に、中国指導層はフランスの背後にいて中国革命の東南アジアへの影響拡大を非常に注視していたアメリカの影をそこに見ていたのである[13]。

このように、建国直後の中国南部の軍事情勢は極めて不安定であり、かつ早期の安定は望めない情況にあった。だが、台湾「解放」の遂行には作戦環境の安定が不可欠な要素であった。後述するように、中ソ会談から帰国後の一九五〇年三月四日、毛は中共中央政治局会議で「もしベトナムが抗仏戦争に勝利すれば、中国の南翼の安全にも保障が得られる」と述べていた[14]。

すなわち、ここに中国指導層がベトナム支援を模索する軍事戦略上の必要性が生じたのである。言い換えれば、中国指導層は中国南部の不安定な軍事情勢を解消し、台湾「解放」の安定的な作戦環境の創出を前提として、ベトナム支援を模索したのである。次節以降で述べる通り、中国は中ソ会談の終了後、ベトナム支援を最終的に決定するが、既にそれ以前から、中越国境の相互防衛について両国の協力関係を作り上げるべく内部で検討を重ねていた。このことからその緊急性、かつ重要性は明らかであった[15]。

それでは中国がどのような過程を経て、ベトナム支援を決定していくことになったのかを見ることとしよう。

二、ベトナム支援の決定過程

隣接する両国の共産党、すなわち、中共と当時のインドシナ共産党（以下、イ共と略記）との関係は、地方レベル或いは、個人レベルにおいて古くから存在していた。しかしながら、両党の中央レベルでの相互の連絡関係が作られていくのは、一九四七年春以降のことだという[16]。翌一九四八年から一九四九年にかけて、イ共及び、ホーは中共中央に高級軍事幹部のベトナムへの派遣を要請したが、内戦中であった中共はイ共の連絡工作などの要員を中国へ派遣することを提議するにとどまり、イ共の要請に十分応えてはいなかった[17]。

このように新国家が成立する以前から両共産党は連絡関係をもっていたが、こうした関係が本格化するのは建国以後のことである。そして以下に述べるように、ベトナムがインドシナ戦争遂行のための軍事援助を中心とした支援を中国に仰ぐことによって本格化する両国の関係は、中国が早くも一九四九年末までに、以後のベトナム支援の骨格を固めることにより、親密さの度合いを加速度的に増していくのである。

建国直前の一九四九年九月、ホーは周恩来にインドシナ戦争への支援を求めるため中国へ要員を派遣したいとした手紙を送ったという[18]。一一月末から一二月初旬にかけて、イ共中央の特使、李碧山、阮徳瑞が北京を訪れ、中共中央統一戦線部の李維漢らと会見し、三個師団分の装備、一〇〇〇万ドルの資金、軍事幹部の派遣などの援助を求めた。更に一二月一五日、イ共は中共中央に「越華親善会」名義による訪中代表団の派遣を提起していた[19]。

ベトナム側からの要請を受けて、当時モスクワ訪問中の毛に代わり留守を預かっていた劉は、極めて早い対応をしている。一二月一二日、ベトナムへの軍事物資などの援助について、劉は中南軍区司令の林彪らに電報を発し、広西省からベトナムへの援助物資の運搬が可能かどうか、北京に報告するよう指示し、また二四日には、イ共にベトナムの代表団の派遣について、以後両党の相互連携をはかるため、それに政治的責任を付与することを求めていた[20]。

同日、劉らはモスクワの毛に既述のベトナムからの要請を一括して伝えるとともに、軍事援助の供与、当時中央人民政府人民革命軍事委員会弁公庁主任であった羅貴波の派遣、軍事顧問の派遣などのベトナム支援の具体策を提起し、意見を求めた。これが本章冒頭で述べた劉らが毛に宛てた電報である。更にこの電報では、中国とベトナムとの相互の承認問題に触れ、フランスが中国を承認する前にベトナムとの関係を樹立することは、「有利な面が多く、弊害は少ない」との劉らの見解をも伝えていた。そして毛はモスクワからの同日付けの電報で彼らの支援策を積極的に評価し、その多くに同意していたのであった[21]。

ここで中国指導層内部が議論していたベトナム支援の具体策は、以後開始されるベトナム支援の骨格となるものであった。従って些か早過ぎるようにも思えるが、一九四九年末の段階で中国はベトナム支援をほぼ決定していたとも言える。それでは何故、中国指導層は比較的早い段階でベトナム支援の具体的な内容にまで及んで議論をしていたのであろうか、更に中国がこのように早くベトナムとの連携強化を望んだ背景には何があったのであろうか。考えられることは大きく分けて二つある。

その一つは既述のように、中国指導層がベトナムへの支援を早急に開始することで、中国南部国境を安定させ、早期の台湾「解放」の実現に向けた周辺環境の整備を望んだことにある。陳兼氏によれば、この頃中国指導層はアメリカの対中侵略の経路を朝鮮、台湾、インドシナ（「三路向心迂回」戦略）と分析し、それを非常に警戒していたという。そうであるならば、ベトナムとの緊密な連携はなおさら重要なことであった[22]。

いま一つは、当時毛、スターリンによる中ソ首脳会談が行われていたことによるものである。『中華人民共和国外交史』によれば、一二月二四日にベトナム問題について会談がもたれたと記載されている。[23]既に示したこれと同日の毛と劉との電報で具体的なベトナム支援の方針について意見が交わされているところからすると、毛はスターリンとのベトナム問題に関する会談のなかで、中国のベトナム支援の方針を伝える必要性を認識していた。だが後述するように、毛がそうした必要性を感じとった背景には、既に中ソ会談において台湾「解放」作戦をめぐってスターリンとの見解の相違が生じており、これを受けて毛は、軍事戦略上の配慮からベトナム支援への言及をより一層重要なものと捉えていたのである。

以上のように、既に一九四九年末の段階で中国指導層は具体的なベトナム支援策を議論し、その骨格を固めていた。これ以後中国はベトナムとの連携の強化を積極的に進めていくことになる。一二月二八日、劉はホーに中国がベトナムと外交関係を樹立する意志があることを伝えた。[24]また一九五〇年一月上旬、劉はベトナムから緊急要請があった対戦車砲の砲弾一二〇〇発などの軍事物資の供出に全て批准した。更に両国の国交樹立が発表される前日の一月一七日、劉はベトナム側に「中共中央駐インドシナ共産党中央連絡代表」として羅貴波が任命され、既に前日北京を発ちベトナムへ向かっていることを伝えた。[25]

しかしながら、既に一部のベトナム支援が実質的に動き出してはいたものの、それが中国のベトナム支援を最終的に確定するものではなかった。何故ならば、この時点ではまだホーと毛との首脳会談も行われていなかったし、中国指導層内部でのベトナム支援の方針もモスクワにいた毛との電報のやり取りだけでしか議論されておらず、毛の帰国を待って正式に決定する必要があったからである。だが、次節で述べるように、毛自身はそれまでにベトナム支援の最終的な決断を下していたのである。

三、中ソ会談と毛沢東のベトナム支援の最終決断

一九四九年一二月から始まった中ソ会談において、中国の最大の目的は中ソ条約を締結することであったが、それだけではなく、ソ連と台湾問題やベトナム問題について会談をもつことも中国にとって重要な課題であった。

既述のように、ベトナム問題に関する毛とスターリンとの最初の会談は一二月二四日に行われたが、具体的に何が話し合われたかについては明らかではない。だが中ソ会談全般を通じて、スターリンは毛に中国がベトナム支援の責任を担うことを要請し、両国は「ベトナムの抗仏戦争は中国が支援する」ことで一致した見解に達していた(26)。

スターリンが中国の責任でベトナム支援の実施を要請したことは、彼が「反帝国主義」の広範な「民族統一戦線」をつくりあげ、勝利に導いた「毛沢東の道」を、未だ「反帝国主義・民族独立運動」の成果が結実していなかったベトナムにおいて適用可能な模範として認めたことを意味していた。従ってこのことは、アジアにおける国際共産主義運動のシンボルとして「毛沢東の道」を誇示することにもなったのである(27)。

しかしながら、中国のベトナム問題での関心はこうしたイデオロギー的な問題以上に、中国が推進しようとしていた軍事戦略との関わりでより強く存在していたのである。それは毛とスターリンの最初の会談であった一二月一六日の台湾問題に関する意見の交換の際に既に現れていた。すなわち、この会談で毛はスターリンに中国が早期に台湾「解放」を実現するため、ソ連のパイロットや秘密部隊の派遣などの軍事援助を要請していた。だが、スターリンはそうすることで生じるアメリカ、イギリスとの衝突を避けるために毛の要請を断り、これ以降、スターリンは武器・装備の援助と防空支援などを除き、一貫してこうした毛の要請に応えることはなかったのである。毛がス

ターリンの対応に不満であったことは言うまでもない[28]。

しかし、そうした結果はともかく、この会談において毛がスターリンに次のように言及していたことは興味深い。すなわち、「我々の部隊（中国軍のこと―筆者）はインドシナ、ビルマ（現在のミャンマー）国境にまで進軍している。アメリカやイギリスは我々の部隊が国境を越えようとしているのか、それともここでとどまろうとしているかに、非常に敏感になっている」と述べた点である[29]。

ここで毛は、スターリンに国境での中国軍の動向が当該地域の安定に大きな影響をもたらすことを指摘していた。しかしながらこの資料からは、毛のベトナム支援に対するこれ以上の踏み込んだ発言は見当たらない。だが傍証ではあるが、スターリンから台湾「解放」問題に関して期待した支援を引き出せなかったこと、更に既に述べたように、スターリンと毛との間でベトナム問題に関する会談がもたれた一二月二四日までに、中国指導層がベトナムへの軍事援助をほぼ決定していたことから勘案すると、毛はスターリンに対し、中国軍が国境を越えずにその安定を積極的に確保するためには、ベトナム支援が必要であるとの見解を伝えたのだと考えられる。すなわち、毛は中国の軍事戦略上の観点からベトナム支援を捉えていたのである。こうしたスターリンとの会談を経て、毛はベトナム支援に対する決心をより一層固めていったのである。

ところで既述のように、毛がモスクワ訪問中ということもあり、この時点で中国指導層内部ではベトナム支援の最終的な決定を下していなかった。だが些か突然ではあったが、一九五〇年二月初旬、モスクワにおいて毛、スターリン、ホーの三首脳の会見が実現したことは、毛がそれを決断する上での好機となった。

一九五〇年一月二五日、劉は中南軍区の連絡で既に述べたベトナムの「越華親善会」名義の訪中代表団のなかにホーがいることを知った。劉は翌日、それまでホーの訪中の事実を知らなかったと断った上で、北京でホーをどのように迎えたらよいか毛に指示を求めている。だがホーの目的は北京で中国指導層にベトナム支援を要請することだけではなく、モスクワでスターリンと会見し、ソ連からも支援を引き出すことにあった。中国側がこのことをホーの訪中途上のどの段階で知ったのかは資料上鮮明ではないが、判明次第直ちに毛にも伝えられた(30)。

だが、ホーの突然のモスクワ訪問は少なからず毛を困惑させたようである。一月二七日、毛は劉に「『ホーは過去に（共産―筆者）党を水面下に隠し、またベトナムが中立（主義―筆者）の立場を採ることが可能であると主張してきた。このことは原則的な過ちかどうか一考の価値がある。何故ならば、ベトナムは闘争を堅持しており、これらの要因で損失を受けていないからである』」との電報を送っている(31)。

こうしたホーに対する評価は、ホーが真の共産主義者なのか、それともただの民族主義者なのかという当時の議論を反映したものであるが、既に国交を樹立した後において、毛がホーに対してこのような認識をもっていたことは注目に値する。おそらく毛がこの電報を出した背景には、ホーをあまり高く評価していなかったと言われるスターリンの見解を反映したものと思われるが、他方でいざホーがモスクワを訪問するにあたり、毛もホーに対して十分な諒解をしていなかったことが窺われる(32)。

しかしながら、それまでの経緯から、このことは却って、たとえホーが灰色の共産主義者であっても、毛がベトナムへの支援を決めていたことを想起させる。すなわち、毛はベトナム支援を共産主義者による国際的な連携以上に、中国の軍事戦略上の要求からそれを行う意義を追求していたということである。つまり、既述の電報は、スターリンを納得させるために、毛にホーに対する評価を北京に照会する必要を迫るものとなったのである。更に言えば、それは中ソ会談において、台湾「解放」作戦に関する中国の思惑が期待した成果を得られなかったことで、積極的なベトナム支援を通じて、周辺環境の安定を確保することが不可欠であると、毛に確信させたのである(33)。

一月三〇日、劉は北京に到着したホーと早速会談し、この問題について話し合った。この会談後、劉は直ちに毛に返電を送り、「（ホーは―筆者）ベトナムが（共産―筆者）党を水面下に隠してきたこと及び、世界の両陣営のなかで中立の態度を採ってきたことについても言及し、彼のこの問題についての説明で、我々はこれが彼らの戦術運用上、当を得ているかどうかの問題であり、思想上の原則の問題ではないと理解した」と報告した。そしてこの報告は直ちにスターリンにも伝えられるとともに、中ソ間でホーのモスクワ訪問に向けての協議が始まった。[34]

二月初旬、ホーはモスクワへ到着した。毛はスターリンにホーを「ベテランの革命家であり、『民族主義者』ではない」と紹介するとともに、ホーとの会見を勧めた。スターリンは中国がベトナム支援を担当することを条件に毛の要請を受け入れた。その後、スターリンとホーの会見は実現したが、スターリンはホーの支援要請に何も応えず、この件については毛と話し合うことだけを求めたのであった。[35]

二月二二日、ホーは毛の北京への帰国列車に同乗し、車中で毛にベトナムへの軍事顧問の派遣、武器の提供などの軍事援助を直接要請した。北京へ帰着した三月四日、毛は直ちに中共中央政治局会議を開き、正式にベトナム支援を決定したのであった。[36]

おわりに

まずこれまで検討してきた内容を纏めておこう。建国初期、国府の最終拠点となっていた台湾の「解放」を実現することは軍事戦略上の大きな課題であった。しかしながら、台湾「解放」作戦はその前哨戦とも言える沿海島嶼の作戦に失敗し、更にこの作戦の後方を支える中国南部は未だ「解放」及び、「勦匪」が不十分で安定性を欠いており、中国指導層は台湾「解放」作戦を遂行するために安定した周辺環境の出現が不可欠であると認識していた。すなわち建国後間もない段階で中国がベトナム支援を決定する軍事戦略上の理由はここにあったのである。

他方で、中国は中ソ会談を通じてソ連による空軍などの派遣を視野に入れた軍事援助を得ることで、早期の台湾「解放」の実現に大きな期待をかけていたが、その期待は初回の会談で打ち砕かれた。しかしながら、スターリンは中国の責任でベトナム支援を行うことを求めていたし、毛も中国の軍事戦略上の観点から、積極的にそれの実施をアピールしていた。そしてホーのモスクワ訪問で期せずして中ソ越の三首脳は交わったが、スターリンがホーに中国の責任でベトナム支援を行うことを示したことで、毛はその実施を決断し、帰国後政治局会議で最終決定したのである。

これまでの分析から、中国が当初から台湾「解放」を実現するための周辺環境の安定という軍事戦略上の利益にベトナム支援を対応させていたというだけではなく、中ソ会談を経て、スターリンが中国の責任でベトナム支援の実施を要請したことで、中国はそれを通じて自国の軍事戦略の利益を追求することに、ソ連から一定の自律性を確保していたと見ることもできる。その意味で中国はソ連からの圧力を受けず、自らの利益に照らしたベトナム支援の展開を可能にしていたのである。

ところで中国は一九五〇年以降、南部での「剿匪」を徐々に進めるとともに、台湾「解放」作戦においては、その立て直しの初戦として十分な準備をしていた海南島戦役が一九五〇年三月五日より決行され、五月一日、第四野戦軍は同島の「解放」に成功した。だがその実態は、当時の国府駐海南島兵力一〇万のうち、台湾へ約七万の撤退を許したことでなし得たものであった。これは中国にとって台湾「解放」のプロセスとして、それまでの失敗を清算し、それの実現に向けた有利な作戦環境を構築する第一歩となったことに違いはなかったが、国府軍の大多数の撤退を許したことで、中国は台湾「解放」に向けて更なる軍事力の増強を迫られることになる[37]。

他方でベトナム支援は、羅貴波が一九五〇年三月一〇日にベトナム北部のイ共中央の根拠地に入り、直ちに具体的な支援内容についてベトナム側と話し合った。それ以後羅貴波は、ベトナム側の要請に応えて、両国間の軍事物資の輸送路の確保、両国国境付近での抗仏作戦の企画、更にベトナム軍を中国領内で訓練するための手配など支援に関する準備に奔走した。また北京ではホーが帰国の途についた後、直ちにベトナムへ派遣する軍事顧問団の結成に着手し、三月下旬には、当時三野戦一〇兵団の政治委員であった韋国清を団長に任命し、四月以降、顧問団の成員を組織することに乗り出した。更に五月八日、北京は顧問団とは別に後方支援を強化するため、当時西南軍区副司令員兼雲南軍区司令員であった陳賡をベトナムへ短期間派遣することも決定した[38]。このように中国南部の安定と今後の台湾「解放」の動向から見て、ベトナム支援の始動はこれら中国の軍事戦略への貢献が大いに期待されていたのである。

だが一九五〇年六月の朝鮮戦争の勃発は、これまでのベトナム支援の軍事戦略上の意図に大きな修正を迫ることになる。しかしながら、このことに関しては第八章で詳細を検討することとし、本章では最後に簡単に触れ、むすびとしたい。

既に朱建栄氏が明らかにしているように、中国は朝鮮戦争への参戦を目指す過程において、従来の台湾「解放」作戦ならびに、ベトナム支援の戦略方針に修正を加えることとなる[39]。事実、その一環として、朝鮮戦争の勃発以後から、中国指導層は台湾「解放」作戦の延期の方針を固め、これに伴い本章で検討したベトナム支援の軍事戦略上の意図も朝鮮戦争の勃発により、後景に退いていったのである[40]。

朝鮮戦争の勃発、またそれへの参戦態勢の構築、更には参戦後の朝鮮半島での戦況を通じて、中国指導層は新たに出現した国際環境に適応したベトナム支援の在り方を改めて模索していった。そしてこうした過程を経て、中国指導層はベトナム支援を単に中国南部国境の安定を導くための施策のみならず、中国全土の安全保障の確立に向けて極めて重要度の高い軍事戦略として位置づけていくのである。従って、以後本格的に始動するベトナム支援はこうした要請に相応する軍事戦略としてどのように展開していくかが、中国にとって大きな課題となるのである。

註

(1)「関於雲南軍情和援助越南問題給毛沢東的電報（一九四九年一二月二四日）」（中共中央文献研究室『建国以来劉少奇文稿』第一冊、北京、中央文献出版社、一九九八年内部発行）一八六―一八七頁。以下、『劉文稿』と略記。

(2) 中国のベトナム支援の実態を明らかにした先駆的な業績としては、King C. Chen, *Vietnam and China: 1938-1954* (Princeton: Princeton University Press, 1969) が挙げられる。

(3) 例えば回想録としては、本書編輯組『中国軍事顧問団援越抗法実録〔当事人的回憶〕』（北京、中共党史出版社、二〇〇二年）、羅貴波「少奇同志派我出使越南」（『緬懐劉少奇』編輯組『緬懐劉少奇』、北京、中央文献出版社、一九八八年）、同「無産階級国際主義的光輝典範」（『緬懐毛沢東』編輯組『緬懐毛沢東』、北京、中央文献出版社、一九九三年）、張維東「中国援越抗法物資輸送」（『軍事史林』一九九一年第三期、一九九一年六月）、李涵珍（口述）、劉増孺（整理）「我和羅貴波相濡以沫大半生」（『百年潮』二〇〇二年第三期、二〇〇二年三月）。研究書としては、銭江『秘密征戦』上巻（成都、四川人民出版社、一九九九年）、以下、『秘密』と略記。戦史としては、中国軍事顧問団歴史編写組『中国軍事顧問団援越抗法闘争史実』（北京、解放軍出版社、一九九〇年内部発行）などがある。

(4) こうした分析視角をもつ代表的な研究として、Qiang Zhai, *China & the Vietnam War: 1950-1975* (Chapel Hill: The University of North Carolina Press, 2000)、木之内秀彦「中越ソ『友好』成立の断面―一九五〇年のベトナムをめぐって」（『東南アジア研究』第三二巻第三号、一九九四年一二月）、朱建栄『毛沢東のベトナム戦争―中国外交の大転換と文化大革命の起源』（東京大学出版会、二〇〇一年）、Chen Jian, "China and the First Indo-China War, 1950-1954," *The China Quarterly*, No. 133 (March 1993) がある。

(5) He Di（何迪）, "The Last Campaign to Unify China: The CCP's Unmaterialized Plan to Liberate Taiwan, 1949-1950," *Chinese Historians*, Vol. V, No. 1 (Spring 1992), p. 2.

(6) 本章で述べる中国南部とは、主として中国の西南地区（貴州、四川、雲南）及び、中南地区（湖南中部以南、広東、広西）各省及び地域を指す。

(7)《当代中国》叢書編輯部『当代中国軍隊的軍事工作』上（北京、中国社会科学出版社、一九八九年）九〇―一三四頁及び、一七四―二〇三頁参照。

(8) 第二章を参照のこと。特に海南島戦役と南部国境防衛の関係については、「中央同意中南局関於党代表会議指示的電報（一

九四九年一二月三〇日）」補注（1）（前掲『劉文稿』第一冊）二〇二頁。
（9）浅野亮「中国共産党の『剿匪』と『反革命鎮圧』活動」（『アジア研究』第三九巻第四号、一九九三年八月）を参照。
（10）前掲『当代中国軍隊的軍事工作』上、二七六―三一二頁参照。
（11）「関於阻止国民党政府軍余部退入越南、緬甸的電報（一九四九年一二月二九日）」（『建国以来毛沢東文稿』第一冊、北京、中央文献出版社、一九八七年内部発行）一九八頁。なお二〇〇五年に増補・改訂された『劉文稿』には、中国指導層が、国府軍残余部隊の殲滅に強い関心を抱いたことを示す電報が新たに掲載されている。例えば「関於截撃和解交逃入越南境内国民党軍残部問題電報（一九四九年一二月、一九五〇年二月、三月）」、「中共中央為告国民党残部已基本被消滅事給印度支那共産党中央的電報（一九五〇年一月二三日）」（中共中央文献研究室、中央档案館『建国以来劉少奇文稿』第一冊、北京、中央文献出版社、二〇〇五年）一九七―二〇〇及び、四〇一―四〇二頁。
（12）「軍委関於避免我軍与侵越法軍直接冲突的電報（一九五〇年一月二六日）」（前掲『劉文稿』第一冊）三四一―三四二頁。
（13）徐焔「熄滅印度支那戦火卓越歴史―試述中共中央関於援越抗法及和平解決印度支那戦争的方針及其実施」（中共中央文献研究室、中央档案館『党的文献』一九九二年第五期、一九九二年一〇月）三六七―三六八頁。
（14）前掲『秘密』三一頁。
（15）「関於加強中越中緬中印辺界防衛問題給羅瑞卿等的信（一九五〇年二月五日）」、「対建立中越交界辺防保衛工作報告的批語（一九五〇年二月一〇日）」（前掲『劉文稿』第一冊）三七四及び、四一一―四一三頁。
（16）地方レベル或いは、個人レベルでの両党の関わりについてはさしあたり、朱家壁「解放戦争時期我在雲南人民反蒋武装闘争中的一些経歴」（中共雲南、広西、貴州省委党史資料征集委員会『中国人民解放軍滇桂黔辺縦隊』、昆明、雲南民族出版社、一九九〇年）三二七―三七二頁参照。中央レベルについては黄錚『胡志明与中国』（北京、解放軍出版社、一九八七年）一二三頁。
（17）郭明『中越関係演変四〇年』（南寧、広西人民出版社、一九九二年）一一頁。
（18）前掲『胡志明与中国』一二三―一二四頁。なおベトナム側の資料によれば、一九四九年一〇月下旬ホーは自ら北京を訪れ毛と会談し、その際ホーはベトナムでの戦況報告などを行い、それを受けて毛はベトナムへの支援を表明したという。こうした記述は中国側の資料では見られない。庄司智孝「第一次インドシナ戦争時のベトナムの対中姿勢―小国の対外政策とイデオロギー」（『アジア経済』第四二巻第三号、二〇〇一年三月）三四頁。
（19）前掲『秘密』七―八頁。「中共中央関於接待越共中央代表団問題給越共中央的電（一九四九年一二月二四日）」（前掲『劉文稿』第一冊）一八九頁。
(20)「軍委関於援助越南問題給林彪等的電報（一九四九年一二月一二日）」同右、一六五頁及び、一八九頁。
(21) 註（1）及び、その電報の補注（10）、一八八頁。
(22) Chen, *op.cit.*, p. 90.
(23) 裴堅章『中華人民共和国外交史（一九四九―一九五六）』（北京、世界知識出版社、一九九四年）一八頁。
(24)「中共中央関於中越建立外交関係問題給胡志明（一九四九年一二月二八日）」（前掲『劉文稿』第一冊）一九六―一九七頁。
(25) 前掲『秘密』四〇頁。「中共中央関於派羅貴波任駐越共中央連絡代表（一九五〇年一月一七日）」同右、二八八頁。なおベトナムへの中国「代表」の派遣については、既に一二月二五日にベトナム側に通知されていた。但しそこには羅貴波の名前はない。「中共中央関於擬派代表赴越南問題給越共中央（一九四九年一二月二五日）」一九〇頁。
(26) 前掲『秘密』三〇頁。
(27)「毛沢東の道」について言及した資料はさしあたり、「アジア、オセアニア労働組合会議における劉少奇世界労連副主席の開会の辞（一九四九年一一月一六日）」（日本国際問題研究所中国部会『新中国資料集成』第三巻、日本国際問題研究所、一九六九年）九―一五頁参照。
(28) この点については、第二章、第六章を参照のこと。
(29)「斯大林与毛沢東的会談記録（一九四九年一二月一六日）」（沈志華『中蘇同盟与朝鮮戦争研究』、桂林、広西師範大学出版社、一九九九年）三二七―三二八頁。
(30) 前掲『秘密』二四頁及び、「関於胡志明訪問中国和蘇聯的電報」一、二（前掲『劉文稿』第一冊）三四三―三四四頁。
(31) 同右、「関於胡志明訪問中国和蘇聯的電報」補注（5）、三四七頁。
(32) 古田元夫『ホー・チ・ミン―民族解放とドイモイ』（岩波書店、一九九六年）一四二―一四四頁参照。
(33) 前掲『秘密』二八―二九頁。
(34) 前掲「関於胡志明訪問中国和蘇聯的電報」四、三四五頁。
(35) 前掲『秘密』二九頁。栗原浩英氏は、ホーとスターリンとの会談が二月中旬に行われたと指摘したうえで、主としてベトナム側の資料から、この会談で中国によるベトナム支援問題のほか、スターリンがベトナムでの「土地革命」の遅れを指摘したと述べている。こうした問題がスターリンから早期に提起されていた点は興味深い。栗原浩英「ホー・チ・ミンとスターリン―ホー・チ・ミン訪ソ（一九五〇年二月）の歴史的意義―」（『アジア・アフリカ言語文化研究』第六五号、二〇〇三年三月）参照。
(36) 註(14)と同じ。
(37) 第二章を参照のこと。
(38) 前掲『秘密』三七―四七頁参照。
(39) 朱建栄『毛沢東の朝鮮戦争』（岩波書店、一九九一年）九七―一一八頁参照。
(40) 第二章を参照のこと。

第二部　朝鮮戦争の開戦と中国の国家防衛をめぐる国内外戦略

第四章　朝鮮戦争と中国の東南沿海地区防衛戦略（一九五〇―一九五二）

はじめに

一九五〇年六月、朝鮮戦争の勃発を契機に、中華人民共和国（以下、中国と略記）の指導層はそれまで作戦準備を進めてきた台湾「解放」作戦の延期を決断するに至った。[1]そして以後朝鮮戦争への介入を模索すべく、それまで台湾「解放」作戦に投入する予定であった華東軍区及び、その近隣の中南軍区の中国人民解放軍（以下、中国軍と略記）部隊の東北地区への大規模な移動（作戦配置の変更）を推し進めた。[2]

これらの東南沿海（沿岸）地区の中国軍の移動は、従来の軍事戦略を変更して、朝鮮戦場への参戦を模索すると同時に、東南沿海地区の軍事戦略が防衛（防御）へと転換したことを意味する。[3]

しかしながら、当時東南沿海地区から中国軍が移動して、この地域が防衛戦略に転じることは、アメリカの台湾海峡への軍事プレゼンスによってもたらされた東南沿海地区の客観的な軍事情勢が国民政府（以下、国府と略記）軍の「大陸反攻」に有利な状況を導くことにもつながるため、中国にとって大きなリスクを伴っていたのである。[4]

ところで、そもそも防衛戦略を実施することは、一般的に、「守り・受け身」の態勢になるというイメージがある。

だが、毛沢東（以下、毛と略記）の軍事思想をもとに中国軍が革命戦争時代から防御に転じたときに採用してきた、「積極防御」（active defence）という概念でそれを捉え直すと、少し違ったイメージが浮かび上がってくる[5]。すなわち、「積極防御」とは、「反攻或いは、進攻のために積極的な攻勢の行動を採り、敵の進攻を挫折させ、敗北させる防御」であり、防衛時の「戦役、戦闘に運用するときにあたっては、反突撃、反衝突、反攻撃などの積極的な作戦行動を採ることで、進攻した敵を消耗、殲滅させ、我が方が進攻するのを助け或いは、我が方が進攻に転入するための条件を作り出す」ことであった[6]。

故に、そこから見出すことができるここでの防衛戦略は、朝鮮戦争への参戦後、そこで積極的な進攻の戦略を展開するなかで、東南沿海地区においても「積極的な作戦行動」をとり、その結果として、「進攻に転入するための条件を作り出す」ことを最終目標としたものであったと考えられる。とすれば、朝鮮戦争中において、その「裏舞台」として存在する東南沿海地区で「積極防御」の態勢をとることは、いずれ実施される台湾「解放」作戦に、少しでも有利な条件を創造しておく上で、極めて重要なことであったと理解できよう。

以上の観点から、本章では、東南沿海地区の中国軍の動向に着目し、まず、中国が朝鮮戦争への参戦を進めつつあるなか、同地区から多くの中国軍部隊が作戦配置の変更を命令されたことにより、軍事的に手薄になった同地区での防衛戦略を如何に進めていったのかを検討する。次いでこの防衛戦略が朝鮮での戦局の推移に即応して、どのように変容し、また補強されていったのかを検討する。そして最後に、この時期の防衛戦略の動向が台湾「解放」作戦の実施を念頭においた進攻作戦へと転ずる際に、どのようなプロセスを経ていくものであったかをも、あわせて検討していくこととしたい。

一、朝鮮戦争勃発直後の東南沿海地区における中国軍の動向

朝鮮戦争勃発直後のアメリカの反応は迅速なものであった。開戦の二日後の六月二七日、アメリカ大統領トルーマンはアメリカ海、空軍に大韓民国（以下、韓国と略記）の支援を命令し、また台湾海峡に海軍第七艦隊を派遣して、同海峡の「中立化」を宣言した。そして六月三〇日には、韓国への地上軍の派遣をも決定した。[7]他方、中国の対応は慎重であった。六月二七日のトルーマンの声明を受けて、翌二八日には、アメリカの朝鮮半島、台湾海峡への軍事プレゼンスを非難し、三〇日までに、台湾「解放」作戦の実施を暫時中止することを決定しはしたが、朝鮮戦争への具体的な対応について、七月初旬まで何の決定も行っていなかった。[8]

ところで、台湾「解放」作戦の実施を暫時中止したこの決定も、全ての台湾「解放」作戦の実施を暫時中止することを決定したものではなく、台湾への攻撃を実施する上での前哨戦的存在であった東南沿海島嶼の「解放」作戦は継続されていた。

というのは、七月以降も外伶停島、三門列島、万山群島などをはじめとした東南沿海島嶼「解放」作戦を実施しており、[9]また五月中旬以降、金門島への再攻撃作戦を実施する部隊として本格的な準備を進めていた華東軍区所属の二四、二五軍及び、砲兵三師団が、七月初旬になっても従来通りの作戦配置にもとづき、その準備を行っていた。[10]こうした事実から、朝鮮戦争が勃発した後も、東南沿海島嶼の「解放」作戦は、基本的には既定の計画通り進められていたことが裏づけられるのである。

すなわち、中国の指導層は朝鮮戦争が勃発したことと、台湾海峡へのアメリカの軍事プレゼンスが始まったこと

とを受けて、ただちに台湾「解放」作戦の実施を暫時中止する決定を下したものの、それと同時に、東南沿海島嶼「解放」作戦の実施を中止し、防衛戦略への転換を図ったわけではなかったのである。中国の国家安全保障に深く関連するこのような軍事戦略上の変更は、台湾「解放」作戦の延期が確定的になっていくなかで、多段階のプロセスを経て慎重になされていったのである。

さて、七月末以降、アメリカの国府に対する軍事プレゼンスが深化していったこと[11]、また八月にはいると、毛が朝鮮戦争における以後の北朝鮮（朝鮮民主主義人民共和国）軍の形勢について「楽観を許さない」ものがあるとの見通しを抱いたことなどから[12]、中国の朝鮮戦争への参戦が現実のものとなっていく。この過程で、台湾「解放」作戦の延期が確定的になっていくのであるが、それに伴い東南沿海地区においても防衛戦略への転換が徐々に図られていくことになる。

八月初旬の段階まで、中国軍は東南沿海島嶼の「解放」作戦をいくつか進めていたが、その一方で、華東軍区では、七月二〇日、沿海島嶼の防衛と海防警備工作に関する指示を出すとともに[13]、七月から八月までに、浙江及び山東省の公安庁海防処、蘇北、蘇南海防局を設立した[14]。また中南軍区では、七月二七日、四三軍の主力部隊を雷州半島に、同軍一個師団を海南島に配置することを決定し[15]、更に八月二五日には、中央人民政府人民革命軍事委員会（以下、中央軍委と略記）が中南軍区に対し、潮陽、汕頭、海豊、陸豊地区から国府軍が上陸する可能性を想定した作戦配置を強化することなどを指示している[16]。

しかしながら、この時点での東南沿海地区の中国軍の動きも、未だ有事の際に対応する部署などを整備する程度にとどまっており、東南沿海地区の作戦方針を全面的に防衛中心の戦略に転換し、それにもとづいて、中国軍ならびに、軍事部署の配備を進めたものとは見なしがたい。中国指導層が東南沿海地区に対して防衛戦略への転換を指示することを決断し、それにもとづいて行動し始めたのは、九月以降のことであった。

二、防衛戦略への転換と東南沿海地区の中国軍の対応

八月の朝鮮戦争の動向を受け、九月初旬、毛は華東軍区の主力軍であった九兵団の三個軍（二〇、二六、二七軍）に北方への移動、朝鮮戦争への参戦準備の命令を下した。[17]また、九月一五日のアメリカ軍による仁川上陸の成功は、中国の朝鮮戦争への参戦を確定的なものにした。このような情況のなかから、東南沿海地区は防衛戦略への転換が模索されるようになり、遅くとも一一月には、毛が金門島への再攻撃を準備していた部隊にその任務の解除を命令し、[18]東南沿海島嶼へ攻撃を準備する部隊がなくなったことから、本格的な防衛戦略が始動していくことになる。以下、朝鮮戦争で様々な局面が表出されるなかで、中国が防衛態勢を整備していく過程を、大きく二つの時期に分けて見ていくことにする。

（一）アメリカ・国府両軍の連合軍による大規模な攻撃を想定した防衛戦略

中国は当初、アメリカ・国府の連合軍による大規模な大陸側への攻撃を念頭においた防衛態勢の構築を進めていった。このことは、一一月以降に頻繁に出される中央軍委の作戦指示のなかからも窺える。[19]そしてアメリカ・国府の大規模な攻撃への対抗手段として、まず彼らの上陸、攻撃ポイントを想定し、それらの前線地区に戦力を集中的に配置し、第二線においては機動的な作戦が実行可能となる位置に戦力を確保することを進めたのである。

毛及び、中央軍委が上陸ポイントとして想定した地区は、先に挙げた潮陽、汕頭、海豊、陸豊と浙江省沿海地区

であり、攻撃ポイントとしては、広州、上海を想定した[20]。そしてまず、これらの地区への戦力の集中的配置が急務となった。

特に、上陸ポイントを数多く抱えた中南軍区の防衛態勢構築に向けた動きは目を見張るものがある。すなわち九月中旬の時点では、海南島を含めた広東省沿海地区の戦力は、既に述べた四三軍のほかには、わずか六個師団しかなかったが[21]、一一月中旬、毛は広東省全体で現有の三個軍から、五カ月後までに七個軍を配備するよう求めていた[22]。また、攻撃ポイントとして想定された広州、上海では、特にアメリカ空軍による爆撃に備え、防空態勢の強化が重点的に行われた[23]。

このほか、外部からの上陸、攻撃への防衛対策を講じる一方、大陸内部に残った「匪賊」の撲滅、いわゆる「剿匪」も東南沿海地区の防衛態勢づくりの一環として強力に進められた。特に福建省、広西省は、建国以降も「剿匪」が十分に進んでいない地域であり、これらの地域に残存する「匪賊」が大陸内部で「反革命」的な騒乱を起こし、中国軍の防衛態勢の構築を妨げること、またそれが国府軍と結託し、国府軍の上陸、攻撃を有利に導くことなどが予想されていたことなどから、中国軍が防衛戦略を推し進める上で、「剿匪」を早急に進め、終わらせることは急務となった[24]。

しかしながら、中国軍はアメリカ・国府の連合軍の大規模な上陸、攻撃を想定した防衛態勢の構築を積極的に推進したものの、彼らの上陸、攻撃作戦の敢行が現実的なものとなると、東南沿海地区の中国軍の防衛方針は、極めて混乱したものになった。それをよく示す資料は、毛が一九五一年一月一二日に陳毅、鄧子恢らに送った電報である[25]。そこには、後述する国府軍の上陸についての情報を認知して以降、同年一月末まで中国軍が動揺し続け、それが大規模な作戦を決行することに相当な恐怖感を抱いていたことが記されている。

毛はこの情報を一月八日に入手したものとして伝えている。それは二〇万ないし二五万の国府軍が、厦門、汕頭より上陸し、攻撃を加える計画があること、蒋介石は既にこの作戦計画を批准し、国際連合（以下、国連と略記）軍総司令のマッカーサーもこの計画の効果を十分に検討をした上で、一月末にもそれまで存在していた国府軍が大陸に向けて攻撃する際の制限を解除する可能性があることを指摘したものである。

この電報において、毛は蒋介石がその計画を実行する「可能性が非常に高い」と判断していたが、実際にその可能性が極めて高かったことは、当時の朝鮮戦争の情勢からも窺い知ることができる。すなわち、当時の朝鮮戦争の情勢が、中国・北朝鮮軍にとって極めて優勢であり、アメリカをはじめとした国連軍は、朝鮮の戦場からの撤退をも検討する一方で、マッカーサーが朝鮮戦争での起死回生の策として、国府軍を中国南部に投入し、朝鮮半島と中国南部とで両面作戦を実施する構想を強く提唱していたからである[26]。

こうした情況のもとで、東南沿海地区の中国軍は、毛の指示を受け、国府軍の上陸ポイントと想定される厦門、汕頭付近への移動を急ピッチで進めた。中南軍区では、汕頭、海豊、陸豊地区に二個軍を移動させ[27]、華東軍区では、それまで防衛態勢を構築していくなかで比較的手薄となっていた福建省へ四個軍の配置を決定した[28]。

しかしながら、今回の事態に対応するための毛及び、中央軍委の指示は、この程度での移動にとどまった。特に、厦門からの上陸が予想される華東軍区に対して、上海及び、浙江省沿海地区に駐屯していた部隊の福建省への移動は指示せず、また福建省で「剿匪」の任務を担当していた部隊にも、この事態に対応するための任務の変更を命じなかった。それればかりか、「朝鮮戦争への参戦準備中のため華東軍区に空軍を配備できない」、「華東全軍は完全に自力で国府軍を殲滅する任務を負うこと、外からの援助は期待してはならない」とした毛の通達は、現場の軍司令員を大きく動揺させた[29]。

このような事情により、沿海地区の軍司令員は各地区で急遽多くの海防設備を建設し、沿海地区前線で国府軍の攻撃に対処する防衛方針を打ち出した。

ところが、毛は一月二四日、中南、華東軍区の司令員に、このような防衛方針が、「敵を恐れた虎のようである」と打電し[30]、更に別の電報で、毛は国府軍の上陸に際して、それを許し、奥深く誘い込んで敵を包囲殲滅する作戦が「これまで敵に勝利を収めてきた方法である」として、革命戦争以来の中国軍の伝統的な戦術の採用とその有効性を強調するとともに、沿海地区に多くの海防設備を建設し、沿海地区の前線で国府軍を撃退しようとする防衛方針を批判していた[31]。

ここでは毛と現場の軍司令員との作戦方針に関する意見の相違や国府軍が海、空軍を駆使して行う上陸、攻撃作戦に対して、中国軍が伝統的な戦術を採ることの有効性の問題などについては論じないが、当時大規模な上陸、攻撃作戦に対して、十分な防衛態勢が整っていたというには程遠い状態であったことが窺い知れる。朝鮮戦争への参戦により多くの部隊が東南沿海地区から奪われたことによる戦力の不足、また空軍をはじめとした近代軍備が華東軍区にほとんど配備されなかったことは、防衛態勢を構築する上で多くの困難を生み出していたのである。

(二)　マッカーサーの解任と防衛戦略の確定

ところで、前述した国府軍の大規模な攻撃は、二月以降も結局起こることはなかったが、大規模な攻撃を想定した防衛態勢の構築は、春頃まで続けられた[32]。しかしながら、その一方で、三月以降の朝鮮戦争における停戦ムードの高まりは、四月初旬、トルーマンがマッカーサーを国連軍総司令の職務から解任したことを受けて急速に進み、また中国でも、六月初旬までに停戦交渉を受け入れる意向を固めたことにより、六月下旬以降、停戦交渉を行うための下地づくりが積極的に進められた[33]。

このような朝鮮戦争の動向は、東南沿海地区の防衛戦略にも大きな影響を与えた。特に、中国南部における攻撃行動の実施を積極的に模索していたマッカーサーの解任は、中国指導層及び、東南沿海地区の軍司令員に、東南沿海地区が防衛戦略へ転換した当初から想定していたこの地区へのアメリカ・国府両軍の連合軍による大規模な攻撃を、少なくとも当初予期していたものより小規模なものとなることを認識させただけではなく、従来の防衛方針からの転換をも促した[34]。

こうして、東南沿海地区の中国軍の防衛戦略は、当初想定していたものより規模の小さいものに即応させた防衛方針へと転換していくことになる。

折しも、福建省、広西省で「剿匪」の任務を担当していた部隊は、このときまでにその任務を基本的に終えていたことから[35]、東南沿海地区の中国軍は、それらの部隊をも含めた防衛戦略の設定が可能になっていた。そこで、中国軍は海岸線に駐屯して、警備する部隊、またその奥地に構え、作戦の準備と軍事訓練を進める部隊及び、両者の中間で機動力を備え、有事に対応する部隊の三つの部隊からなる三重の防衛ラインを構築することとなった。より具体的には、海岸線には、辺防公安部隊、地方武装勢力、民兵がそれにあたり、奥地には、中国軍の主力部隊が控え、中間には、同軍の機動部隊が展開するというものであった[36]。

このような東南沿海地区の防衛戦略は、一九五一年夏頃までに整えられ、アメリカ・国府両軍の上陸、攻撃に対処することになった。しかしながら、このような防衛方針は定まったものの、他方で、この時期に至っても両空軍による中国領空への侵犯を数多く許しており[37]、防空態勢は未だ十分な整備がなされておらず、その強化が急務となっていた。そこで次節では、防衛戦略を充実させる上で、極めて重要度の高い防空態勢の構築に向けて、この時期に中国指導層がどのような方策を採っていったかを見ていくことにしよう。

三、防空態勢の整備――高射砲部隊の配備

中国指導層は、防空態勢の整備について、既に朝鮮戦争の勃発以前から早急に解決すべき課題であると認識していた[38]。そして朝鮮戦争勃発に伴う外部環境の変化は、その認識をより深めることになった。一九五〇年一一月二二日、毛はアメリカ軍が既に台湾に空軍要員を派遣していることを根拠に、国府空軍による大陸爆撃は「極めて可能性が高い」と指摘した上で、上海、南京、杭州、福州、厦門、広州、汕頭、青島、済南、北京、天津などの都市における防空体勢の一層の強化を指示していた[39]。

だが、当時防空任務の主力となる空軍が、数的、質的にも弱体で、その任務をこなせるだけの能力を有していなかったこと、また中国指導層は、空軍が一定数整備された後にも、アメリカ空軍の脅威に対抗するため、朝鮮戦争においてそれを投入することを第一として考えていたことなどにより、基本的に東南沿海地区に空軍を配備する余地は皆無に等しかった。

当時、こうした中国の防空事情に積極的な貢献を果たしたのがソ連空軍であった。エス・ヴェ・スリュサレフ空軍中将の回想録や公開された旧ソ連機密文書から、実際にソ連空軍が中国沿海諸都市の防空任務を担当したり、中国軍の防空能力を強化するために多くのロシア人顧問が派遣されていた事実が判明している。特に前者は、朝鮮戦争の停戦交渉が開始される一九五一年七月までその任務を継続しており、当時の極めて現実的な防空戦力であった[40]。

これらの事情から、東南沿海地区の中国軍の防空戦力の主力は高射砲部隊となり、高射砲部隊の配備拡大に力が注がれた。そこで本節では以下、朝鮮戦争勃発以降の東南沿海地区における高射砲部隊の配備情況を通して、防空

態勢の構築に向けた動きを検討していく[41]。

一九五〇年七月四日、中央軍委総参謀部は各軍区に指示を出し、アメリカ軍の台湾海峡及び、朝鮮の戦場での動向に鑑み、昼夜を問わない対空警戒が必要であると説き、以後、防空態勢の強化が進められていくことになる[42]。八月一〇日、中央軍委が防空部隊の拡大を指示すると、九月七日、当時中央軍委砲兵部副司令員であった蘇進が、毛、周恩来に一〇個都市高射砲連隊（一〇月には、一五個連隊に増える）を年末までに組織すべきという意見書を提出した。そして、この蘇進の提案にもとづき、一〇月には、中央軍委がソ連に一五個高射砲連隊分の武器と装備を発注した。こうして同年末までに、既存の高射砲連隊を含めて、二二個高射砲連隊を組織し、更に一九五一年内においても、それを拡充し、同年末までには、二六個高射砲連隊、六個高射砲独立大隊を組織し、高射砲九五七門（機）を配備した。そしてこれらの高射砲部隊の作戦配置については、朝鮮戦場の後方となる東北地区を除き、東南沿海地区にもっとも優先的に配備された。

一九五一年一月二一日に中央軍委が発布した「都市高射砲部隊の番号を統一する命令」によると、この時点で組織されていた二三個の高射砲連隊のうち、華東軍区には六個高射砲連隊（五二一、五二二、五二三、五二四、五二五、五二六連隊）、中南軍区には三個高射砲連隊（五三一、五三二、五三三連隊）の計九個の高射砲連隊を配備している[43]。更に一九五一年から一九五三年初めにかけて、華東軍区で二個高射砲連隊（五二七、五二八連隊）、中南軍区で三個高射砲連隊（五三四、五三五、五三七連隊）を新たに組織していることから、ほぼ朝鮮戦争の全期間中を通じて、この地区に合計一四個の高射砲連隊を配置していたことになる[44]。そしてこれらの東南沿海地区の高射砲連隊のほとんどが上海、広州に常駐し、アメリカ・国府空軍の都市空爆に備え、若干の部隊が国府軍の上陸ポイントとして想定されていた汕頭、厦門にも配置されていた。

ところで、これらの東南沿海地区に配置された高射砲部隊が、アメリカ・国府空軍の上空からの威圧に対して実際にどれだけの防空能力を有するに至っていたかは、はっきりしない。

しかしながら、筆者が本節を執筆するために参考にした『中国人民解放軍歴史資料叢書　防空軍回憶史料・大事記』を見ると、この地区の高射砲連隊が敵機を撃墜、もしくは撃退したという内容の記事は少なく、むしろ、敵機の撃墜、撃退に失敗した、敵機を見誤り誤射したなどといった記事の方が多く、ここから推測すると、あまり強力な防空能力を具備していたとは見なしがたい(45)。

このような防空情況を憂慮してか、一九五二年に入ると、高射砲部隊の防空能力を高める方策が順次採られている。

同年一月、この一カ月だけでも三二一回、のべ四五二機にも及ぶ敵機の領空侵犯を許した華南軍区では、中央軍委総参謀部の指示にもとづき、高射砲部隊の作戦配置を調整するとともに、敵機を撃墜することを念頭においた「作戦思想」を樹立する必要性を提起した。そして四月に入ると、これを身につけるために、全防空軍を対象にその兵士を実際に戦闘が繰りひろげられている朝鮮戦場の部隊へ送り、実戦の体験を積ませている。

防空軍幹部にあっては、四月一七日以降、同年末にかけ、五回に分けて六六二名を朝鮮戦争の参観と戦場での実習に参加させた。更に高射砲部隊については、輪番制による朝鮮戦争への参戦が進められた。華東及び、中南軍区からは、四月以降、五二二、五二五、五三二連隊所属の一部の大隊を皮切りに、一九五二年末までに合計五個の高射砲連隊の各大隊が参戦したのである。

東南沿海地区全般の防衛戦略を進める上で、こうした高射砲部隊の配備、拡充を中心とした防空態勢の整備が、現実的な防空戦力としてその機能を果たすには、なお多くの課題が残されていた。しかしながら、この地区に本格的に空軍を投入することができないなかで、高射砲部隊の量的、質的な強化による防空態勢の整備は、それまでの欠陥を補う上で大きな役割を果たすことになったのである。

四、東南沿海地区の防衛戦略の変化と「積極防御」態勢の確立

一九五一年夏以降、アメリカ・国府両軍の比較的小規模な上陸、攻撃を想定して整備された東南沿海地区の防衛態勢は、現実の両軍の行動が、国府軍単独でかつ、予想したものよりも更に小規模なものであったため、これを阻止することにおいて、うまく機能した。

同年末までの国府軍によるいくつかの沿海地区及び、沿海島嶼への上陸、攻撃行動は、全て三五〇〜五〇〇人規模のものであり、ほとんどが国府軍の上陸ポイントで警戒にあたっていた当地の辺防公安部隊及び、民兵部隊のみで撃退することができ、その奥地で構えていた同地区の中国軍主力部隊を動員することはなかった[46]。しかしながら、一九五二年に入ると、国府軍の上陸、攻撃行動の規模は徐々に大きくなっていく。

一九五〇年五月、国府軍は舟山群島から撤退して以降、浙江省沿海の比較的大きな島嶼からも撤退していたが、間もなく朝鮮戦争が勃発し、アメリカ軍が台湾海峡に介入すると、これらへの再上陸を開始し、浙江省沿海島嶼には一万人余りの国府軍が点在していた。

一九五一年九月、蒋介石よりこれらの国府軍の指揮官に任命された胡宗南は、一九五二年三月二八日、浙江省沿海島嶼の国府軍が基地としていた大陳島から同省臨海の白沙島へ一〇〇〇人余りの規模で攻撃を開始し、更に六月一〇日には、一二〇〇人余りの規模で同省温嶺の黄焦島を攻撃した。

これらの国府軍の攻撃に対して、中国は島嶼駐留部隊と大陸からの増援部隊によって対抗させ、事なきを得たが[47]、一九五一年夏以降、同年末までの国府軍の攻撃規模と比べると数的に明らかに大きいこと、またかつて国共内戦時

において、数十万の勢力を率いて中国軍と戦っていた胡宗南がこれら攻撃部隊の指揮官となっていたことは、国府軍の上陸、攻撃形態がそれまでと異なるものとなったことを中国指導層に感じさせた。

ところで、既に述べたように東南沿海地区において、一九五一年夏に三重の防衛ラインを構築して以降、その最深部に構えていた同地区の中国軍主力部隊は、特に緊急の作戦要求もないままに、作戦準備と軍事訓練を続けていた。

無論、ここで続けられた作戦準備と軍事訓練は戦時対応のものであり、将来の本格的な作戦実施に備えて戦力を充実させ、維持することを念頭においたものであった[48]。尤もこうした継続的な準備と訓練が、この時点でどれだけその目標を達成させていたかは分からないが、中国指導層は、東南沿海地区の中国軍主力部隊に対し、有事に戦闘が可能な実力を備えた防衛戦力として、彼らに大きな期待を寄せていた。

それは、一九五二年七月、当時華東軍区司令員であった陳毅が華東軍区海軍司令員であった張愛萍らに福建、浙江省沿海島嶼「解放」作戦の計画策定を指示していること[49]、またそれ以後、東南沿海地区の中国軍の防衛作戦の方針が従来のそれとは異なっていることからも窺える。

一九五二年夏以降、東南沿海地区の中国軍の具体的な防衛戦略の方針は、国府軍に大陸への上陸を許し、その後国府軍を大陸内部で包囲殲滅するという従来の方針から、上陸、攻撃の機会を窺って、東南沿海島嶼で待機している国府軍に対し、中国軍が自ら先制攻撃を仕掛け、国府軍の行動を阻止するというものに変化している。

この新たな方針は、七月二七日、福建省東部沿海の西洋島、浮鷹島に駐屯していた国府軍に対し、二八軍二五〇連隊の一部と二五四連隊が実施し[50]、更に一〇月一九日には、広東省南部沿海の南鵬島に駐屯していた国府軍に対して、中南軍区の部隊が実施していた。特に後者は、国府駐屯部隊を全滅させるほどの成果を挙げていたのである[51]。

このような中国軍の先制攻撃は、まさに「反攻或いは、進攻のために積極的な攻勢の行動を採り、敵の進攻を挫折させ、敗北させる防御」作戦であり、この防衛作戦の実施は中国軍が「積極防御」態勢を進めていく上での契機となった。

この防衛作戦は、一九五二年秋以降、東南沿海地区の軍事態勢が飛躍的に整備されたことで、更にその有効性を高めた。既に一九五一年八月から、歩兵部隊の旧装備から新装備への転換が進められていたが、ようやく一九五二年九月にそれが華東軍区の部隊にも始まったこと、[52]朝鮮戦争で近代戦を体験した二〇、二六、二七軍が相次いで華東軍区へ帰隊し、それらのいくつかの部隊がすぐに東南沿海地区の防衛部隊として作戦任務に就いたこと、[53]また更に空軍は朝鮮戦争に優先的に配備するというそれまでの方針が次第に改められ、東南沿海地区にも幾らかの配備が可能となり、東南沿海地区の防空態勢が大きく改善される期待がもたれるようになったことなどにより、東南沿海地区の中国軍の戦力は確実に強化された。[54]

一九五二年夏以降、東南沿海地区の防衛戦略は、以上のような情況を背景に「積極防御」態勢へと変化を遂げていった。ただこの間もアメリカ空軍の領空侵犯及び、国府軍による上陸、攻撃作戦が続き、東南沿海地区の中国軍はそれらへの対応に苦慮しなかったわけではなかった。[55]

しかしながら、一九五三年一月から三月にかけて、華東軍区の三一軍によって金門島などへの砲撃作戦が実施されたこと、また五月末にも浙江省沿海島嶼に駐屯していた国府軍に対し、中国軍が先制攻撃を実施していることから、[56]中国指導層及び、東南沿海地区の中国軍が一九五二年夏を契機に東南沿海地区の防衛戦略を「積極防御」態勢を主体とした方針へと転換し、後に「進攻に転入するための条件」を本格的に模索する段階にまで至ったことを確認することができよう。

おわりに

東南沿海地区の防衛戦略は、朝鮮戦争の様々な局面に影響を受けて変化してきた。

既に明らかになったように、中国が朝鮮戦争に参戦した初期、比較的朝鮮での戦争を優勢に進めていた時期においては、軍事的に手薄となっていた東南沿海地区へのアメリカ・国府軍の大規模な進攻を恐れ、それに対抗可能な防衛戦略を採ろうとするものの、それが現実に起こりうる可能性が高まると、防衛戦力が充実していなかったこと、また毛をはじめとする北京の指導層と現地の軍司令員との間に現実的な防衛政策について意見の違いがあったことなどから、防衛方針が動揺し、現実的、機能的な防衛戦略を採れる段階には達していなかった。

このような東南沿海地区の防衛情況において転機となったのが、一九五一年四月のマッカーサーの解任であり、またそれ以後朝鮮戦争が停戦会談へと推移していったことであった。すなわち、このような朝鮮戦争における新たな局面は、中国指導層及び、東南沿海地区の軍司令員にアメリカ・国府両軍による大規模な進攻の可能性が著しく減少したと認識させるとともに、現実的な防衛政策として、以前より比較的小規模な進攻を想定した防衛戦略を採用することを可能にした。

こうしたなかで、三重の防衛ラインの構築が進められ、事実、国府軍単独の上陸、攻撃が小規模であったことも幸いして、大陸沿海前線での撃退が可能となり、東南沿海地区の中国軍主力部隊は、作戦行動をほとんど行わぬまま、作戦準備と軍事訓練に専念でき、戦力の維持、拡充を図ることができたのである。

一九五二年夏以降、東南沿海地区の中国軍の防衛戦略の中心が、「積極防御」態勢へと変化していった軍事的基盤はここにあり、その後引き続き、戦力の拡充が進められたこと、また空軍の配備により防空態勢がそれ以前に比べて格段に改善される見込みがついたことなどにより、更に中国軍が「積極防御」態勢を進めていく軍事的環境が整えられていったのである。

ところで、既に述べたように一九五二年七月には、福建・浙江省沿海島嶼「解放」作戦の計画を策定せよとの指示が中国軍になされていた。

このことは、中国指導層ならびに、東南沿海地区の中国軍が、一方では「積極防御」戦略を主体的に推し進めつつも、他方で既にこの時点で朝鮮戦争の勃発とそれへの参戦を契機に暫時中止した東南沿海島嶼「解放」作戦を再度復活させることが可能であるとの認識を抱くに至っていたことを示唆するとともに[57]、また一九五三年一月より決行された三一軍による金門島などへの砲撃作戦は、一九五一年五月の段階では、中央軍委が金門島への攻撃を許していなかったことから想起すれば[58]、一九五三年一月までに、東南沿海地区の中国軍の戦力が、このようなデモンストレーションを通して、来るべき東南沿海島嶼「解放」作戦の実施を模索する状態にまで高められていたことを窺わせる。

しかしながら、現実的にこのような情況を直ちに本格的な東南沿海島嶼「解放」作戦の復活にまで敷衍していくほど単純ではなかろう。

朝鮮戦争の勃発による台湾海峡情勢の変化は、中国にとってそれを進める上で望ましい環境ではなかった。また朝鮮戦争中、アメリカから多大な軍事援助を受けていた国府軍の再建された戦力は、国共内戦で敗走し、台湾に逃れた直後の国府軍の比ではなかった。

故に、中国が朝鮮戦争の勃発とそれへの介入を契機として行った戦力の移動で、戦力の量的低下を余儀なくされた東南沿海地区の中国軍が、朝鮮戦争中において、それ以前と比べて戦力の質的低下もなく、「進攻に転入するための条件」を本格的に模索しうる段階にまで到達した意義は大きいものの、中国をとりまく外部環境への正確な認識とそれに見合う軍事力の保持との間に整合性を見出し、防衛戦略から逐次進攻へと転じ、台湾「解放」作戦の前哨戦的存在であった東南沿海島嶼「解放」作戦を実行していくには、今まで以上に慎重な姿勢が要求されたのである。

そうしたことから、一九五二年夏の「積極防御」態勢への転換は、多段階にわたる軍事戦略の再構築過程のひとつのステップとして、東南沿海島嶼「解放」作戦の復活へと結びついていたのである。

註

（1）　朝鮮戦争勃発前の中国の台湾「解放」作戦の過程については、第二章を参照のこと。

（2）　華東・中南軍区から朝鮮戦争に投入することを前提に東北地区へ移動した部隊としてまず挙げなくてはならないのは、中南軍区華南分局の主力であった第一五兵団の兵団部である。一九五〇年七月初旬、中国が朝鮮戦争勃発後の初期的な対応として同軍区の第一三兵団を「東北辺防軍」内に配置換えした際、この兵団部を第一五兵団の兵団部と主要な部分をほぼそのまま入れ変えるという出来事があった。華南分局はこうした中央軍委の決定に、華南地域の防衛上の観点から反発したが、受け入れられなかった。そのほか、華東軍区からは、九兵団の三個師団、高射砲四個連隊（三師団一四、一七、一八連隊及び、華東第四連隊）、中南軍区からは五〇軍、高射砲一個連隊（一師団一連隊）などの移動があった。また中国が朝鮮戦争に参戦した後も、特に朝鮮戦争に投入する空軍を組織するために華東軍区の多くの部隊が動員されている。例えば、空軍一〇、一二、一四、一五、一六師団は、全て一九五一年一月から六月までの間に、華東軍区所属の歩兵部隊から組織された航空兵師団であり、早い部隊では、一九五一年末より参戦している。軍事科学院軍事歴史研究部『抗美援朝戦争史』第一巻（北京、軍事科学出版社、二〇〇〇年）七二頁。《空軍大事典》編審委員会『空軍大事典』（上海、上海辞書出版社、一九九六年）七八〇—七八三頁など参照。

（3）　周軍「新中国初期人民解放軍未能遂行台湾戦役計画原因初探」（『中共党史研究』一九九一第一期、一九九一年一月）及び、同「駕馭全局的戦略決策芸術—我軍由解放戦争向抗美援朝的戦略轉換」（『党史縦横』一九九二年第五期、一九九二年一〇月）参

照。なお本章で述べる東南沿海地区とは、当時の中国の軍事的な行政単位である華東軍区、中南軍区にある沿海部の領域を示すことにする。具体的には、北は江蘇省沿海から、南はベトナム国境の広東・広西省（当時）までの南部沿海も含めた広い範囲とする。

（4）浅野亮「未完の台湾戦役―戦略転換の過程と背景―」（『中国研究月報』第五二七号、一九九二年一月）一一頁。

（5）「中国革命戦争的戦略問題」（毛沢東文献資料研究会『毛沢東集』第五巻、北望社、一九七〇年）八三―一六八頁。

（6）中国大百科全書軍事巻編審室『《中国大百科全書・軍事》戦争、戦略、戦役分冊』（北京、軍事科学出版社、一九八七年内部発行）五四頁。

（7）神谷不二『朝鮮戦争―米中対決の原形』（中央公論社、一九六六年）三六―四九頁参照。

（8）朱建栄『毛沢東の朝鮮戦争』（岩波書店、一九九一年）七七―八〇頁参照。

（9）七月八日には、華東軍区海軍を中心に、嵊泗列島、八月四日には担扞、佳蓬列島、八月一九日には、南鵬島を「解放」する作戦を進めている。鄧礼峰『新中国軍事活動紀実　一九四九―一九五九』（北京、中共党史資料出版社、一九八九年）一一二頁、以下、『新中国軍事活動紀実』と略記。張山克『台湾問題大事記』（北京、華文出版社、一九八八年内部発行）四四、四七頁。

（10）徐焔『金門之戦』（北京、中国広播電視出版社、一九九二年）三〇二頁参照。

（11）第二章を参照のこと。

（12）斉徳学『朝鮮戦争内幕』（瀋陽、遼寧大学出版社、一九九一年）三〇頁。

（13）南京軍区《第三野戦軍史》編輯室『第三野戦軍史』（北京、解放軍出版社、一九九六年）五〇〇―五〇一頁参照。

（14）前掲『新中国軍事活動紀実』一一七頁。

（15）「軍委関於同意四三軍的集結位置給鄧子恢等的電報（一九五〇年七月二七日）」（『建国以来毛沢東文稿』第一冊、北京、中央文献出版社、一九八七年内部発行）四四四頁。以下、『毛文稿』と略記。

（16）「軍委関於対付敵軍可能向潮汕及海陸豊上陸襲撃的電報（一九五〇年八月二五日）」同右、四八〇頁。

（17）「関於九兵団北調和整訓問題的批語（一九五〇年九月八日）」同右、四九八頁。

（18）葉飛『葉飛回憶録』（北京、解放軍出版社、一九八八年）六一三―六一四頁及び、前掲『金門之戦』三〇四頁参照。

（19）一一月一七日に毛は、華東局、中南局に東南沿海地区での戦争準備を強化するとともに、その際、アメリカ・国府両軍の上陸、攻撃を想定した作戦配置と作戦準備を行うよう指示を与えている。前掲『新中国軍事活動紀実』一四九―一五〇頁。

(20)　当時華東海軍司令員であった張愛萍は一一月四日、華東軍区高級幹部会議の席でアメリカ海、空軍の支援下、国府軍が各方面から上海の奪還をねらう可能性があることを示唆している。「華東海軍在華東海岸防御戦中可能担負的任務—在華東軍区関於陸海空設防的高幹会上発言（一九五〇年一一月四日）」（張愛萍『張愛萍軍事文選』、北京、長征出版社、一九九四年）九五頁。

(21)　九月中旬の段階で、中央軍委は中南軍区に対し広東省佛山、英徳以東に四個師団、恵州以東、潮陽、汕頭、海豊、陸豊地区に二個師団、合計六個師団を配置する指示しかしておらず、またその規模で上陸、攻撃に対処することが可能であると考えていたようである。「軍委関於同意広東、広西的軍事部署的電報（一九五〇年九月一六日）」（前掲『毛文稿』第一冊）五一九頁。

(22)　「関於華南的工作安排和兵力部署的電報（一九五〇年一一月一七日）」同右、六六七頁。

(23)　中央軍委は、一一月一九日、一一月二二日の華南情報局の情報として、アメリカが近く、二〇〇〇余名の空軍要員を台湾に派遣し、蒋介石の名義で、中国大陸を爆撃する意図があると伝えるとともに、その可能性が高いと判断し、彼らの空襲に油断しないようにと、指示を与えている。「軍委関於加緊準備防空問題的電報（一九五〇年一一月二二日）」同右、六七七頁。

(24)　このころの中国軍の「剿匪」活動については、浅野亮「中国共産党の『剿匪』と『反革命鎮圧』活動（一九四九—一九五一）」（『アジア研究』第三九巻第四号、一九九三年八月）を参照されたい。

(25)　「関於防御国民党軍隊進攻厦門、汕頭的電報（一九五一年一月一三日）」（前掲『毛文稿』第二冊、一九八八年）二四—二五頁。

(26)　喜田昭治郎「中国と朝鮮戦争—年表」（『九州国際大学国際商学部論集』第三巻第一号、一九九二年一月）一九六頁。袁偉『抗美援朝戦争紀事』（北京、解放軍出版社、二〇〇〇年）四一頁。

(27)　註（25）と同じ。

(28)　「関於確保厦門和加強沿海防務給陳毅的電報（一九五一年一月一六日）」（前掲『毛文稿』第二冊）三四頁。

(29)　註（25）、中国人民解放軍軍事科学院毛沢東軍事思想研究所年譜組『毛沢東軍事年譜（一九二七—一九五八）』（南寧、広西人民出版社、一九九四年）八一四頁。以下、『毛沢東軍事年譜』と略記。及び、同右。

(30)　「関於東南沿海構築工事問題的電報（一九五一年一月二四日）」（前掲『毛文稿』第二冊）六七—六九頁。

(31)　「関於不要到処修工事給張雲逸等的電報（一九五一年一月二九日）」同右、八五頁。

(32)　四月一日、毛が葉飛らに宛てた電報では「もし国府軍が攻撃を仕掛けてきたら、あなた方は、必ず完全なる勝利を得ること」と指示しているのに対し、五月一〇日に中南軍区司令部が毛に中国軍の部隊の整備・訓練について指示を求めていることから、この間に国府軍の大規模な上陸、攻撃への対応は、ひとまず収束したものと考えられる。「関於継続努力消滅残匪給葉飛等的電

報（一九五一年四月一日）」、「関於同意華南各軍軍事訓練方針給譚政的電報（一九五一年五月二三日）」同右、二一二及び、三二四―三二五頁。

(33) 聶栄臻『聶栄臻回憶録』下（北京、解放軍出版社、一九八六年）七四一―七四二頁及び、前掲喜田昭治郎、二一〇頁。

(34) マッカーサーは三月二四日、国連軍の作戦を中国沿岸、内陸にまで拡大する意志があるとの声明を中国に向けて発表していた。同右、喜田昭治郎、二〇六頁参照。

(35) 前掲『葉飛回憶録』六一六頁及び、前掲『新中国軍事活動紀実』一九六頁。

(36) またこの後、海軍を海上で上陸を阻止する勢力として加えることで、海上、海岸、奥地からなる三重の防衛ラインの構築をも進めた。前掲『金門之戦』一五五―一五六頁及び、《当代中国》叢書編輯部『当代中国軍隊的軍事工作』上（北京、中国社会科学出版社、一九八九年）三二四―三二五頁参照。

(37) 例えば四月一二日には、アメリカ空軍の二〇〇機余りが、福建省沿海地区領空を侵犯したという。前掲『新中国軍事活動紀実』一九一頁。

(38) 安田淳「中国建国初期の安全保障と朝鮮戦争への介入」（慶應義塾大学法学研究会『法学研究』第六七巻第八号、一九九四年八月）五一頁参照。

(39) 前掲『抗美援朝戦争史』第一巻、一七四頁。

(40) エス・ヴェ・スリュサレフ「上海を守ったソ連の飛行士たち（一九五〇―一九五一）」（『極東の諸問題』第六巻第二号、一九七七年六月）及び、同右参照。なお、この時期のロシア人顧問の中国での活動については、沈志華『毛沢東・斯大林与朝鮮戦争』（広州、広東人民出版社、二〇〇三年）三六九―三八九頁を参照されたい。

(41) 高射砲部隊のほか、この時期の防空勢力として探照、レーダー、対空監視部隊などの整備、拡充が進められた。

(42) 中国人民解放軍歴史資料叢書編審委員会『中国人民解放軍歴史資料叢書　防空軍回憶史料・大事記』（北京、解放軍出版社、一九九三年軍内発行）五四七―五四八頁。以下本章では、特に注記しない限り、同書を参照した。以下、『防空軍回憶史料・大事記』と略記。

(43) 「都市高射砲部隊の番号を統一する命令」によると、華東・中南軍区以外では、東北軍区に、八個、華北軍区に、五個、西南軍区に、一個の高射砲連隊が配置されている。前掲『防空軍回憶史料・大事記』五五八頁。

(44) 中南軍区には、一九五三年一月二〇日、高射砲五三六連隊も組織されているが、この部隊に装備が与えられ、実際に防空の任務を担当し始めたのは、一九五四年七月のことであるため、この時期に配備された高射砲部隊には含めなかった。『防空軍回憶史料・大事記』五九四頁参照。

(45)　一九五一年一一月二九日に上海で起きた事件を例に挙げると、当夜上海上空は雲が立ちこめており、その隙間から見える星を敵機と見誤り、風が吹き電線が揺れて発する音を敵機のエンジン音と聞き間違え、これらを敵機の発見として通報し、攻撃態勢に入ったことがあった。この頃、こうした敵機の誤認による誤報の例は、高射砲部隊には四〇回もあり、このような事態を重く見た中央軍委は、総参謀長の指示にもとづいて、中央軍委防空司令部副参謀長であった梁軍に検査組を組織させ、上海地区の防空組織の指導と各方面の工作の欠点、存在する問題を初めて明らかにさせた。前掲『防空軍回憶史料・大事記』五七一—五七二頁。

(46)　前掲『当代中国軍隊的軍事工作』上（北京、中国社会科学出版社、一九八九年）三二四—三二六頁など参照。

(47)　前掲『金門之戦』一五九頁。なお胡宗南の東南沿海島嶼に対する攻撃作戦に関する最新の研究については、高純淑「胡宗南与東南沿海作戦—以『胡宗南日記』為中心的探討」（一九四九：中国的関鍵年代学術討論会編輯委員会『一九四九：中国的関鍵年代学術討論会論文集』、台北、国史館、二〇〇〇年、所収）七五一—九二一頁を参照されたい。

(48)　当時、中南軍区第三政治委員であった譚政は、一九五一年五月一七日、毛に中央軍委訓練部が計画している訓練の順序に従って軍事訓練を行う平時の訓練方針を行うべきでないと進言し、毛の同意を得ている。またこの際毛は、彼に対して朝鮮戦争を経験している幹部に作戦の準備及び、軍事訓練を視察してもらうよう指示を与えている。おそらくこの方法による作戦の準備、軍事訓練は華東軍区でも行われたものと考えられる。前掲「関於同意華南各軍軍事訓練方針給譚政的電報（一九五一年五月二三日）」三二四—三二五頁。

(49)　前掲『金門之戦』三〇七頁。なお本「解放」計画は、王焔『彭徳懐年譜』（北京、人民出版社、一九九八年）の刊行によって、大陳島への攻撃作戦であることがわかった。彭徳懐はこの作戦計画をアメリカ軍の介入の可能性から、朝鮮戦争停戦後の実施を指示し、毛もこの指示に同意を表明している。第八章の該当箇所も参照されたい。

(50)　前掲『新中国軍事活動紀実』二六二頁。

(51)　姜思毅『中国人民解放軍大事典』下巻（天津、天津人民出版社、一九九二年）一一九五頁。以下、『解放軍大事典』と略記。

(52)　一九五一年七月三一日、中央軍委は翌八月から一九五三年末にかけて、歩兵部隊の装備を新しくすることを決定し、一九五二年九月になって、ようやくそれが華東軍区の一部の歩兵部隊（五個師団分）に及んだ。前掲『毛沢東軍事年譜』八二二頁及

び、前掲『解放軍大事典』一一九一頁参照。
(53) 二六軍は一九五二年六月、二〇、二七軍は一〇月に帰隊した。替わって、二三、二四軍がそれぞれ同年八、九月に朝鮮戦争へ参戦した。前掲『第三野戦軍史』五〇六―五〇七頁参照。
(54) 一九五二年末までに、上海地区には空軍四軍（一九五二年七月三一日、成立）と空軍二軍（一九五二年八月一日、成立）が配備され、上海地区の防空にあたっていた。特に二軍は、朝鮮戦争に参戦した空軍二師団が前身であり、九月二〇日には、上海上空で同軍のパイロット何中道、李永年がアメリカ軍B―29型爆撃機を撃墜しており、上海地区の防空戦力として貢献が期待された。更に一九五三年二月には、朝鮮戦争に参加していた空軍一八師団の一個連隊を上海に、二個連隊を広州に配備し、防空の任務に就かせている。前掲『空軍大事典』七八七頁及び、『防空軍回憶史料・大事記』五九五頁など参照。
(55) 一九五二年一〇月一一日、空、海軍の援護下、約九〇〇〇人の国府軍が福建沿海の南日島に上陸し、同島中国軍駐留部隊に攻撃を仕掛けた。当時、同島には中国軍一個中隊しか駐屯しておらず、中国軍側に多くの犠牲者が出た。翌一三日、増援部隊による反撃を試みたものの、増援部隊は、わずか一〇〇〇人程で、大規模な反撃が仕掛けられず、失敗に終わる。一三日夜、援護部隊を増やし、反撃を試みるものの、国府軍は、同島から撤収していた。この戦いで中国軍側は、一三〇〇人の犠牲者を出したという。前掲『金門之戦』一五九―一六〇頁参照。
(56) 前掲『金門之戦』一六一―一六二頁参照。
(57) 一九五五年の一江山島、大陳島「解放」作戦時に、前線指揮部の参謀長であった王徳によると、一九五二年には、陳毅の指示にもとづいて、当時華東軍区参謀長であった張震、張愛萍がこれらの島嶼に対する「研究方案」を中央軍委に報告していたと述べていることから、この時点で東南沿海島嶼「解放」作戦を復活させるという意向は、かなり強かったと思われる。王徳『華東戦場参謀筆記』（上海、上海文芸出版社、一九九六年）一二五頁。なお大陳島攻撃計画については、註(49)も参照されたい。
(58) 一九五一年五月一二日、中央軍委は華東軍区に「我が方はまだ朝鮮戦争において決定的に優勢な情況をつかむ前に、金門島を攻撃するのは暫く止め、戦力が集中しなくなるのを免れるようにせよ」との指示を与えていた。前掲『金門之戦』三〇五頁。

第五章　中国の朝鮮戦争参戦と「抗美援朝」運動

はじめに

朝鮮戦争が勃発した一九五〇年六月下旬から、ほぼ四カ月後の一〇月下旬に、中華人民共和国（以下、中国と略記）は同戦争に参戦した。こうした国家の決断を踏まえて中国国内で繰り広げられた大衆運動が「抗美援朝（アメリカに抵抗し、朝鮮戦争を支援する―筆者）」運動（以下、抗米援朝運動と記す）である。

抗米援朝運動は朝鮮戦争への中国人民志願軍（以下、中国人民解放軍も含めて、中国軍と略記）の参戦が中国国内で報じられるようになった一一月初旬より、朝鮮戦争の全期間にわたって行われた。この大衆運動の最大の意義は、「祖国防衛」（原文では、「保家衛国」）と「愛国主義」の理念のもと、単に朝鮮戦争を後方から支援する運動としてではなく、「国内の社会改革と経済回復工作を推進」した運動とも位置づけられており、その意味から「建国直後の国家建設を強化」した運動と評価できるところにある[1]。

また抗米援朝運動の大きな特徴は、そのもとに各種の大衆運動が繰り広げられたことにある。その幾つかの例をあげれば、「愛国公約」、「烈属軍属（革命烈士の遺族、現役軍人の家族―筆者）優待」、「武器献金」、「増産節約」などであり、これらの運動は中国の人々が抗米援朝を具体的に実施する手段として行われたものであった。更に抗米援朝運動は当時、この運動とともに三大運動と呼ばれた「土地改革」、「反革命鎮圧」運動、更にその後に行われた

「三反（党、政府、軍幹部などの汚職、浪費、官僚主義への反対）」・「五反（ブルジョワジーの贈賄、脱税、情報窃取などの違法行為への反対）」運動と密接な関わりをもって進められた。その意味で抗米援朝運動は単なる愛国的な大衆運動というだけではなく、「階級闘争」的な性格をもつ同時期の大衆運動にも相互に強い影響を与えていた。[2]

尤も抗米援朝運動は中国共産党（以下、中共と略記）の強いリーダーシップが原動力となっていた。周知の通り、それは中共の重要な政治指導の一つである「大衆路線」にもとづいていた。[3]建国直後の朝鮮戦争への参戦という国家の一大決断に際して、中国指導層は一致団結した大衆運動にもとづいた総力戦態勢の構築を目指した。そしてここで培われた成果は、朝鮮戦争後の中国の急速な社会主義化にも大きな役割を果たすことになったのである。[4]

ところで抗米援朝運動が大々的に展開される直前の一九五〇年一〇月二六日、中共中央委員会（以下、中共中央と略記）は全党に向け、全国での時事宣伝の遂行を指示し、その冒頭で「アメリカ軍が朝鮮侵略を拡大することと直接台湾を侵略していることは、我が国の安全に対する重大な脅威であり、それを我が国は放置することはできない。全ての人民に目下の情勢を正しく認識させ、（朝鮮戦争の──筆者）勝利への信心（信念）を確立して、アメリカを恐れる心理を消滅させるために、各地は直ちに目下の時事宣伝に関する運動を展開しなければならない」と説いていた。[5]

本章で明らかにする通り、中国指導層は抗米援朝運動において朝鮮戦争の動態から国際情勢に至るまでを絶えず国内に伝達することによって、大衆運動を推進するとともに、大衆運動はこうした時事宣伝がもたらした情報を根拠に、それぞれの時点に応じた抗米援朝の具体的な運動を進めていった。

しかし「人民に目下の情勢を正しく認識」させる時事宣伝といっても、その内容は反米を基調とするものであり、朝鮮戦争の動態や現実の国際情勢までもが反米的な観点から宣伝されていた。このことは事実を歪曲するまでは無かったにせよ、かなり偏った情報が国内に伝達されていた可能性を否定できない。また本指示は時事宣伝を行う宣伝員に対して、中国指導層の政策決定については、国家機密の保持を理由にそれを開示することを禁じ、人々が宣伝活動中にこうした点を問いかけたときには、「我々は中央人民政府が必ず正しい対策を決定できると信じている」と答えることが厳命されていた。[6] 従って、本指示は国内世論が広範な観点を擁した時事的な情報を「正しく認識」することを目的とはしておらず、人々が過不足無くこれらの情報に浴し、中国指導層の政策決定の妥当性を客観的に判断できるようにさせることを意図したものではなかった。

それでもなお、世論は伝えられた時事情報に多様な反応を示していた。そして以下に明らかにするように、中国指導層はこうした世論の反応に大きな関心を示し、国内世論が時事情報を「正しく認識」している場合には、こうした認識を推し広めて、抗米援朝の大衆運動の梃子とするとともに、そうでなければ適宜、それを是正し、世論に注意を喚起して、彼らが理想とする大衆運動へと結びつけていたのである。従って抗米援朝運動は、その時々の朝鮮戦争の動態や国際情勢に即応して、多様な姿を見せていたのである。

そこで本章では、中国指導層が朝鮮戦争の期間中において、戦争の動態や国際情勢に即応してどのような抗米援朝の大衆運動を推し進めようとしていたかを明らかにするとともに、中国指導層の抗米援朝の政策と伝達される時事的な情報とのはざまで、世論がどのような反応を示していたかについても考察していきたい。

従来、抗米援朝運動全体についての専論はほとんど見られず、むしろ抗米援朝運動の期間中に積極的に推進された「土地改革」、「反革命鎮圧」、「三反」・「五反」運動の解明が、一九五〇年代の中国の急速な社会主義化との関連で注目され、これらの運動の推進が抗米援朝運動以上に優先的な課題であったとする論考もある。[7] また一九九〇年代以降、中国において地方史の編纂にともない、各地域における抗米援朝運動の様相を考察した論考がいくつか見られるようになったものの、本章が明らかにするように、中国指導層が戦争の動態や国際情勢を受けて、抗米援朝の国内政策をどのように遂行し、世論がそれにどのような反応を示したかについては、ほとんど検討が加えられていない[8]。

近年中国で刊行された大冊の『抗美援朝戦争史』は、それより約一〇年前に刊行された『中国人民志願軍抗美援朝戦史』の増補、改訂新版といえる書であるが、新たに書き加えられた多くの部分が抗米援朝運動の記述であった[9]。このことから解るように、朝鮮戦争の戦史研究の側面からも、中国国内における戦争の実態を再検討することの重要性が示唆されている。その意味で本章では、建国初期の中国の政治動態として抗米援朝運動を検討するだけでなく、戦史の側面からもこれを鮮明にしていきたいと考えている。

なお、本章では、中国指導層の時事宣伝の推進に着目して抗米援朝運動の実態を明らかにすることを課題としているが、これには時事宣伝を進めたメディア媒体である中共の機関紙、『人民日報』やその他の時事雑誌などの詳細な分析が不可欠である。しかしながら本章では便宜上、一九五四年に、抗米援朝運動に関わる各種資料を収録して刊行された『偉大的抗美援朝運動』にほぼ限定して考察するとともに、中国指導層の抗米援朝運動政策やそれに対する世論の反応については資料の制約上、『北京市抗美援朝運動資料匯編』と『抗美援朝運動在江蘇（一九五〇―一九五三）』に収録されている一次資料から検討を加えていくことをあらかじめお断りしておく[10]。

一、抗米援朝運動前史

中国指導層は抗米援朝運動が始まる以前から、既に後の同運動に結びつく大衆運動の推進を指示していた。そこで抗米援朝運動について検討を加える前に、まず本節において朝鮮戦争勃発までとその後に分けて、中国指導層の大衆運動政策について触れておきたい。

（一）　世界平和署名運動の展開

一九五〇年五月二三日、中共中央は中国全土で世界平和評議会が唱える世界平和に賛同する署名運動の推進を指示していた。同指示は冒頭で「我々はこの運動を支持し、この方法を利用して、広く帝国主義に反対し、国際的友人と団結する宣伝を行い、世界平和擁護大会の宣言（いわゆるストックホルム宣言のこと—筆者）に数千万の署名を勝ち取らなければならない」と述べ、六月から八月までの三カ月間に、三〇〇〇万人の署名を集めるよう求めていた。[11]

ここでまず、世界平和評議会と中国との関わりについて述べておこう。

周知のように、一九四九年以降の東西冷戦の進展、軍拡競争の尖鋭化、具体的には北大西洋条約機構の結成とソ連の核保有による軍事バランスの変化にともない、「第三次世界大戦」の勃発への世界的な懸念は増大していた。当時こうした国際情勢に即応して各国知識人、文化人は世界平和のアピールの場として世界平和擁護運動を大々的に推進していた。世界平和評議会はこの運動の母体組織である。[12]

世界平和評議会は一九四七年に結成されたコミンフォルムの強い影響下にあり、中共は既に一九四八年八月下旬に開催されたこの組織の前身たる世界知識人平和擁護会議に、新華社プラハ分社社長の呉文燾を参加させ、翌年四月の世界平和評議会の結成大会には、「解放区」代表として、建国後に中央人民政府（以下、中央政府と略記）政務院副総理となる郭沫若を団長とする代表団を派遣していた。[13]

世界平和評議会は各国で分会を組織することを要請していたが、中国ではこの分会の結成に向けて、「中国世界平和擁護大会」が一九四九年一〇月二日に開催された。二日間にわたった結成大会には、中国国内の各大衆団体ほか約一〇〇〇名が参加するとともに、ロシア、朝鮮、イタリア人の出席も見られたという。同大会の会議では「中国世界平和擁護大会委員会」（以下、中国世界平和委員会と略記）が成立し、郭沫若を主席とする一四〇名の全国委員を選出した。また北京、上海、南京、天津、広州など一一の都市で同分会を設置することも決議していた[14]。

ここで、対外大衆団体でもあった中国世界平和委員会の成立の背景についても触れておきたい。既述のように、同会は一〇月二日に誕生しているが、周知の通り、これは新国家成立の翌日であり、一〇月二日は世界平和評議会が定めた「世界平和擁護闘争の日」でもあった。他方で、ソ連が新しい中国政府を承認したのは同日であり、外交関係の樹立はその翌日であった。また当時、中国がもっとも重視していた対外大衆団体の中ソ友好協会総会は、同月五日に設立大会を開催していた[15]。

このスケジュールからすると、当時中国指導層が中国世界平和委員会の設立を急いでいたように見える。五日の中ソ友好協会総会の成立大会において、劉少奇は「中ソ友好と世界平和擁護工作とは不可分である」と述べており、明らかに世界平和擁護運動との関連性を強調している[16]。

こうした背景には、建国直前の一九四九年七月に行われた中ソ会談における劉少奇とスターリンとのやり取りが多分に影響していた。この会談に通訳として参加した師哲のメモワールによれば、中共とコミンフォルムとの関わりにおいて、スターリンは中共のコミンフォルムへの参加をやんわりと拒絶していた。スターリンはその理由を中共とコミンフォルムに参加していたヨーロッパの共産党との成立背景の違いを挙げていた。だが他方で会談においてスターリンは劉少奇に対し、「反帝国主義」諸国との「平和団結」の必要性にも折に触れて言及していた[17]。

従って、コミンフォルムへの接近を閉ざされていた中共としては、それの影響下にあった世界平和評議会での地位を早急に確立し、「反帝国主義統一戦線」への影響力を確保する重要性を見出し、中ソ友好協会総会の設立に先んじて、中国世界平和委員会を成立させようとしたのである。そしてこうした認識に立って、後述するように、中共はとりわけ積極的に世界平和評議会の活動を支持することになる[18]。

ところで、中国国内において世界平和評議会の活動への支持が積極的に推進されるようになったのは、ストックホルム宣言への署名運動からであった。

一九五〇年三月中旬、世界平和評議会は、一月のアメリカの水爆実験の成功を受けて、大量殺戮兵器としての原子爆弾の使用禁止と国際管理などを唱えたストックホルム宣言を採択し、これにもとづいた平和署名運動の推進を呼びかけた[19]。

これに応じて、中国では同年五月一日のメーデーにかけて、中国世界平和委員会が世界平和署名運動を積極的に進め、四月二八日、中国全土に声明を発表した。また五月一四日、同委員会は北京市内で約六〇〇〇人規模の平和集会を開催し、国内各都市でメーデー以後も継続して署名活動を推進することを通達した[20]。本節冒頭で採り上げた五月二三日の中共中央の指示は、中国国内で始まっていたストックホルム宣言への署名運動を追認するとともに、その更なる進展を指示したものであった。ちなみに『中国共産党執政四〇年』によれば、ストックホルム宣言への署名数は一九五〇年末までに全世界で約六億人分に及び、そのうち中国は二億二〇〇〇万人の署名を集めたと記されている[21]。

（二）「中国人民反対美国侵略台湾朝鮮運動委員会」の成立から「抗美援朝総会」の設立まで

五月二三日の中共中央の指示は、六月一四日から開催された中国人民政治協商会議（以下、政協会議と略記）全国委員会第一期二回会議においても採り上げられ、二三日、政協会議は、中国全土でストックホルム宣言への署名運動を展開すること、また七月一日から七日まで同宣言の署名週間とすることが決議された[22]。そしてまさにこの直後の六月二五日に朝鮮戦争が勃発したのである。

朝鮮戦争の勃発に対する中国の最初の対外的反応は、六月二七日のアメリカ大統領トルーマンによる朝鮮半島、台湾海峡ならびに、インドシナへの軍事プレゼンスに関する措置に対して、それを非難した翌二八日の周恩来の声明であったが[23]、中国国内においては二九日以降、「民主党派」が特にアメリカの台湾海峡への介入に焦点をおいて、この声明への支持表明を行い、徐々に反米的色彩を打ち出した大衆運動を導いていくことになる[24]。

朝鮮戦争勃発後、政協会議全国委員会は既述の署名週間の内容を一部修正し、スローガンに「アメリカの台湾、朝鮮侵略に反対する闘争」を盛り込むことを決定した。また七月七日、北京では中華全国民主婦女連合会など婦人系大衆団体が「首都各界婦女七・七事変記念、中国世界平和委員会の署名運動に呼応する運動週間」大会を開催し、先のトルーマン声明への抗議表明を可決した[25]。

他方、国際的な労働者の組織の一つである世界労働組合連盟が、朝鮮戦争勃発後、「朝鮮人民の解放闘争を支援する」ため、七月一〇日から「朝鮮人民支援週間」の実施を決定した。これを受けて七月一〇日、世界労働組合連盟系で中国唯一の労働者の全国組織である中華全国総工会は、全国の大衆団体の指導機関の代表を招請して、会議を開催し、中華全国総工会ほか一一の団体からなる「中国人民反対美国侵略台湾朝鮮運動委員会」（以下、中国人民台湾朝鮮侵略反対運動委員会と略記）の設立を決定するとともに、同委員会は一四日、全国に七月一七日から「アメリカの台湾・朝鮮侵略反対週間」を実施するよう通知した（なお準備が間に合わない地域は、二三日から開始するとされた[26]）。

このように中国国内では朝鮮戦争勃発後、矢継ぎ早に「運動週間」を実施し、大衆運動は反米的な色彩を帯びるようになったが、ここで注目しておきたいことは、神谷不二氏が朝鮮戦争勃発後の対外的な反応から、その当初の中国指導層の関心が台湾問題にあったことを指摘しているように[27]、中国指導層は国内においても、世論が朝鮮戦争の勃発という国際情勢の変化以上に、国内問題としての台湾情勢の変化に関心を注ぐよう促していたことである。

既述の通り、それは世界労働組合連盟が「朝鮮人民支援週間」の実施を呼びかけているのに対し、中国ではそれを実施するにあたり台湾を加え、更に文言上、朝鮮よりも台湾を前に出していることからも明らかであろう。

今一つ注目しておきたいことは、『抗美援朝戦争史』によれば、中国人民台湾朝鮮侵略反対運動委員会の設立にあたり、それまで署名運動を通じて、世界平和を唱え、戦争に反対する大衆運動をリードしてきた中国世界平和委員会が中華全国総工会の外、他の団体とともに、この組織に「推挙された」大衆団体として取り扱われていることである。『抗美援朝戦争史』では誰が「推挙」したのかは判然としないが、これは、中国世界平和委員会が中国人民台湾朝鮮侵略反対運動委員会に取り込まれたことを意味する。[28] またこの組織は、中華全国総工会内の中共のフラクションの副主席であった劉寧一がその主任に就任し、人事上、中華全国総工会が中国世界平和委員会をリードしていた。[29]

だが他方でこの「運動週間」だけでなく、更に後述する「中国人民保衛世界和平反対米国侵略委員会」（略称、「中国人民抗美援朝総会」。以下、抗米援朝総会と略記）の設立までの期間に行われた大衆運動においても、この組織が具体的な活動をした形跡はほとんど見られず、「運動週間」の実施にその活動目的を限定していた。[30] また「運動週間」の実施に向けた全国への通達文を見ても「運動週間」中の活動方針は、「世界平和擁護署名運動と結びつけねばならず、また中国世界平和委員会発行の『世界平和擁護宣言署名運動週間宣伝要項』を参照して宣伝を行わなければならない」としており、従来の署名活動と何ら変わらなかった。[31]

従って中国人民台湾朝鮮侵略反対運動委員会を組織した背景には、知識人や文化人が中心となって組織されていた中国世界平和委員会を他の大衆団体とともに一つの組織下に入れ込むことで、反米、台湾問題を中心にした宣伝活動を通じて、より広く世論に大衆運動への関心を促す意図があった。但し具体的な活動は従前の通りであり、大衆運動の進展が現時点でこの程度であったことは、後述する抗米援朝運動の形成初期における幾つかの困難を想起させることになる。

ところで、八月一日の中国軍の「建軍節」は、中国全土での「アメリカの台湾朝鮮侵略反対大会」のひとつのヤマ場であったが[32]、これ以降、署名運動を基調とした大衆運動は一時的とは言え、その盛り上がりにかげりを見せた。中共中央は署名運動の継続を指示し[33]、八月一三日、中国世界平和委員会は各大衆団体に、更に多くの人々へ署名運動を拡大するよう求め、一億五〇〇〇万から二億人の署名を目標に定めた[34]。中共中央の指示とも相俟って、このとき各地域では署名目標数が割り当てられ、早期にこの目標数を超えることが唱えられた[35]。

他方で、中国指導層は八月以降、朝鮮戦争の局面が北朝鮮（朝鮮民主主義人民共和国）側に徐々に不利な形勢となってきたこと、更に中国国内にも朝鮮戦争の戦火がおよび始めたことを受けて、国内世論に朝鮮問題への関心も促し始めていた。

八月初旬、周恩来は北朝鮮に郭沫若を団長とする「中国赴朝慰問団」を派遣し、八月一五日の北朝鮮の建国記念日の式典に列席することを決定した[36]。また八月に入ると、中朝国境におけるアメリカ軍の空爆が激しくなり、中国領内にも被害が及んだことを受けて、周恩来は国連にこの問題を提訴していたが、同月下旬以降、中国国内では、中共を筆頭に、「民主党派」及び大衆団体が、周恩来の提訴を支持するとともに、アメリカ軍の空爆に対する非難を決議していた[37]。

しかしながら、中国国内で朝鮮戦争の現状と前途を憂い、中国が再び戦争へ巻き込まれることへの懸念を増大させ、世論の動揺を引き起こしたのは、一九五〇年九月一五日のアメリカ軍の仁川上陸作戦の成功であった。このことは中国指導層に自国軍の朝鮮戦争への参戦を決定づけるとともに、これを契機にこれまでの大衆運動を一段と強化し、抗米援朝運動の開始へと結びつけていくことになる。

中国指導層は、アメリカ軍の仁川上陸成功の情報が世論にどのような影響を与えるかについて、いち早く関心を示し、各地域に世論の情況を報告するように命じていた。このことについては本章三節で、主として北京市民の情況を例に挙げて検討していくこととしたい[38]。

九月下旬以降、中国指導層は国内の不安定な世論を取り除くため、アメリカの影響力が強いキリスト教をはじめとする宗教団体・教会・学校、また台湾の国民政府（以下、中国国民党も含めて、国府と略記）と関係をもつ「反革命」勢力・団体に対して厳しい取り締まりを実施するとともに、中国軍の朝鮮戦争への参戦に向けた国内世論の一元化と戦争による経済的な影響を抑える政策を打ち出して、徐々に総力戦態勢の構築を推し進めていった[39]。

一〇月二六日、中国指導層は一一月から始まる抗米援朝運動を目前に控え、これまでの大衆運動の大きな流れを形成していた中国人民台湾朝鮮侵略反対運動委員会と中国世界平和委員会を統合して、郭沫若を主席とする「抗美援朝総会」を設立した。そしてこのような統一指導機関を組織することで、抗米援朝運動の開始に向け、大衆運動の強化をはかっていったのである[40]。

二、抗米援朝運動の時期区分と運動の展開

本節では、一九五〇年一一月から始まった抗米援朝運動において、中国指導層が朝鮮戦争の戦況や国際情勢の変化、また抗米援朝運動自体の深化をどのように捉え、それに応じてどのような政策を打ち出し、どのように大衆運動を導いていったのかを、便宜的に四つの時期に分けて考察していくことにしたい。

この大衆運動に対する中共の主な「指示」にもとづいた時期区分は以下のようになる。なおカッコ内は「指示」で謳われた主たる運動内容である。

（一）　第一期、一九五〇年一一月～一九五一年一月
（反米思想にもとづく各種運動の決起、実行を促す）
（二）　第二期、一九五一年二月～同年五月
（日本の再軍備反対投票運動、「愛国公約」締結運動、中国・北朝鮮軍への慰問活動）
（三）　第三期、一九五一年六月～同年一二月
（「愛国公約」実施運動、「武器献金」運動、増産運動、革命烈士及び、現役軍人の遺族・家族に対する優待・愛護運動）
（四）　第四期、一九五一年一〇月以降
（「増産節約」運動、アメリカ軍の細菌戦を非難する運動）

本章の冒頭で述べた通り、抗米援朝運動は「祖国防衛」と「愛国主義」を理念とする大衆運動であった。だがこの二つの理念が揃い、中国指導層の意図する大衆運動が積極的に推進されるようになったのは、一九五〇年一一月下旬頃からであった。そこでまずそれまでの経過を見ておくことにする。

（一）　第一期

抗米援朝運動の始まりは、一一月四日の中共ならびに、「民主党派」による「連合宣言」の発表がその契機となったとされている。

「連合宣言」は、抗米援朝を行う所以について、「単に道義上の責任であるのみならず、我が国人民の切実な利害に密接に関係しており、自衛の必要によって決定」したとし、「全国人民は今や既に、志願行動によって抗米援朝、

祖国防衛の神聖な任務のために奮闘すること」を求めており、この「連合宣言」は、これを擁護するものであると述べていた[41]。

しかしながら、この「連合宣言」は中国国内に向けたものであっただけでなく、抗米援朝に関する対外的な意志表明も目的としており、その主眼は対米対決姿勢を明確にし、中国軍の朝鮮戦争への参戦を示唆することにおかれていた。また国内の抗米援朝運動の方向性を全面的に明らかにしたものではなく、そこには未だ「祖国防衛」の理念しか明示されていなかった。以後、抗米援朝運動は、国内の大衆団体がこれに明確な支持を表明することで、その口火を切っていったが、その意味では、象徴的なものであった[42]。

では、中国指導層は抗米援朝運動の開始当初、この運動がどのように展開することを望んでいたのであろうか。実は「連合宣言」を発する二日前の一一月二日、中共中央は党内で「抗米援朝工作に関する指示」を出していた[43]。

だが管見の限り、この指示の詳細は明らかにされておらず、筆者が入手した資料のなかでその概要を知ることができるのは、一一月五日に、中共北京市委員会がこれにもとづいて作成した中共中央及び、中共華北局への報告書のみである[44]。しかしながら、ここからは抗米援朝運動の開始当初において、中国指導層が徹底的な反米思想の浸透による国内世論の一元化を目指していたことは明白であるが[45]、これを基礎として、どのような大衆運動を導こうとしていたのかについては判然とせず、むしろ中国指導層は抗米援朝運動の開始当初において、反米思想を梃子とする大衆運動がどのように展開していくかを見守っていたかのように見える[46]。

一一月下旬になり、中国指導層は抗米援朝運動の方向性をようやく明確に打ち出した[47]。その背景には、この運動が開始されてから約一カ月となり、国内で徐々に反米思想が浸透しつつあったことよりも、中国指導層が自国軍の参戦後の朝鮮戦争の動向やそれによって生じた国際情勢の変化による自国の対外的な影響力を考慮するようになったという事情があった。

周知の通り、朝鮮戦争への中国軍の参戦は、国際連合（以下、国連と略記）軍に中朝国境にまで追いつめられた北朝鮮軍の劣勢を反転させた。一〇月二五日より本格的な戦闘を開始した中国軍は、その参戦の可能性を低く見積もっていた国連軍の意表を突き、一一月五日までに、国連軍の北上を阻止しただけでなく、逆に南へ後退させるという順調な戦いぶりで、「第一次戦役」を終え、一一月下旬には、北朝鮮の首都平壌の奪還を念頭におき、「第二次戦役」を発動する段階にあった。[48]

朝鮮戦争における中国軍の戦争の展開、更にそこに見られる中国指導層の政治、軍事、外交方針を詳細に分析している安田淳氏は、中国軍の参戦当初から、毛沢東（以下、毛と略記）が、自国軍の参戦が及ぼす朝鮮戦争をめぐる外交上の変化に着目し、殊に「第二次戦役」直前には、国際情勢全体の変化にまで言及していたことを指摘している。[49]

こうした毛の認識は、当然、国内の抗米援朝運動にも投影されていた。抗米援朝運動開始直後の一一月一〇日、周恩来は一六日から、ワルシャワで開催される世界平和評議会の第二期大会に中国代表団の団長として参加することになっていた郭沫若と、この大会で朝鮮問題の平和解決をめぐって中国が発言する内容について綿密な打ち合わせをしていた。[50]

既述の通り、郭沫若は抗米援朝運動の指導機関の主席であり、本来ならば、国内において直ちにこの運動を推進する立場にあったと考えられるが、このように抗米援朝運動開始直後に国際的な活動を行っていた。従って中国指導層が如何に対外的活動を重視していたかが窺える。なお、抗米援朝総会が大衆運動の指導機関として本格的に活動したのは、後述する一一月二二日の「目下の任務に関する通告」が最初であった。[51]

また一一月二八日、国連安全保障理事会（以下、安保理と略記）でも、伍修権が対米批判を基調とした朝鮮問題の平和的解決に関する演説を行っていた。このことについて筆者は第六章で詳細に論じているので、ここでは論じないが、[52]これを通じて中国の立場を明確に示したことは、それの国際社会での威信を高めたのである。他方で国内では伍修権への支持表明のみならず、同日安保理で、アメリカの国連代表のオースチン（Warren R. Austin）が、米中両国の歴史的な友好関係や日中戦争時からアメリカが積極的な対華援助を行っていたことなどに触れた上で、アメリカの対中侵略の意図を否定したことで、それに対する批判運動が巻き起こっていた[53]。

従って中国指導層は、自国にとって有利な朝鮮戦争をめぐる情勢を利用し、国内の大衆運動を推し進めようとしていたのである。そしてこうした中国指導層の意図は直ちに抗米援朝総会を通じて国内に伝えられたのである。

一一月二二日、抗米援朝総会は抗米援朝運動が「祖国防衛」にとって、完全に有効な手段であることと、これが「広範な大衆性の運動である」ことを指摘して、その拡大を呼びかけるとともに、この運動を「長期の愛国運動」と位置づけた[54]。ここにおいて、以後推進された抗米援朝運動の二つの理念、すなわち、「祖国防衛」と「愛国主義」がようやく明確に出揃うこととなる。

かくして「祖国防衛」と「愛国主義」の理念に即した多種多様な大衆運動が巻き起こった。幾つか例を挙げておこう。一一月二一日、北京市婦人連誼会は、「抗米援朝祖国防衛動員大会」を開催し、「実際の行動をもって抗米援朝を支援するために」、朝鮮の前線で戦闘を行っている中国軍に慰問の手紙や慰問品を送ることを決定した。また二四日、北京大学の教職員が中心となって、ＶＯＡ（ボイス・オブ・アメリカ）の不聴運動を展開し、それへの呼応を求めた。更に三〇日、天津市商工業界では「全国で空前の規模」と称される約四万三〇〇〇人が参加した大規模なデモ行進を実施した。これには毛も賛辞を送っている[55]。

一二月に入ると、中国政府の抗米援朝の政策決定にいち早く呼応することで、大衆運動を推進するという方式も見られるようになった。一二月一日、政府は中国軍への参加を募るため、「青年学生と青年労働者が各種軍事学校へ参加する決定」を通知すると、直ちに青年系大衆団体は支持を表明し、対象となる青年層に軍事学校への参加を促す運動を展開していた[56]。また一二月一六日、アメリカは中国の在米資産の凍結を発表していたが、これへの対抗措置として、二八日、中国もアメリカの在華資産の凍結を決定した[57]。そして翌二九日、政府は「アメリカの援助を受けた文化、教育、救済機関及び、宗教団体を処理することに関する決定」を出し、主としてキリスト教系の教会・学校・団体に対してアメリカとの関係断絶を迫った[58]。

中国指導層は、キリスト教に対して、早くからその活動に「帝国主義」諸国との関係断絶、キリスト教会の中国化を厳しく迫っており、一九五〇年九月には、プロテスタント系のキリスト教者の呉耀宗らが「中国のキリスト教の新中国建設における努力すべき道」を発表し、「三自革新運動」、すなわち「自治（中国人による教会経営）」、「自養（中国人キリスト教者の自立）」、「自伝（中国人による布教活動）」を推進していた[59]。この政府の決定により、一層厳しい圧力が加えられたことになるが、一九五一年一月以降、各地域のキリスト教系の諸団体は、比較的早期にこれに応え、大衆運動のなかで、アメリカとの関係断絶を宣言した[60]。また、これはキリスト教以外の宗教団体にも影響を及ぼし、これらの団体も政府の宗教政策に関する決定に従う決議を出していた[61]。

以上のように抗米援朝運動の開始初期において、中国指導層は反米思想の定着を念頭におき、当初は大衆運動の方向性を必ずしも明確にせず、国内世論の動向や朝鮮戦争ならびに、国際情勢の変化に着目しながら、徐々にその方針を鮮明にしていった。この時期の大衆運動は多種多様なものであり、中国指導層もこうした大衆運動の動態を基本的に容認し、大衆団体などが推し進める抗米援朝の様々な運動様式を見守る一方で、自己が推進するその諸政策にも大衆運動が積極的に応じるよう求めていた。だが二月以降、中国指導層はこうした傾向を強め、国内の大衆運動を一定の方向に導こうとしていくのである。

（二）　第二期

一九五一年二月二日、中共中央は「一歩進めて抗米援朝の愛国運動を展開」すると指示し、更なる抗米援朝運動の深化を求めた[62]。

この指示は、労働者や農民に対する抗米援朝運動の浸透、拡大を求めたものであり、その主たる内容は、朝鮮前線の中国・北朝鮮軍に対する慰労工作を行うこと、「愛国公約」（以下、煩雑になるため「　」を外す）を取り決めること、アメリカによる日本の再軍備に反対する運動を行うことであった。このうち、この時期の大衆運動の中心に据えられたのは後者の二つである。そこで、本項ではこの二つの運動を中心に考察を進めていくこととする[63]。

まず愛国公約を取り決める目的について、中共中央は「全国の愛国運動の成果を強固にするため」としていた。既述のように一一月下旬以降、抗米援朝運動にはその理念である「祖国防衛」と「愛国主義」が明確となり、これらにもとづく大衆運動が多種多様な形式で展開されていた。ここで中国指導層は朝鮮戦争による総力戦態勢下において、大衆運動を国家に確実に貢献するものへと導くとともに、人々の公約を「愛国運動の成果」として結実させようとしたのである。

しかしながら、この時点では、愛国公約に具体的かつ実質的な国家への貢献を求めてはおらず、その意味では概念的、形式的なものであった。それは中共中央がこの指示で愛国公約の「大旨の範囲」を示したにとどめていたことからも窺える。この指示では以下のような愛国公約を例示していた。

一、毛主席を擁護し、人民政府を擁護し、中国共産党を擁護し、人民解放軍（中国軍のこと—筆者）を擁護し、共同綱領（建国時に暫定的に決定された憲法―筆者）を擁護する。二、中国人民志願軍と朝鮮人民軍を支援することに努力し、アメリカの侵略に対抗する。三、アメリカ帝国主義に反対し、台湾を解放することを擁護し、アメリカの在華侵略勢力を粛清する。四、アメリカによる日本の再軍備に反対する。五、政府に協力して、スパイを粛清し、反革命のデマを消滅させる。六、労働者、農民は生産に励み、公務職員は職務に努め、学生は勉学に励み、商人は都市と農村の交流に努め、政府の経済政策に服従し、投機に反対する。七、国家財産を大切にし、国家機密を守る。(64)

このように愛国公約は、後述する「武器献金」運動や「増産節約」運動（以下、煩雑になるため「　」を外す）と比較すると、具体的かつ実質的な国家への貢献を求めたものではないが、「愛国主義」のもと、国家への忠誠を求める内容になっている。その意味で愛国公約の取り決めは後に推進された国家への実質的な貢献を求めた大衆運動の基盤となるものであった。

次いで、アメリカによる日本再軍備に反対する運動の展開であるが、ここではまず、対日講和をめぐるアメリカと中国の動向について見ておこう。

周知のように、この問題は対日講和の重要懸案であり、また日米安全保障条約、日華平和条約と併せて冷戦下のアジアの安全保障に関わる重要な問題でもあり、殊に朝鮮戦争の勃発とともに、当時、全世界的な注目を集めたアジアにおける最重要課題のひとつであった。

アメリカは既にヨーロッパでの冷戦の展開とともに、一九四八年には対日政策を転換し始め、「寛大な講和」、「早期講和」の方針を打ち出していた。当時、中国において国共内戦は圧倒的に中共が有利となり、国府を支援してきたアメリカの「中国喪失」は確実であった。これを受けて、アメリカはアジアにおける対共産主義防衛拠点として、日本の存在を重視した。一九四九年になると、アメリカは対日講和草案の起草作業を始め、一九五〇年四月、トルーマンは対日講和問題担当として国務省顧問のダレス（John Foster Dulles）を任命し、連合国極東委員会の諸国との対日講和に関する予備折衝に当たらせた。そして一一月二四日、ダレスによる予備折衝が進むなか、アメリカは日本の再軍備を容認するための論点を纏めた「対日講和七原則」を公表したのである[65]。

他方、中共は日中戦争終結直後から、降伏した日本の戦後処理問題についての方針を打ち出し、そのなかで戦犯に対する厳罰、天皇の戦争責任問題などを採り上げていた。その後国共内戦により、中共の関心は対日問題よりも、国府とアメリカとの関係を非難する方向に力点を移していった。やがて国共内戦での勝利が見通せる一九四九年に入ると、中共は対日講和問題に意欲を見せ始めていたが、建国時には対日講和問題において、アメリカの対日政策を植民地主義的であるとするとともに、日本の再軍備の方針にも批判を加えていた。そして一九五〇年一二月四日、周恩来はアメリカの「対日講和七原則」について、日本の再軍備を容認するものとして公式な反対声明を出したのである[66]。

周恩来のこの反対声明は、既に抗米援朝運動のなかでも採り上げられ、国内世論は周恩来の声明を支持し、アメリカを非難していた[67]。では何故、中国指導層はこの時期に敢えて日本の再軍備問題を提起し、抗米援朝運動のなかで、それへの反対運動を強力に推進しようとしたのであろうか。

それはこの時期に、ダレスが日本を訪問し、日本の再軍備問題に関して首相の吉田茂らと会談を進めていたからである。この会談は「対日講和七原則」が公表されて以来、初めてのものであり、当事国の日本がダレスとの会談でどのような態度を示すかが注目の的であった。というのも訪日直前、ダレスはソ連の国連代表であるマリク（Iakov A. Malik）と会談を行っており、その際マリクは日本の再軍備問題に強い懸念を示したが、このときダレスは今回の訪日において日本側とそれに関して合意すると見られていた当初の憶測を否定していたからである[68]。従って、中国指導層はこうしたアメリカの動向を抗米援朝の時事宣伝に利用したのである。

しかし中国指導層が日本の再軍備問題を採り上げ、抗米援朝運動を「一歩進めて」、いっそう大々的に推進しようとした背景にはより深い理由がある。それはまず、中国指導層がこの時期にこうした時事宣伝を通して、抗米援朝運動を都市部から農村部にまで行き渡らせ、更に中国全土へと拡大しようとしていたことと関係がある。中共中央は、この指示を出した翌日の二月三日、少数民族地区での抗米援朝運動の実施を指示しており[69]、更に二月一八日には、中共中央政治局拡大会議において、毛が全国各地での抗米援朝の宣伝教育の推進を求めていた[70]。

詳細は三節で述べることにするが、中国指導層は、抗米援朝運動の初期、都市部において、アメリカを敵視する世論を形成することに苦慮しており、各地から中国指導層に送られる報告書の多くがこのことに言及していた[71]。従って中国指導層は抗米援朝運動を農村部へと拡大する上で、時事宣伝として日本の再軍備問題を採り上げることに大きなメリットを見出していたのである。

すなわち、日本の再軍備は軍国主義の復活であり、アメリカがそれを手助けしているという構図から、中国に普遍的に存在していた反日感情を通して、反米思想の植えつけが可能になったからである。

いまひとつは、朝鮮戦争をめぐる国際情勢の変化である。朝鮮戦争への中国軍の参戦以後、国連では朝鮮戦争の停戦をめぐる議論が活発となり、国連は内部で作成した停戦案を中国・北朝鮮ならびに、アメリカに受け入れるよう強く迫っていた。しかしながら、台湾問題や国連代表権問題の解決をも含めて朝鮮問題の解決を目指そうとする中国とこれに反対するアメリカとが真っ向から対立していた。議論が終盤となった一九五一年一月下旬、中国は停戦問題に若干の譲歩をする意向を示していたが、もはやこの対立が解消される目途は立たず、国連ではアメリカが提起していた中国を「侵略者」とする決議が二月一日に可決されていた[72]。

つまり、日本の再軍備問題のみならず、アメリカが中国に「侵略者」というレッテルを貼ったことは、中国指導層が国内で大衆運動を盛り上げ、徹底的に反米思想を浸透させる上で、格好の材料だったのである。

だが、このような抗米援朝運動の浸透、拡大を求めた二月二日の指示が、大衆運動のなかで積極的に推進されるようになったのは、一カ月以上も先の三月中旬以降のことであった[73]。このとき、抗米援朝総会は、二月二一日からベルリンで開催された世界平和評議会の大会において、既述の国連の「侵略者」決議に反対する活動を行う準備に専念しており、国内での大衆運動を指導してはいなかったのである[74]。

しかしながら、これには別の二つの理由が存在していた。その一つはこのとき、中国指導層が朝鮮戦争の先行きに対して新たな方針を必要としていたこと、他の一つは中国指導層が抗米援朝運動以上に大衆を動員して展開しなければならないと認識していた運動、すなわち「反革命鎮圧」運動の推進を優先していたことである。

一九五一年一月四日、中国・北朝鮮軍は北緯三八度線（以下、三八度線と略記）を突破して、大韓民国の首都ソウルを占領した後、「第三次戦役」を終えていた。この戦役により、中国・北朝鮮軍は中国軍参戦以来の最大の南進を果たしていた。だが国連軍は後退し続けながらも、中国・北朝鮮軍の作戦方針を分析し、既に反撃が可能な状態にまで態勢を立て直していた。

一月一八日、国連軍は「ウルフハウンド作戦」、「サンダーボルト作戦」を機として大規模な反撃作戦に乗り出した。中国・北朝鮮軍は直ちにこれに対応し、「第四次戦役」を発動したが、圧倒的な火力と近代兵力による反撃戦を推し進めた国連軍に対し、当初から受動的な戦況となり、苦戦を強いられた。二月一〇日、国連軍は再び仁川を占領し、ソウルの陥落も目前となっていた。

北京の中国指導層は、それまでの朝鮮戦争における中国軍の優勢な戦いから、戦争の先行きに楽観的な見通しばかりを立てていたわけではなかった。しかしながら、このような戦況の大きな変化は中国指導層にその前途に対する見直しを迫ったのである。これにより、二月初旬以降、中国指導層はそうした事態への対応が緊急の課題となり、朝鮮前線の中国軍の総司令であった彭徳懐も急遽北京に戻り、以後の軍事方針について毛らと話し合っていた[75]。

こうした朝鮮戦争の戦況とともに、中国指導層が国内情勢において懸念したのが、国府を支持する「反革命分子」の動向であった。既に第四章で述べた通り、中国指導層は一月初旬以降、国府軍の「大陸反攻」を警戒しており、これにともなって活発な活動に転じると予想されていた国内の「反革命分子」への厳しい対応を迫られていた[76]。

中国指導層は「反革命分子」の処分について、前年の一〇月一〇日にそれまでの方針を「果てしなく寛大」なものと批判して以来、厳しい取り締まりを実施してきた。後述するように、こうした方針を決定したのは、国連軍の仁川上陸作戦の成功による国内世論の動揺を抑えることが目的であり、それは中国の朝鮮戦争への参戦準備の一過程であった。また本来、「反革命分子」の鎮圧は、公安部隊や民兵組織の職務であり、一般の人々には無縁なことであった。だが一〇月以降、まず中国指導層はそれを農村部において「土地改革」運動と連動させて実施し、二月下旬、「中華人民共和国懲治反革命条例」が公布されたのを機に、都市部でも人々を動員して「反革命分子」の鎮圧を積極的に推進し始めたのである[77]。

中国指導層は都市部での「反革命分子」の取り締まりにあたり、早くから、如何にして大衆運動が高揚するなかで、それを実施していくかを模索していた[78]。従ってこの時期、中国指導層は抗米援朝運動を「一歩進め」る段階と認識していたことにより、都市部では、この運動のなかで「反革命鎮圧」運動を推進していくことになった。他方で、農村部では、都市部に先行して「反革命鎮圧」運動が進められ、この時期に至って、初めて抗米援朝運動を推進することが求められた。従って都市、農村部のいずれにおいても、またそれぞれの大衆運動の先行順位には違いがあっても、抗米援朝運動は「階級闘争」的色彩を帯びるものになっていたのである。そして以後、中国指導層はこうした色彩を帯びたこの運動を「愛国主義」にもとづく一元的な大衆運動へと導いていったのである。

こうした諸要因により、中共中央の二月二日の指示にもとづく抗米援朝の新たな諸運動は速やかに展開されなかったが、三月一四日、抗米援朝総会は、二月の世界平和評議会のベルリン大会の決議に呼応し、中国を含めた五大国の平和公約締結についての署名運動ならびに、アメリカによる日本再軍備問題に反対する投票運動を実施するとともに、全国に深く抗米援朝運動を浸透させて、五月一日のメーデーにおいて、全国で可能な限り、大規模な示威運動を行うことなどを通知した。ここにおいて二月初めの中共中央の指示は、ようやく本格的に稼働し始めたのである。[79]

三月一六日、三〇日の両日、『人民日報』はそれぞれ「全国至るところで全ての人が抗米援朝の愛国教育を受けなければならない」、「愛国公約運動を普及（浸透）させよう」と題する「社論」を掲載し、更に四月一日、抗米援朝総会は全国各地に同会の分会を設立するよう通告して、中国全土での抗米援朝運動の展開を呼びかけた。[80]これ以降、この時期の抗米援朝運動は急速な展開を見せたのである。

四月に入り、中国各地の抗米援朝分会や各大衆団体が中心となって、メーデーでのデモ行進の準備や予備集会が開かれた。それらの集会では、それまでの抗米援朝運動の総括がなされたり、愛国公約の取り決めや日本の再軍備に反対する運動の展開方法、「反革命鎮圧」運動の推進方法などについても議論がなされた。[81]

こうして五月一日のメーデーには、全国で約一億九〇〇〇万人が抗米援朝、日本の再軍備反対、世界平和の擁護を掲げたデモ行進に参加したという。[82]ここに至ってこの時期の抗米援朝運動は頂点を迎えたのである。

他方、五月、中共中央は「愛国公約運動を広範に推進することと執行することに関する指示」を出していた。[83]中国指導層は抗米援朝運動の全国的な高まりを利用し、新たな大衆運動の展開に備えていたのである。

以上のように、この時期の抗米援朝運動の特徴は、中国指導層が全国への同運動の拡大を求め、それに「階級闘争」の要素をも付加させたことにある。それは中国指導層が抗米援朝運動を深化させるとともに、初期において多種多様に存在していた大衆運動の一元化と国家への忠誠を求めたからであり、これらは朝鮮戦争をめぐる国内外の動向を色濃く反映していた。二月初旬の中共中央の指示は、本格的に動き出すのに時間を費やしたが、以後、抗米援朝運動を短期間に加速度的に展開させた。そして中国指導層はこうした大衆運動を基盤に、戦時総力戦態勢下の国家への実質的な貢献を人々に求めていくこととなるのである。

(三)　第三期

一九五一年六月一日、中共中央は全党に向け「『一歩進めて広く全国で抗米援朝に入るための運動と教育』」と題する新たな指示を発出した。ここで中共中央は「『全国において普遍的に愛国公約運動を展開すること、増産運動、武器献金運動、革命烈士の遺族と現役軍人の家族、傷病軍人の家族を優待する運動を展開して、それによって人民の政治的覚悟と愛国情熱を高め、前線の士気を鼓舞し、併せて財政上の困難を解決する』」と述べ、抗米援朝の新たな運動の推進を求めたのである[84]。

同日、抗米援朝総会も「愛国公約を推進し、飛行機、大砲を献納すること、革命烈士の遺族と現役軍人の家族を優待することに関する呼びかけ」を通知していた[85]。既述の中共中央の指示によれば「『現在中国人民抗米援朝総会が既に具体的な呼びかけをしており、これにもとづき直ちに実行することを求める』」と述べており、表向きは抗米援朝総会の「呼びかけ」に応じる形で開始されているが、従来、中共中央と抗米援朝総会が同時に大衆運動の推進を求めたことはなかったから、この時期には、これらの運動を推進する上での切迫した必要性が生じていたことが見出せる[86]。本項では特に増産運動と武器献金運動との関わりに絞り、子細を論じたい[87]。

武器献金運動とは、抗米援朝総会の指示にもあるように、飛行機（軍用機）、大砲といったいわゆる近代兵器を中国軍に納入するため、国内での献金を募ることを目的とした運動である。それは、中共中央によれば「財政上の困難」から実施したものであり、抗米援朝総会によれば「我々の志願軍と朝鮮人民軍の戦闘力は全ての方面において完全に敵を圧倒できるが、困難なことは、我々の飛行機、大砲などの武器が未だ多く不足しており、我々の勇敢で善戦している志願軍が、更に小さな犠牲で、更に大きな敵を殲滅し、早期に戦争の最後の勝利を勝ち取るために」行うものであった(88)。

ところで中国指導層は、増産運動と武器献金運動を抗米援朝運動のなかで推し進めることをかなり以前から考えていた。そこには、朝鮮戦争の戦況とそれに対する中国指導層の認識が反映されていた。

中国指導層が増産運動と武器献金運動について初めて言及したのは、二月末のことであった。前項で述べたように、朝鮮戦争の「第四次戦役」において、中国・北朝鮮軍は劣勢に追い込まれ、中国指導層は朝鮮戦争の戦略方針の立て直しを迫られていた。

二月二五日、周恩来は帰国していた彭徳懐とともに、中央人民政府人民革命軍事委員会の各総部責任者会議を開催し、朝鮮の中国軍に対する人的、物的支援方法を検討した。翌二六日も周恩来は彭徳懐と朝鮮での作戦問題についての意見交換を行い、以後、連日会議を主宰して、国内において増産節約と武器献金を呼びかける決定を下していた(89)。

だが、この決定以降、六月に入るまで、この増産運動と武器献金運動について中国指導層が何らかの指示を発した形跡は見られない。また近年刊行された旧ソ連機密文書などによれば、六月初旬には、中国指導層内部においても朝鮮戦争の停戦交渉の開始をめぐる議論も始まっていたから、この運動の展開方法をめぐる意見と朝鮮戦争の動向に関しても内部での検討がなされていたことが推定できる(90)。

前者については、前項で述べた通り、当時抗米援朝運動は多くの課題を内包しつつ、中国全土で展開されており、中国指導層が増産運動や武器献金運動までももち出せば、大衆運動の混乱が避けられないと判断したのではないかと考えられる。だが後者については、朝鮮戦争の局面との関係が指摘できる。それは四月一一日から開始された

「第五次戦役」が「第四次戦役」以上に厳しい戦いであったからである。

そもそも「第二次戦役」終了直後、中国軍はこの「第五次戦役」を翌年春に万全を期して行うものと位置づけていた。[91]それは「第四次戦役」での国連軍による大規模な反撃により打ち崩されていたが、この時点においても本戦役は、前戦役での防御戦を転換し、攻勢に出ることが目標とされていた。

また中国指導層はこの頃から、朝鮮戦争の終結にあたり、少なくとも朝鮮戦争開戦前の三八度線の維持を念頭においていたが、それは攻勢に転じた中国・北朝鮮軍が戦いを有利な形で進めることを前提条件としていた。その意味でこの戦役には大きな期待がかけられていたのである。[92]

だが現実には、そうした期待を実現するには相当な困難が待ち受けていた。「第五次戦役」においても、国連軍は近代兵器による激しい攻撃を続け、中国側から見れば国連軍は「頑強な戦闘意志と自信」を崩さなかった。[93]この戦役が如何に困難を極めたかは、後に中国が公表した「第五次戦役」での中国軍と国連軍の減員数の比較からも明らかであるが、中国側によれば、中国軍の減員数が、唯一国連軍のそれを上回ったのが、この戦役であった。[94]

既述の中共中央の指示は、新たな大衆運動を開始する理由として、「前線の士気を鼓舞」することを指摘していた。このことは「第五次戦役」が多くの死傷者を出し、中国軍の士気が低下していたことを物語っている。従って中国指導層が増産運動や武器献金運動の実施をこの時期に決定したのは、朝鮮前線で戦闘に従事する中国軍の早急な士気の回復を必要としたからである。だがそれは一時的な士気回復のためだけではなかった。中国軍は停戦交渉の開始以降も、国連軍との戦闘の継続を模索していたから、中国軍の戦力増強のために、これらの運動を通じて、国内における本格的、実質的な総力戦態勢を確立する必要性が生じていたのである。[95]

では、中国指導層は大衆運動のなかでどのように増産運動と武器献金運動を推進しようとしていたのであろうか。

抗米援朝総会は、先の通知において、愛国公約のなかに増産運動を含め、増産によって生まれた利益のなかから、武器献金をするよう通知していた。更に六月七日、同会は武器献金運動の具体的な推進方法を通知し、この運動の終了期日を半年後、すなわち一九五一年一二月と決定していた(96)。

まず注目しておきたいことは、武器献金運動を増産運動で生まれた利益にもとづいて推進しようとしていた点である。六月一日の中共中央の指示には「『武器献金運動は必ず生産の増加或いは、その他の収入の増加の運動と結びつけなければならない。例えば、今後半年間に各界人民が、増加させた収入のなかから、平均五斤から一〇斤の米を自主的に納入すれば、全国で直ちに数十億の米の収入が得られる。これは前線と国家財政にとって、ひとつの大きな支援となる』」と記されていた(97)。

ここから解ることは、中国指導層は増産ならびに、増収による国家及び、国民経済の安定と向上を基盤に、武器献金運動を推進しようとしていたことである。

だが他方で、六月一一日に劉少奇は中共北京市委員会の武器献金運動の情況報告に対する返電のなかで「単純に節約して生活を低く抑える偏向は、各地（の党委員会—筆者）が注意して防止しなければならない。経営管理を見直し、労使関係を改善して、生産効率を高め、コストを抑えて、利潤を増加する方法で行うことを、強調し提唱すべきである」と述べていた(98)。

すなわち中国指導層は、武器献金運動において個々人の生活水準を落とすことがないよう配慮した上での節約の励行を喚起していたのである。こうしたことは、次項で詳述する増産節約運動で本格化するが、この時点では増産運動に力点が置かれていた。

次いで見ておきたいことは、武器献金運動の推進が及ぼす国内世論の変化である。六月一一日に中共華北局が武器献金運動を進める上で、「注意すべき問題」の一つとして「（武器—筆者）献金宣伝のなかで注意すべきことは、唯武器論などの副作用を発生させないことである」と指摘していた(99)。

「唯武器論」とは、毛が日中戦争時代に「中国の武器が日本より劣るから敗北」するという思想を排除し、「武器は戦争の重要な要素であるが、決定的な要素は物ではなく、人間である」として、「人民戦争」の有効性を訴える際に否定的に使われた言葉である[100]。

周知の通り、中国は朝鮮戦争においても「人民戦争」方式を採用しており、戦場に数多くの兵士を投入してきた。従ってこの時期に至って突如、中国軍への近代兵器の必要性を唱え、献金運動を推進しようとした際に、中国指導層は「恐米」心理の再発にも結びつきやすい「唯武器論」が発生することを憂慮したのであった[101]。

これに関連して、当時、中国指導層は朝鮮戦争の停戦交渉を開始することで国連軍と合意しつつも、戦闘の継続をも唱えていたことにより、停戦交渉の開始が人々に戦争の終結を想起させ、国内の大衆運動の機運が低下することを懸念していた。

詳細は次節で述べるが、中国国内において世論が停戦交渉の開始に大きな反応を示したのは、彭徳懐と北朝鮮軍総司令金日成が国連軍総司令リッジウェイの停戦提案を受諾した七月一日以降のことであった。これを受けて早くも七月四日に、抗米援朝総会は、六月一日の通知にもとづいた抗米援朝運動の継続とその強化を通知していた[102]。これは中国指導層が朝鮮戦争の新たな局面に直面して、武器献金運動を推進する上で、国内世論の変化に素早く対応していたことを示している。

最後に、武器献金運動は「都市と農村を分けず、階級、階層、信仰を分けず」、中国全土で行われ、献金の在り方も個人、企業、党政府機関、各種大衆団体などを通じた様々な方式で行うこととしていた。また抗米援朝総会は、献金額によってどのような近代兵器が献納できるかを早期に明示し、「一五億人民元で戦闘機一機、五〇億元で爆撃機一機、二五億元で戦車一両、九億元で大砲一門、八億元で高射砲一門」に相当するとしていたが、献金目標額や献金計画などは各個人、企業、大衆団体などの愛国公約のなかに「自主的」に取り決めるべきこととしていた[103]。

だが中国指導層は、武器献金運動の推進情況における地域間の格差に目を向け、武器献金運動の不均衡な進展を批判していた。こうしたことはやがて、献金計画の期日内における達成や献金目標額以上の「超額献金」などを煽ることとなったし、更に献金計画の期日の満了以前に目標額以上の献金を達成したとしても、その後に運動が低調になると、批判の対象にされるという情況を引き起こした[104]。

従って現実には武器献金運動には競争原理が採り入れられ、「自主的」とは名ばかりの強制的な献金要請もなされていたのである。中国指導層にしても半年間のこの運動を通じて国家の「財政上の困難を解決する」ことに目標を置いていたのであるから、献金運動の成果にかなり期待していたと思われる。

一九五一年一二月二七日、抗米援朝総会は半年間の武器献金運動の終了を通知した[105]。だがその後も献金運動は続いていた。抗米援朝総会が武器献金運動の最終的な報告を出したのが、翌年六月二四日のことであった事実がこのことを示している[106]。

他方、中共中央は新たな抗米援朝運動の推進を決定していた。一九五一年一〇月上旬、中共中央政治局拡大会議は、毛の提起した「精兵簡政（軍隊を精鋭化し、行政機構を簡素化する）」と増産節約の実施を決議していた[107]。このうち大衆運動の対象となったのは後者であり、早くも一〇月一三日、抗米援朝総会は、中国軍の朝鮮戦争参戦一周年を記念する通知のなかで、増産節約運動の推進を提起していた。従ってこの時期、増産運動には既に節約運動も加えられ、武器献金運動とともに大衆運動のなかで推進することが決定されていたのである[108]。

以上のように、中国指導層はこの時期の抗米援朝運動を増産運動と武器献金運動に集約し、これらが中国軍の朝鮮での戦闘と国家の財政上の負担に実質的な貢献をするものであることを明確にしつつ、それを大衆運動として推進させていた。その意味で、この時期の抗米援朝運動が単に戦時の総力戦態勢の構築において、国家への実質的な貢献をなし得始めた一過程と捉え得るばかりか、この運動の今日的な評価でもある国家建設事業に対する貢献面をも見出すことができる。この時期、前項の後半期から継続して、大衆運動は活気に満ちたものになっていたが、他方で朝鮮戦争が停戦交渉に入ったことは、国内においても戦争終結への展望がもてるようになっていた。従って以後、大衆運動も朝鮮戦争を念頭においたものから、徐々に国家建設事業の強化に向けたものへと変化していくとともに、それによって抗米援朝運動自体が下火になっていくのである。

（四）第四期

一〇月二三日から一一月一日まで開催された政協会議第一期全国委員会第三回会議において、開会初日、毛は「三大運動の偉大な勝利」と題する演説を行った。そのなかで彼は「この一年間、われわれは国内で抗米援朝、土地改革、反革命鎮圧という三つの大規模な運動をくりひろげ、偉大な勝利をおさめた」と評価するとともに、現在も朝鮮戦争が継続中であることから、「抗米援朝の活動をひきつづき強化しなければならず、増産と節約につとめて、中国人民志願軍を支援しなければならない」と述べていた[109]。この会議を通して、先の中共中央の増産節約運動の方針が承認され、新たな抗米援朝運動として推進されることとなった。

また増産節約運動は単に抗米援朝運動のひとつとして位置づけられるばかりか、建国初期の国家建設事業に対する推進力としての意義も見出されていた。周恩来は一一月一日の同会議の総括発言で、この会議が増産節約運動を今後の重要な任務のひとつとしたことに触れ、「主要な目的は抗米援朝と国家建設を支持することである。この二つの事柄は相互に関連しており、分かつことのできない、長期の戦闘任務である」と述べていた[110]。抗米援朝運動の今日的な評価でもある国家建設への貢献が前面に押し出されるに至ったのである。

では、抗米援朝運動において国家建設に対する本格的な貢献が求められるようになった背景には、朝鮮戦争の局面が如何に関係していたのであろうか。

中国は朝鮮戦争の停戦交渉の開始当初、交渉を進める一方で、新たな攻撃作戦を行うという方向を模索していた（「第六次戦役」）。従って停戦交渉においても一定の成果が得られるよう動きつつも、戦闘の再開にも備えていた。だが国連軍による一九五一年夏秋季の攻撃作戦を受け、中国軍は国連軍の「頑強な戦闘意志と自信」を打ち崩すことが不可能であったばかりか、戦争拡大の可能性まで考慮するに至ったが、他方で中国指導層は防御態勢においては国連軍の攻撃をある程度押さえることが可能であることも見出していた。これにより中国指導層は一〇月末には、攻撃作戦の準備を解除し、有利に停戦交渉を前進させ、戦争の終結を導く方針を採用したのである。(111)

こうして増産節約運動は、武器献金運動が進められるなかで行われたが、実質的にこの運動の重点は増産よりも、節約の励行におかれていた。一一月一六日、抗米援朝総会は武器献金運動の終了後、「愛国増産節約運動」を大衆運動の中心任務とする方針を掲げていたが、(112)『抗美援朝戦争史』によれば、抗米援朝総会が武器献金運動の終了を通知した一二月二七日以降、一九五二年一月より抗米援朝運動は「愛国節約の展開を中心」に実施されたと記されている。(113)

このことは、この時期に中国指導層が取り組んだ以下に述べる他の政策との関わりのなかで論じなければならない。

それは朝鮮戦争の参戦により肥大化した中国軍を削減するためになされた「精兵簡政」政策である。この政策が一〇月上旬の中共中央政治局拡大会議において、増産節約運動とともに決定されたことは既に述べた。徐焔氏によれば、当時中国軍は朝鮮戦争への参戦のため、兵員を増強した結果、その規模は六一一万人にも膨れ上がり、国家財政支出に占める国防費の割合は四八パーセントにも上っていた。(114)既に交渉による戦争の終結を企図していた中国指導層にとっては、国防支出を削減し、それを経済建設を中心とした国家建設事業に振り分けることが大きな課題であった。

だが他方で、朝鮮戦争は未だ終結しておらず、そのため国防費を大幅に削減するわけにもいかなかった。一〇月一九日、周恩来は「精兵簡政」の方針を具体的に取りまとめるなかで、「『援朝戦争（朝鮮戦争のこと―筆者）の勝利を保障し、また国内の物価が変動しないように保ち、かつ民生に配慮しているなら、主要なことは国防と関係する基本建設に過分な影響を与えないようにさせることとなるだろう。それ故に（国家財政は―筆者）緊縮方針を採って、難関を切り抜け、（朝鮮での軍事上の―筆者）危機を回避し、勝利を勝ち取り、国防を強化しなければならない』」と述べており、戦争の動向に配慮しつつ、如何に国防費を削減するかに苦慮していたことが窺われる。(115) こうした難しい舵取りは一二月一日、中共中央が全党及び、中国軍に「精兵簡政」政策の決定を通知した文書にも見られ、「朝鮮戦争の終結の速度に関わらず、我々は軍隊の整頓、再編成に着手している。これは朝鮮における戦力を低下させないだけではなく、（国防支出を―筆者）節約することによって、更によい人力と相当する財力、物力を生み出して、人民志願軍を支援することができるようになるからである」と述べていた。(116)

いま一つは、増産節約運動が政府、軍隊及び、国営企業の職員、幹部、兵士の汚職や浪費を摘発する方向を辿り、やがて官僚主義に対する批判も始まり、これらが一九五二年以降に本格化する「三反」・「五反」運動へと導かれていった事実である。そもそも増産節約運動は東北地区で先行して始められていたが、中国指導層が中国全土で増産節約運動を行うことを決定した一一月には、この運動がこうした方向に進むことが決定的となった。既述の一二月一日の中共中央の決定にも「精兵簡政」と増産節約とともに、「汚職反対、浪費反対、官僚主義反対」が表題に掲げられていた。(117)

これらの政策から解るように、中国指導層はこの時期、国家財政支出の節約を重視し、増産よりも節約に励むことの方が国家財政の維持安定に繋がり、結果的にも国家建設事業に貢献するものと捉えるようになっていた。(118)

ところで「三反」・「五反」運動について、これらの運動が展開される契機となったのが増産節約運動であったことは既に述べた。この「三反」・「五反」運動は一九五一年末から大々的に展開されることになった。この運動はそれ自体の性格から言えば、「反革命鎮圧」運動のような「階級闘争」的な要素をもつ大衆運動であった[119]。

しかしながら、そもそも増産節約運動は抗米援朝の大衆運動であり、これが「三反」・「五反」運動へと敷衍されていくなかで、増産節約運動自体はどのようにして「階級闘争」的な大衆運動のなかに取り込まれていったのであろうか、また一九五一年末以降、「三反」・「五反」運動が台頭していくなかで抗米援朝運動自体はどのように位置づけられたのであろうか。

結論から言えば、一九五一年末以降、中国指導層は増産節約運動を推進しながらも、それを大規模な大衆運動を通しては実施しておらず、それればかりか人々を動員して、抗米援朝運動を展開することにも熱心ではなくなっていた。

これとは別に、一九五一年秋頃から、徐々に進められていた知識人に対する思想改造運動が、翌年から本格化したが、抗米援朝運動の推進に大きな役割を担っていた知識人がこうした「粛清」の波に巻き込まれていったことも抗米援朝運動が下火になった背景にある[120]。

この時期、抗米援朝運動は増産節約運動以外に、採り上げるべき課題がなかったわけではなかった。例えば、一九五二年二月末以降、中国は朝鮮戦争での細菌戦問題を採り上げ、アメリカへの非難を始めていた。すなわち対外的には細菌戦をめぐって、周恩来による抗議声明や郭沫若による世界平和評議会への問題提起、更に細菌戦問題についての国際的な調査団の受け入れなどを通じて、アメリカへの非難を活発化させていたのである[121]。

だが国内では、二月二一日、中共中央は全党に向け、細菌戦問題を採り上げて、抗米援朝運動を強化するよう指示し、早くも二四日には、抗米援朝総会が細菌戦問題に関する大衆運動を呼びかけたものの、以後、従来の抗米援朝の諸運動のような大規模な大衆運動は組織されなくなった[122]。

従って中国指導層が一九五一年末以降、大衆運動の重点を「三反」・「五反」運動に移すようになると、国家建設事業との関わりでこれらの取り組みが優先されるようになり、抗米援朝運動自体が次第に後景に追いやられていったのである。

以上のように、一九五二年に入り、抗米援朝運動は次第に求心力を失っていった。朝鮮戦争が継続している間、この運動の終結が告げられた形跡はないものの、同年以降、中国指導層が抗米援朝の新たな大衆運動を発動することはなかった[123]。

こうしたことは中国指導層が一九五一年末以降、朝鮮戦争の終結において停戦交渉の推進を重視し始めたことに端を発しながらも、決して戦時総力戦態勢の終結を促すものではなく、戦時から平時への国内態勢の転換を意味するものでもなかった。抗米援朝運動はその役割に陰りを見せたが、総力戦態勢を維持していく過程は、以後「三反」・「五反」運動へと引き継がれていった。その意味で朝鮮戦争後の急速な社会主義国家建設への取り組みは、この時期にその第一歩を踏み出していたと見ることもできよう[124]。

三、朝鮮戦争をめぐる時事宣伝と国内世論の反応

本章冒頭で指摘したように、中国指導層は抗米援朝運動を発動する上で、時事宣伝を強化し、朝鮮戦争の動態から国際情勢に至るまでを絶えず世論に訴え、それをこの運動を推進する原動力としてきた。

尤もこうした時事宣伝は世論に客観的な情報を伝えようとするものではなく、中国指導層が国内世論として望ま

しいと考える知識を植えつけることだけを目的としていた。

しかしながら、このような時事情報であっても、世論は特に朝鮮戦争の動態に対して強い関心を抱き、様々な見解を有するようになった。

そこで本節では、朝鮮戦争の進展に応じて、中国国内の世論がどのように形成され、如何なる反応を示していたかを考察し、前節で述べた中国指導層の抗米援朝運動の諸政策との関連を踏まえながら、時事宣伝が世論の反応との間にどのような矛盾をきたしていたかについて、検討していきたい。

朝鮮戦争勃発以前から、中国指導層が後に抗米援朝運動に繋がる大衆運動であった世界平和署名運動を推進し、やがて朝鮮戦争が勃発すると、それを強化するとともに、「アメリカの台湾・朝鮮侵略反対運動週間」を実施して、反米運動としての色彩を打ち出していたことは一節で述べた。

ではこの時期、世論はこうした署名運動にどのような反応を示していたのだろうか。

中共江蘇省蘇北区ならびに、蘇南区委員会の平和署名運動時期に関する報告資料によれば[125]、朝鮮戦争の勃発までは、この運動は「なすがままに任せる状態」であり、運動の本意が世論に伝わり難く、一部の人々がそれを「蒋介石に和平を求めるものと捉えて不満を表明」していたと指摘している[126]。

朝鮮戦争勃発後、中国指導層はアメリカの台湾、朝鮮への侵略に反対する宣伝活動を活発化するとともに、署名運動の強化を指示したことから、中共の下部組織であるこれらの地区の委員会も、署名運動の指導組織を作り、同運動の拡大をはかるようになった[127]。

当初、署名運動は都市部を中心に進められていたが、蘇南区委員会の報告には、一九五〇年八月中旬以降、「アメリカ帝国主義の侵略が日に日に激しくなり、我々は中共中央及び、中共華東局の指示にもとづいて、（署名―筆者）運動を広く農村のなかまで拡大」したと記されている[128]。「アメリカ帝国主義の侵略」とは、既に述べたように、この頃頻発した中朝国境付近の中国領内へのアメリカ空軍による爆撃のことを指しているものと考えられるが[129]、これを機に農村部への署名運動を拡大したということは、中国指導層が後の中国全土での抗米援朝運動の展開に備えて、当時、既に手を打ち始めたことを示している。

ところで、朝鮮戦争が勃発したことに対して、国内世論はどのような反応を示していたのであろうか。両委員会の報告資料は、このときの世論の具体的な反応については記していない。だが、蘇北区委員会の報告には、国内に様々な「デマ」が流布されていたことが指摘されている。

この「デマ」が具体的にどのような内容のものであるかは解らないが、報告資料は世論に「敵（国府及び、アメリカのこと—筆者）を軽視する麻痺した感覚とアメリカ帝国主義を恐れる」情況が出現したと指摘していることからも、世論が朝鮮戦争の勃発を強く懸念していたことが窺われる[130]。また朝鮮戦争勃発以後の世論への対処について、蘇南区委員会は「朝鮮問題の宣伝について、ただ一方的に朝鮮人民の当時の優勢な情勢のみを宣伝して、同時に朝鮮戦争の困難な一面を指摘していなかった」ことを反省していた[131]。

このことから、蘇南区委員会が、当時の北朝鮮軍の軍事上の順調な情況から、世論に朝鮮戦争についての楽観的な見通しを伝達していたことがわかる。他方、北朝鮮軍が優勢な戦闘を続けていたのは、朝鮮戦争が勃発した六月下旬から八月頃までのことであり、更に中共の下部組織の蘇南区委員会がこのような「朝鮮問題の宣伝」を独自に行っていたとは考えにくいことから、朝鮮戦争勃発後、数カ月間の中国指導層の世論への対応策は、彼らが楽観視していた朝鮮戦争の推移を伝達するにすぎなかったことをも推測できる。

筆者が入手した資料において、国内世論が朝鮮戦争の動態に対して、大きな反応を示したのは、アメリカ軍の仁川上陸作戦が成功したことを知った、九月一五日以降のことである。

以下に述べるように、世論はこの情報を得たとき、朝鮮戦争の動向を非常に危惧していたことが解る。中国指導層はこうした世論の動向をいち早く掴んでおきたかったに違いない。中共北京市委員会は中共中央に北京市内の世論の反応を、一〇月八日と二一日の二度にわたり報告していた。このうち後者の詳細は不明である(132)。また蘇北区委員会の報告資料にも、このときの世論の反応が記されていた。そこで八日の北京市委員会の報告の全文と蘇北区委員会の報告資料の一部を次に紹介しておく。

北京市委員会の報告

（一）北京大学、清華、師範などの大学と幾つかの中学での反応。【一】一般の人々は時局が更に厳しく重いものになると考えている。別のある人はアメリカ帝国主義がソウルに進攻したのは、幾らかの勝利を勝ち取って、うまく国連でその政治的な資本を増加し、国際的な威信を回復するためである、としている。【二】党団（中共及びその下部組織の新民主主義青年団のこと—筆者）員及び、大部分の進歩的な民衆は、我々の新聞の短評が正確であり、今後戦争はますます困難になるが、人民は十分に最後の勝利を得ることを確信していると考えている。そのなかの一部分の人は「アメリカ軍が大挙して進攻しても、朝鮮人民はそれに十分に耐えられると感じている」とし、彼らは中ソが朝鮮に有力な援助を与えることを希望して、「なぜ人民陣営の国家は出兵しないのか?」、「アメリカ帝国主義が公に出兵しているのに、何故我々は各種の方式をもって公に朝鮮を援助しないのか?」、「我々は機に乗じて台湾に上陸すべきであり、そうすればアメリカは堪えられなくなるであろう!」と言っている。【三】落後分子及び、中間分子は「戦争は拡大するだろう」、「中ソが出兵すれば、第三次世界大戦が直ぐ起こる」、「新聞は客観的でなく、単に勝利のニュースのみ掲載して敗北のニュースは載せていない。アメリカ軍の仁川上陸の見出しは小さすぎる」、「朝鮮（北朝鮮軍のこと—筆者）は必ず敗退し、蒋介石が中国に戻ってくる」という。（二）資本家の反応。資本家が目下の情況と物価を座談するとき、内部では異なる意見がある。ある者は「アメリカは安保理において、ただ幾つかの小さな従属国を操縦しているのみである。例え安保理を新戦争発動の道具としていたとしても、それは裸踊りである」、「アメリカ帝国主義は仁川に上陸しても、（朝鮮の—筆者）地形を分かっておらず、兵士はうぬぼれているので、朝鮮人民軍には対抗できない。中国人民解放軍が既に得た勝利からすれば、朝鮮人民軍の前途を見出すことができる」という。しかし多数の資本家（九区）は米国の武器に対して恐れており、朝鮮戦争の勝利に対して確信がなく、戦争を恐れ、平和を求めている。それはちょうど解放時に、彼らが中国国民党が戻ってくることを望んだのによく似ている。現在では中国共産党は中国国民党に比べて良いことを事実が証明している。平和を願うなら、再度戦争することを恐れてはならない。（三）敵特務、反革命分子の態度。【一】幾人かの特務及び、匪賊、党政軍の反革命分子は、第三次世界大戦が必ず起こると考え、「現在我々は危険な時期であるが、直ぐに困難は終わるだろう、栄光は直ぐにやってくる」と興奮して語っている。併せて「第三次世界大戦は三カ月内に勃発し、一〇カ月で終結する」。「アメリカは水爆をもっており、その威力は原子爆弾に比べて二〇〇倍も大きい」、「大戦が起これば、物価は急騰し、爆弾で死ななくても餓死しなければならなくなる」とデマを言っている。このほか、反共・反ソ、人民民主専政、中ソ友好などを侮辱する反動ビラを散布し、民主人士を脅かし、反動分子を煽り立てている。【二】ある敵の特務は解放後住居を隠し動かず、現在も旧部を取り込み、蠢動を企図しており、鄭××はかつて自ら香港に赴き工作を手配し、華北に向け多数の特務を派遣している。本市は既に朝鮮戦争の開戦前後に潜行来京した重要な中国国民党の特務機関「軍統」の特務一〇余名の存在に気づいている。彼らのなかには行動的な常習犯の匪賊が数名おり、その任務はまず情況をつかんで、組織を発展させることにある。[133]

蘇北区委員会

（過去の―筆者）戦争で鍛錬されてない新区（国共内戦以後に「解放」された地区―筆者）の末端の幹部と一般民衆は、アメリカを恐れ、戦争を怖がる心理が非常に厳しく進み、第三次世界大戦の勃発を恐れ、原子爆弾を恐れ、中国国民党反動派の大陸反攻を恐れている。土地改革で田畑を得た農民は次々と田畑を抵当に入れたり、田畑を売ったりし、地主と個人的に小作契約を結んだりしている。農村の（中共―筆者）党員は公開の支部にいるときに自身の姓名を明らかにすることを嫌がる。農民は治水工事に動員すると、次々と逃避して、「最初は治水工事でも、次には軍隊の前線への支援、更には軍隊への徴兵となること」を恐れている。工作に新たに参加した知識分子や留用人員は戦争の勃発後、都会を離れて遊撃戦をしなければならないこと、俸給制が供給制に改められることを恐れて、幾人かは「辞職」を求め、幾人かは（新政府の―筆者）制服を着ることを望んでいない。都市の商人と市民は戦争勃発後、我々が都市を放棄することを恐れて、我々に近づこうとしない。抗日戦争と解放戦争を経験している古参の幹部と老区（早くから中共によって「解放」され、政権が存在していた地区―筆者）の民衆は、一般的には落ち着いて心が安定しているけれども、その幾人かには焦りの情緒が生まれており、「我々は何故出兵しないのか」を喧々と議論しているし、別の何人かは自身の力に対する認識が不十分であると考え、農村部に赴いて遊撃戦を行おうとして、「再度あの八年の抗戦」を行おうと考えている。(134)

このようにアメリカ軍による仁川上陸の成功は、一部の「党団員及び、大部分の進歩的な民衆」や「古参の幹部と老区民衆」を除く多くの人々に、朝鮮戦争の行く末に悲観的な見方を抱かせていただけでなく、「第三次世界大戦」の勃発や国府軍の「大陸反攻」により、中国が再び戦争に巻き込まれることへの不安の念を強めさせ、それによって、現中国政府への協力を拒む人々までをも出現させていた事実が明らかに示されている。

中国指導層はこうした事態を深刻に捉えていた。彼らはこれを機に「反革命分子」などの活動が活発化することを憂慮し、それに直ちに対処していたことは、既に前節で述べた。

また同時に、中国指導層は朝鮮戦争の動向について世論の関心が非常に高いことをも察知した。従って中国指導層は国内で朝鮮戦争やそれを取り巻く国際情勢を報道する際に、細心の注意を払うとともに、世論がこうしたことを「正しく認識」することにも十分な配慮をしなければならなかった。本章冒頭で掲げた一〇月二六日の時事宣伝に関する中共中央の指示は、これらを踏まえて発せられたものなのである。

一一月に入ると、中国指導層は抗米援朝運動の開始を指示したが、このとき既に中国軍は朝鮮戦争に参戦していた。しかしながら、抗米援朝運動を始めても、中国軍が朝鮮半島で戦闘を行っている事実は数日間、公式には国内で報じられることはなかった。

これは毛が一〇月二七日に、中国軍の朝鮮での作戦を公表することに関して、それをこのとき行われていた「第一次戦役」の終結後にすることを指示していたからである[135]。以後、一一月七日に新華社が「朝鮮北部某地」からの情報として「戦績公報」を発表するまで、中国指導層は北朝鮮側とこれをめぐって様々なやり取りを行っていた[136]。

一一月五日、毛はこの議論についての彭徳懐への電報で、後に組織することになる中国軍と北朝鮮軍の連合司令部の名義で「戦績」を公表せず、北朝鮮軍司令の名義でそれを明らかにすることを指示するとともに、その理由を「人々を惑わせる」ためであるとしていた[137]。

この「人々」とは、当時中国軍の参戦が本格的なものなのかどうかを確認していた国連軍ならびに、国際社会のことを指すのであろうが[138]、他方で戦況を公表しない理由には、国内の世論への配慮もあったものと考えられる。『抗美援朝戦争史』によれば、前項で述べた一一月四日の「連合宣言」と七日の戦績の公表が抗米援朝運動を全国的に盛り上げる上で大きく貢献したことが記されている[139]。「第一次戦役」は中国軍が勝利のうちに、終結した戦闘であったが、中国指導層はこの勝利をどのように伝え、如何にして世論に有効に働きかけるかについて慎重に検討していたのである。

中国指導層は抗米援朝運動開始後の世論の反応にも細心の注意を傾けていた。筆者が入手した資料には、中共北京市委員会が一一月五日と一二日に、中共中央に提出した報告書がある。

抗米援朝運動開始当初、中国指導層は国内世論に対しどのように反米思想を植えつけるかについてとりわけ関心を注いでいた。このため、この時期の抗米援朝運動は、反米教育、反米宣伝が中心であり、世論のなかに存在した「親米」、「崇米（アメリカを敬う）」と「恐米（アメリカを恐れる）」の心理を取り除くため、「仇視（敵視）」、「蔑視（蔑視・軽視）」、「鄙視（軽蔑）」を柱とする「三視教育」の徹底を重視していた[140]。

中共北京市委員会の二つの報告はいずれも世論の抗米援朝運動に対する関心度について報告したものであったが、世論が反米思想を受け入れるまでにはまだ多くの教育と宣伝が必要であった。

一一月五日の報告には、労働者、学生、政府、軍、大衆団体の幹部を中心に抗米援朝運動が積極的に推進されてはいるものの、教育関係者、商工業界の資本家、その他の市民は、戦争を恐れており、「積極的に朝鮮を支援する思想は、未だなお主流となっていない」と述べていた。また一二日の報告では、大多数の労働者や学生が抗米援朝運動に対して積極的にはなってきてはいるが、他方で「人々の抗米援朝運動に対する自覚と運動の展開には、あまりにも釣り合いがとれていない」と指摘し、今後の方針として、「崇米」、「恐米」の心理を取り除き、「親米分子にダメージを与えて孤立させること」の必要性を力説していた[141]。

反米思想の植えつけにおいて、中国指導層が非常に重視していたのは、アメリカに対する敵視であった。しかしながら、世論には「どのようにしてもアメリカを恨めない」という情況が少なからず存在していた[142]。こうした情況に対し、中国指導層は日中戦争時の反日運動を例に挙げ、反米思想を形成する手段としていた。

一一月二〇日付けの『学習』誌に掲載された雙雲の「親米論を打倒する」と題する論評には「人々を不思議に思わせることは、これらの『親愛なるアメリカ』を唱える人が、少しも自身を恥じていないことであり、その上、様々な根拠を探し出し、様々な理論を提出して、アメリカは『親しみ敬うことができる』国と説明して、アメリカに反対したり、アメリカの侵略に抵抗することは間違っていると説明していることである。こうした現象は反日・抗日の時期にはなかったものであり、反日運動中では、例えば、漢奸にせよ、親日思想にせよ、それらを人々の面前で堂々と論じたり、親日の言論として発表することはなく、あったとしても極めて少なかったのである。『親日』は実際、人々がそれを恥の代名詞としていたため、誰もがこの種の思想を公にすることを願わなかったし、またそうすることをあえてしなかったのである。しかるに親米、崇米は、反対に恥じるべきことではないかのように見なされて、かなりの数の人が、アメリカの恩恵を賛美することを『光栄』として、それが恥ずかしいことであることを自覚しないのである」と指摘していた[143]。

だがこうした反米思想の教育、宣伝以上に、抗米援朝運動を活発化する上で世論に刺激を与えたのは、中国が朝鮮半島での戦いで善戦していたことと、それによって引き起こされた国際情勢の変化であった。また中国指導層が抗米援朝運動のなかに「愛国主義」的な要素を取り入れたことで、ナショナリズムへの刺激を一層強めたこともその一因となっていた。

毛は朝鮮半島における中国軍の動向について、新聞紙上などで「戦績公報」を掲載する際に如何なる配慮が必要になるかを強く注意していた。

一一月一七日、毛は中央政府報道総署の署長であった胡喬木に対し、新華社の一五日付けの報道で中国軍の表記が、「朝鮮人民軍各軍における中国人民抗美援朝保家衛国志願部隊」となっていることについて、こうした表現が朝鮮の前線と中国国内との双方において好ましいものではないとして、今後の報道では北朝鮮軍と中国軍を併記するとした方針を伝えるとともに、更に新華社が自ら前線に赴き、取材して独自の情報ソースを入手するか或いは、北京にある内部情報を用いて自身で報道することをも指示していた[144]。

このようにそれまでの北朝鮮軍の傘下部隊としての中国軍の扱いを、以後北朝鮮軍と併記することで、中国軍の朝鮮戦場での活躍ぶりをより前面に押し出すとともに、新華社に前線での取材を指示することによって、時事情報の信憑性に一層高いクオリティを付与し、国内の時事宣伝に効果的な刺激を与えることを求めていたのである。

さて、朝鮮戦争は、一九五〇年一一月下旬から翌年一月上旬にかけて、大きく情況が変化した。中国・北朝鮮軍による国連軍への反撃が最も激烈に行われ、中国・北朝鮮軍は一二月四日には平壌を奪還し、一カ月後の一月四日にはソウルをも占領していた。こうした戦争の有利な展開とともに、既に述べた朝鮮戦争の停戦をめぐる国際的な動きにおいても中国の立場は非常に重要視された。

抗米援朝運動の多くの報告資料には、この時期、世論のこの運動への積極性がもっとも高まり、大衆運動が極めて盛んになったと記されている[145]。

このことは世論が伝えられる朝鮮戦争をめぐる時事宣伝に大きく影響されたためであるが、中国にとって朝鮮戦争をめぐる現実の有利な情勢は、抗米援朝運動における国内世論が過度に盛り上がった潮流を生み出すこととなり、朝鮮戦争における現実と国内世論の認識との間に大きな溝を作ることになった。

その背景には、この時期、中国指導層が世論に対し異常とも言える程自信に満ちた時事宣伝を行うことによって、一層の抗米援朝運動の推進を目指していたことがあった。

一九五〇年一二月、中共中央は党内に「抗米援朝運動を一歩進めて展開する」ことを求め、そのなかで、朝鮮戦争において中国軍が「偉大な勝利を獲得している時期」に、これまで以上に反米愛国教育を進め、都市部の人々の反米意識を一層高めることを指示するとともに、それまでの抗米援朝運動により「各階層の人民大衆の政治認識が高まり、一時期、朝鮮戦争が失敗したことにより発生した混乱した思想や反動的なデマ」が一掃されたことを高く評価した。その上で現下の時事宣伝の重点として、国連軍の朝鮮戦争での劣勢やそれから生じたアメリカとその同盟国内部の確執と対立を採り上げるだけでなく、朝鮮戦争をめぐる国際環境のなかで「新中国がもっとも重要な政治軍事強国となった」ことをも掲げるよう、指示していた。(146)

他方で、一九五一年一月の「第三次戦役」終了後に記されたと思われる、中共中央の朝鮮戦争の宣伝において注意すべき点を指摘した電報の草稿では、毛はここにあった「帝国主義が世界戦争を発動しようとする狂気じみた目論見は既に重大な打撃を受けた」という一文を削除し、「アメリカには目下、世界戦争を発動する備え（準備）は全くない」とのコメントを付していたのである。(147)

だが、このような時事宣伝を受けて盛り上がった抗米援朝の世論に対し、一月下旬以降、朝鮮戦争の「第四次戦役」において中国軍が劣勢となったとき、戦況がどのような影響を及ぼすかについて、中国指導層は関心をもたなかったはずがない。また他方でこれによって衝撃を受けた世論にどのように対処するかについても中国指導層内部で検討されたはずである。

筆者の手元にある資料には、この時期に中国指導層が世論の動向を調査した詳細な報告資料はなかったが、各種資料における時事宣伝をめぐる報告資料の内容などから、これらを明らかにすることができる。

朝鮮戦争で中国が劣勢に陥ったことに対し、世論が大きく反応したのは、「戦績公報」が中国・北朝鮮軍のソウルからの撤退を伝えた一九五一年三月一六日以降のことである。

三月一六日、「戦績公報」は「新華社朝鮮前線発」として、冒頭で「朝鮮人民軍と中国人民志願軍は漢江南北両岸において、アメリカなどの侵略軍（国連軍のこと―筆者）及び、李匪軍（韓国軍のこと―筆者）の北進に抵抗・防衛して、四九日間、侵犯軍（国連軍と韓国軍のこと―筆者）に非常に厳しい打撃を与えた後、本月一四日、暫時ソウルから撤退した」と報じ、以下に「第四次戦役」開始以来、国連軍が二三万余の兵力と大量の近代兵器を用いて、ソウル占領を狙っていたこと、だが中国・北朝鮮軍の抵抗に阻まれ、大量の兵力を失って、「朝鮮人民軍と中国人民志願軍がソウルより自主的に撤退した」ことで、国連軍はようやくソウルを占領できたと伝えていた。

このように「第四次戦役」の経過を報じた上で、「戦績公報」は次のように論を進めていく。「アメリカ侵略軍のこの度のソウル一線に向けた侵犯は、優勢な軍事装備が戦争の勝負を決定する要素ではなく、常に作用する要素が武器を掌握した人民の士気と戦闘力にあることを再度明らかにした。アメリカ侵略軍は飛行機や戦車、大砲から離れては一歩も前進しなかったのである。この度の作戦中に捕えた捕虜は、アメリカ軍内で厭戦感情が増長し、既に自殺や自傷、逃亡などの行動が発生していると供述している。我が軍が戦場で鹵獲したアメリカ軍の大量の家族宛の書簡のなかからは、明らかにアメリカ軍指揮官、兵士の厭戦感及び、国内人民の平和を求める要請が高まっていることが窺える。これはアメリカ侵略者が侵朝戦争（朝鮮戦争のこと—筆者）を発動して九カ月間、侵略軍内部において発生した新たな変化である」とし、最後に「アメリカ侵略軍の盲目的な新たな進攻は、彼らを更に深く脱出できない泥沼のなかに陥れている。朝鮮人民軍と中国人民志願軍の断固たる、英雄的で機知に富んだ作戦は、継続してアメリカ侵略軍を殲滅し、アメリカ侵略軍を最後の避けることのできない完全な失敗へと一歩一歩近づけさせている」と結んでいた[148]。

またこれを報じた同日、『人民日報』は「社論」でこの話題に触れ、中国軍がこれまでの戦闘で「敵一〇万」を倒し、「朝鮮の大部分を解放した」後、ソウルを撤退したとし、その理由を「敵の新鋭部隊を消滅させるのに有利なため」とした上で、「全体の戦局には決して不利な影響はない」と論じていた[149]。

これを見る限り、中国・北朝鮮軍のソウルからの撤退が戦闘に大きな影響をもたらさないばかりか、今後の戦争の進展にもおおいに期待が抱けそうな論調となっているが、このとき、中国指導層がこれと正反対に「第四次戦役」

の戦況をめぐり、慌ただしく軍事戦略方針の再検討を行っていたことは前節で述べた通りである。

これ以後、少なくとも『偉大的抗美援朝運動』に収録されている資料は、ソウル撤退に関わる内容に触れていない。後の四月一一日に、マッカーサーが国連軍総司令の任を解かれたことで、朝鮮戦争をめぐる中国国内の議論はアメリカの台湾、朝鮮政策の失敗に集中しており、中国指導層はそれを全面的に押し出すことで、意図的にソウル撤退に関する問題を避けようとしていた様にも見える。[150]

だが世論は中国・北朝鮮軍のソウル撤退について、敏感で厳しい反応を示していた。

四月七日、中共の青年層の組織である中国新民主主義青年団の北京市委員会弁公室による北京市民の世論についての報告では「昨年一一月の抗米援朝運動以来、市民のなかで行われている抗米援朝の宣伝工作はまだ余りにも不十分である。極めて少数の積極分子は抗米援朝の道理を理解しているが、一般市民の受けた教育は主に（朝鮮戦争の―筆者）形勢の発展に依拠してなされていた。これにより信心（必勝の信念）はあまり堅固でなく、ソウル撤退は動揺を引き起こした」と指摘していた。[151]

また、四月二四日に江蘇省蘇南地区で開催された「民主党派」連席会議の報告では、ソウル撤退の事情を正確に宣伝、教育することに関して「ソウル撤退を導く道理は我々志願軍と朝鮮人民軍の毛沢東軍事戦法である。その目的は敵を消滅するための有利な条件から始まっており、我々志願軍と朝鮮人民軍は更に多くの敵を消滅するために、わざと撤退したのであり、敵を消滅し尽くして、都市は再び我が方のものになる。例えば蒋介石の五〇〇万の軍隊が消滅し尽くされ、漸く台湾に逃げていったことと同じことになる」と説明するよう指示されていた。[152]

「一般市民」が受けた時事宣伝が、朝鮮戦争の情勢に従ってなされたものであるならば、それまでの時事宣伝の方向性からすれば、ソウル撤退の世論への影響は大きく、「戦績公報」や『人民日報』がソウル撤退の報道を、それをフォローする多くの肯定的な解釈とともに掲載しても、厳しい世論を緩和することには繋がらなかったことは明らかであろう。そして中国指導層はソウル撤退による世論の動揺を抑えるために、四月以降もそれへの対処を指示しなければならなかったのである。

従って、世論は朝鮮戦争の客観的情況に対する優劣の判断材料としては時事宣伝に大きな欠陥があることを見抜き、そこに盛り込まれた朝鮮戦争をめぐる情報を額面通り受け取ることに懐疑的となっていた。

他方でこれとは反対に、朝鮮戦争の戦況の悪化がもたらした国内の不安感を打ち消すために、中国指導層が補強した論理を鵜呑みにすることで形成された世論が、却って中国指導層の朝鮮戦争政策に過度な期待を抱かせるという事態をも引き起こすこととなった。これは、以下で述べるように、一九五一年七月の停戦交渉の開始をめぐる世論の反応で鮮明となる。

中共北京市委員会は中共中央に、少なくとも二回、停戦交渉の開始をめぐる北京市民の反応を報告していた。いずれも七月中に報告がなされたものであるが、その日時は不明である。このうち一つは、北京市民全体の反応を見たものであり、別の一つは、教育関係者のそれを報告したものである。いずれも全文を挙げておきたい。

北京市民全体の反応

（一）各階層の人民は一部の知識人を除けば、マリクの六月二三日の声明を聞いたときにはまだ強い反応を示していなかった。しかし、七月一日の金（日成）、彭（徳懐）声明を聞いた後、彼らは皆、和平を望み、停戦交渉に対して十分な関心をもっていることを表明した。ある学校では放送を聞いた後、以前のようにデモをして街をねり歩こうとしていた。幾人かの学生、職員、市民は放送を聞いた後、拍手し歓喜の声を上げた。商工業界の人は情報を聞いた後、特に愉快になり、啓新公司の株券は七三万から八五万元に跳ね上がったと広告を出して人々に告げた。ある商人は「税は減少し」、「輸送は便利になり」、「取引は多くなる」と言った。瑞蚨祥支配人は「この知らせは非常によい」、「平壌、ソウル解放の知らせよりも人々を興奮させる」と言う。中央理髪館支配人は「中国は数十年を戦ってきて戦争に飽きている。平和になれば負担を軽減できる」と言っていた。和平を希望する人たちは「今度のことは本当に良い」、「直ぐに平和になる」、「文化経済建設の高潮が直ぐに到来するだろう」と考えている。また一部の人は「（これで戦争への―筆者）献金はしないですむようになった」と言っている。幾人の労働者は「ニュースを聞いた後、喜びと心配を同時に感じた。喜びは平和になること、心配はアメリカには何か企みがありそうなことである」と言っている。ある労働者は「給料が上がる」と言っており、ある職業軍人の家族は「我が子が家に帰ってくる」と言っている。協和病院の×××は「今度のことは誠にすばらしい。朝鮮で停戦が実現すれば、我々は非常に多くのことができるようになる」と言っていた。燕京大学の教授×××は「これはよいニュースである。平和が期待できる。平和になったら我々は安心して（国家の―筆者）建設に従事することができる」と述べていた。（二）各階層の人民には普遍的に勝利の表情や感情が満ちあふれている。「アメリカ帝国主義は支えきれなくなった」、「ハリコの虎が破れた」、「戦いは続けることができない」と考え、これにより「和平を求めざるを得なくなった」、「和平を求めることは（我々が―筆者）攻撃に出ることを示すものだ」と考えている。しかし多数の人、特に幹部、労働者、学生は交渉が成功できるかどうか疑いを抱いており、「アメリカは侵略が本性」、「交渉はアメリカ帝国主義の緩兵の計である」、「中国国民党との停戦交渉と同じである」と考えている。それ故に一般的には警戒心を強め、騙されないようにし、「継続して抗米援朝運動を行なわなければならない」、「継続して飛行機・大砲を献納しなければならない」、「継続して軍事幹部学校に参加しなければならない」、「僅かとは言え気をゆるめてはならない」、「交渉が成立しなければ直ぐに戦闘を続けるのだ」と考えている。また幾らかの人は交渉の行方が「交渉を引き延ばしては戦い、戦っては交渉を引き延ばす」ものであると考えている。大衆のなかにおいては、ごく僅かに少数の人のみが交渉が成功すると考えている。北京大学のノンポリの教授×××は「交渉は成功する可能性がある。アメリカ帝国主義は失敗した。和平はもともと我々が希望するところである」と語っている。ある教員は「今度のことはアメリカの緩兵の計でない。敵はやむなく逃げ道を探さなければならなくなったのである」と述べている。ある労働者は「（アメリカが―筆者）交渉しないなら、停戦は成立しなくともよい。アメリカ帝国主義はもう闘えなくなっているのだ！」と述べている。これらの人はみな交渉が妥結しなかったとしても、それは我々にとって有利であるとし、「敵の士気を瓦解し」、「敵を分裂させ」、「大衆を教育する」、「交渉が成るかならないかの主導権は全て我々が握っている」と考えている。（三）停戦の条件に関して、各階層の人民、特に幹部、労働者、学生は普遍的に周外交部長が過去に発表した声明で提起した条件を堅持すべきであると考え、絶対に譲歩してはならないと考えている。ある一部の人は更に「絶対に三八度線を境界としてはならない、さもなくば我々が一年戦った成果が皆無になる」、「敵に朝中（東北）人民の損失を賠償させよ」、「戦犯李承晩、蔣介石を引き渡せ」、「全面的な対日講和を締結せよ」、「既に釈放した日本の戦犯も一緒に捕らえて引き渡せ」と述べている。また非常に多くの人が「昨年は先に交渉し後に停戦するという順序であったのに、何故今回は先に停戦し後に交渉するのか？」と質問し、我々が「停戦条件を下げる」ことを気にかけている。×××は我々が「交渉のハードルを低くした」と考えている。（四）勝利の情緒の下、少数の労働者、学生、幹部及び、極めて少数の市民は、根本的に和平交渉に反対し、継続して戦闘することを主張している。彼らは「交渉は攻撃には及ばない！」、「アメリカを海に追い落とさなければ、もう十分とは言えない！」と考えている。電信局の主席は「和平会談は敵にとって有利である。我々は意気込んで戦うべきだ！」と言い、ある労働者は「アメリカは戦争を考えれば戦争をし、和平を考えれば和平をする、なんと身勝手なことではないか」と言う。ある学生は「やっと報復のときが来たと思ったら、和平の交渉をしなければならないのか」、「先に停戦を交渉するのでは、交渉のハードルがあまりにも低くなる」と言い、ある市民は「現在我々は立っており、彼ら（アメリカ帝国主義）は跪いている。譲歩をしてはならない。絶対にだめだ。直ぐに敵を攻撃し、敵を徹底的に追いつめるべきだ！」と言っている。（五）非常に多くの大衆がリッジウェイを称して「将軍」としたり、「国連軍総司令」とすることに対して、非常に不満をもっており、「国連の不法決議を承認するに等しい」、「人民日報がこのようなことを掲載するのも誤りである」と考えている。清華大学の一学生はこのために宣伝員と顔を真っ赤にさせて口論し、「あなた方の言うことにはいつも道理がある。（それなのに—筆者）昨日彼を匪と罵り、今日は彼を将軍と称している（これは一体どうしたことなのか！）」と述べた。（六）極めて少数の大衆には以下の三種の意見がある。【一】少数の教授は我が国の力を疑っている。「我々は死傷数が非常に多く、これ以上は攻撃を続けられない」、「飛行機・大砲の献納は、士気を維持するためだけのものである」と考えている。北京大学の教授×××は、「双方とも相手を攻撃できず、いずれにしても厭戦感情があることは、私は早くに見出していた」と言い、幾らかの教授は「双方とも損失が非常に重く、いずれも休息を必要としていた」と言う。華北基督教聯会の×××は甚だしいことに、休戦が必要となったのは「最近の朝鮮の戦場でアメリカが優勢になった」ためであると考えている。【二】幾人かの教授、資本家、職員や労働者は「交渉が妥結するかどうかのカギは我々が譲歩できるか否かにある」、「停戦条件はあまり苛酷にしてはならない」と見なしている。北京大学教授×××は、「アメリカ帝国主義が停戦に応じないときには、我々も譲歩するべきである」と言っている。【三】幾らかの落伍した手工業労働者と市民はこれに対して何らの関心も抱いていない。彼らは「戦争でも平和でも、どっちにしても仕事をするだけだ」、「商売するだけだ」と考えている。上述の各階層の人民の朝鮮停戦交渉に対する反応から見れば、大多数の人民の頭脳ははっきりしており、抗米援朝に対する勝利の信念があり、出鱈目な話やデマには耳を傾けていない。各階層の人民の間、つまり党団員、進歩分子と一般の大衆との間の認識はおおむね接近しており、過去に落伍しているものと見なされた非常に多くの人々が、現在では政治認識が高くなり、敵味方の観念と勝利の確信をもつようになっている。異なるところをいえば、幹部、労働者、学生はその多数が比較的、堅固な態度なのに反して、教授、資本家、市民はより深く和平を望んでおり、一部分の者は甚だしいことに、無条件に和平を要求していることにある(153)。

北京市教育関係者の反応

人々がこの知らせを得て以後、皆のもの全てがそれを非常に重視し、興奮した。幾らかの（抗米援朝運動の—筆者）小組（例えば北京大）では、このために座談会を開いた。多くの会員がみなこれは朝鮮人民軍と中国志願軍が前方において得た勝利の収穫であると考えている。（例えば、協和大工友会は、「これは我々がアメリカ帝国主義のハリコの虎を破ったのであり、そうでないならアメリカ帝国主義は和平交渉をしないだろう」と理解した）。中国人民の偉大な抗米援朝運動、特に飛行機・大砲を献納する運動の展開がアメリカ帝国主義に前途はないと感じさせたのである（例えば、北京大、弘達中学、慕貞女子中学、二区、五区、九区小学校）、人民の平和、戦争反対の要求をトルーマンは押さえきれなくなり、少し和平交渉の措置を採ることを装わざるを得なくなった（例えば、北京大、育英中学）。幾らかの会員はアメリカ帝国主義の平和交渉が「誠意のない可能性がある」（例えば、育英中学、九区小学校など）、「騙されている可能性がある」（例えば男子一中学、慕貞女子中学）、「緩兵の計である」（例えば、燕京大、男子一中学）、「別の陰謀がある」（例えば、弘達中学、芸文中学、新生中学）、「ペテンのようである」（例えば、男子四中学）、「（アメリカは—筆者）軍隊を撤退させるはずはない」（九区小学校）と見なし、よって「我々は特に警戒を強めなければならない」、「帝国主義に騙されてはならない」、「交渉は成功しても、飛行機・大砲献納運動は継続して展開する」（例えば男子一中学、匯文、五区、八区、九区小学校）と主張している。皆は「例え緩兵の計であったとしても、我々にとっても有利である。というのはアメリカ兵は和平を聞くと、皆興奮せざるを得なくなり、もし戦闘が再開されたとしたなら、アメリカ軍の士気は更に低くなるからである」(男子一中学)、「また戦争になるとしたら、我々の相手でない」(育英中学)、「アメリカは正に下り坂を歩いている」(新生中学)と思っている。またある者は「前途はどのようになるのか?」(弘達中学)、「交渉は成功するのか?」(弘達中学学生)、「アメリカ帝国主義は別の場所で戦争を発動するのではないか?」(燕京大)といったことに関心をもち、またある者は「このようになるならば、第三次世界大戦は勃発しない」と言っている。ある会員は「これで平和になる!」、「節約献納運動は停止することができる(増産献納は継続)!」(燕京大)、「やはり和平はよい!」、「交渉が成功すれば、たくさん食べられるようになる!」(匯文)、「戦争はこれにより終結する!」(八区小学校)、「和平交渉を通じて、台湾と日本の問題も解決する!」(八区小学校)と言っている。ある者は今回の交渉で「我々の条件は幾らか高くすべきある」(弘達)とか、「アメリカは出ていけ、李承晩は下野しろ!」と主張し、「我々はアメリカ帝国主義が我が国に台湾を返還すること、我々が国連に参加すること、東北の全ての損失を賠償することを提起しなければならない」(男子一中学)と要求している。更にある者は「何故我々は現在彼らと交渉をするのか?」、「何故我々は代表を派遣して彼らと交渉するのか?思い切って一気に彼らを叩きのめしてしまえ!」、「我々の飛行機・大砲はまだ献納されていない。これでは我々の意志を軽んじることになる」(慕貞女子中学)、「彼らに我々と上手く交渉させ、もし十分に交渉しないのなら、継続して、彼らと戦い、彼らを完全に打ち破った後、天津に呼び出し交渉をするようにすべきだ」(匯文)。また別の人は「我々の戦争は順調ではない!　そうでないなら、何故和平交渉をするのか」(慕貞女子中学)と考えている。多くの会員は「台湾問題と関係があるのかどうか?」、「必ず台湾問題を交渉すべきである」(男子四中)、「アメリカ軍の飛行機は日本に赴き、中国国民党軍と標識を交換している。アメリカ軍は台湾侵略を放棄するはずがない」（北京大、四中学、八区小学校など）と述べて台湾問題との関連に興味を示している。ある人は「なぜ新聞紙面は、国連軍軍隊と国連軍総司令リッジウェイ将軍の呼称を変えたのか、我々は国連軍軍隊を承認したのか、我々は過去に承認しなかったのではなかったか？」と疑問を抱いている[154]。

このように世論は、停戦交渉の開始を朝鮮戦争終結への第一歩と捉え、平和の到来を待ち望んでいた。尤も世論はそれが直ちに到来することには懐疑的であったが、戦争の終結に向かう停戦交渉への道程に否定的な見解は少なかった。

だが注目すべきことは、世論が朝鮮戦争での中国の勝利を前提として停戦交渉を捉え、それを推進することでもたらされる成果を過度に期待していることである。

朝鮮戦争の現実は中国側の不利な戦況からこの時期を迎えていたことは前節で見た。そして結論的に言えば、現実の停戦交渉において、中国は自国が優勢に戦争を展開していた頃の停戦条件や台湾問題ならびに、国連代表権問題の解決を交渉議題として採り上げることはもとより、三八度線での停戦すら交渉の場で譲歩し、更に軍事力で交渉の成果を勝ち取ることもできなかったのであり、これらの報告書にあるような世論の期待には全く応えられなかった[155]。

故に、中国指導層の推し進めた時事宣伝は、朝鮮戦争の現実とはかけ離れた誤った認識を世論に抱かせてしまったのである。だがこの時期に関して言えば、中国指導層も先のソウル撤退に関する解釈や前項で述べた武器献金運動実施の背景を語ることを通じて、中国軍の朝鮮戦争での実態をある程度説明しており、世論がこの報告書にあるような過大な期待を抱くことを警戒していた。

他方で報告書は、この時期に至って中国全土の抗米援朝に対する認識が一致してきたことを肯定的に捉えていた。それは中国指導層が世論に時事問題について「正しく認識」させた成果でもあった。だがこれにより育まれた中国国内の世論が、中国指導層の思惑以上に突出した反応を示していたことは、中国指導層にとって、以後朝鮮戦争の終結に向けた停戦交渉において現実的な対応が迫られるなかで重荷となっていた。かくして中国指導層は、停戦を実現させるために、更なる世論の軌道修正が必要となっていたのである[156]。

おわりに

抗米援朝運動は、中国が建国直後に直面した朝鮮戦争を乗り越えるために必要となった総力戦態勢を構築する過程で行われた大衆運動であった。それは建国後の中国の中核的な指導政党であった中共が建国以前から「大衆路線」を党是とし、「人民戦争」を戦争指導の原則にしていたことに由来していた。

従って「祖国防衛」、「愛国主義」を基調とする大衆運動自体は、中国指導層ならびに、多くの中国の人々にとって初めての体験ではなく、既に日中戦争時の様々な反日運動を通じて体験済みのことであった[157]。だが、そのときと建国後の抗米援朝運動との大きな違いは、この運動が最終的に当時の国家建設事業への貢献を目標としていたことである。故に中国指導層は戦争と国家建設を同時並行的に遂行するために、総力戦態勢の構築を目指し、こうした意図は中共の「指示」、抗米援朝総会の「通知」、更に時事宣伝を通じて、世論の関心を促し、人々は実際の行動、すなわち大衆運動をもってそれに応えることを前提としていた。

しかしながら、この時期、中国指導層は抗米援朝の諸大衆運動だけで、総力戦態勢を構築することを模索したわけではない。

そもそも、新国家の建国を軍事的勝利によって成し遂げた政権は、建国間もない時期において中国全土にその政権に完全につき従わせる情況をつくり出していたわけではなかった。従って中国指導層は、こうした情況を根本的に改善するための手段として「階級闘争」的な大衆運動を利用したのである。

これらは「土地改革」運動、「反革命鎮圧」運動であり、「三反」・「五反」運動であった。尤も前の二者は、中国が朝鮮戦争に直面する以前から行われていた運動であったが、中国の参戦以降、これらの運動が強化された背景には抗米援朝運動があった。また後者は抗米援朝運動のなかで表出した国家建設をめぐる諸課題を「階級闘争」方式をもって、より積極的、強力に推進したものであった。

その意味で、抗米援朝運動は戦争と国家建設を同時並行的に推進する運動としてその役割を完全に果たしたわけではない。だが抗米援朝運動がこれらの運動を推進するための底流を形成していなければ、中国指導層がこれらの運動を積極的、強力に推し進めることは出来なかったであろう。従って抗米援朝運動は、建国直後の中国の戦争と国家建設を推し進めるための基盤であり、ここで形成された総力戦態勢は後に社会主義建設に移行させるための礎となった。

それ故に中国指導層は抗米援朝運動における世論の動向を非常に重視していた。それは言うまでもなく、世論の動向が抗米援朝運動のより効果的な展開に大きく影響を与えるものであったからである。世論は朝鮮戦争をめぐる様々な動態に大きく影響され、それに比較的自由な反応を示していた。中国指導層は時事宣伝を通じて、人々に朝鮮戦争をめぐる様々な問題について「正しく認識」させるとともに、その世論の反応を的確に把握し、思惑とは異なる世論を適時是正しつつ、人々に抗米援朝運動を通じて様々な課題を突きつけることで、彼らが意図する大衆運動へと導こうとしたのである。

孫啓泰氏は「抗米援朝運動は建国後の数次の大衆運動のなかで失敗や誤りが比較的少なく、成功を収めた一つである。この運動の成功経験は真剣に総括する必要がある」と評価している[158]。

こうした今日的な評価は、以後、中国国内で繰り広げられた凄惨な「階級闘争」的な大衆運動の体験を抜きには語れないことではあるが、それだけに中国指導層が建国直後に直面した戦争と国家建設という課題において、世論とのコンセンサスを重視して、愛国的な大衆運動を通じて乗り越えようとしていた姿勢が鮮明になってくるのである。

註

（1）李其炎『中国共産党務工作大辞典』（北京、新華出版社、一九九三年）六四一頁、天児慧ほか『岩波現代中国辞典』（岩波書店、一九九九年）三一六頁。
（2）この時期の「階級闘争」的な大衆運動として「反革命鎮圧」運動を分析した研究には、小林一美「中国社会主義政権の出発—『鎮圧反革命運動』の地平」（神奈川大学中国語学科『中国民衆史への視座—新シノロジー・歴史編』、東方書店、一九九八年、所収）がある。
（3）小島朋之『中国政治と大衆路線—大衆運動と毛沢東、中央および地方の政治動態—』（慶應通信株式会社、一九八五年）参照。
（4）奥村哲『中国の現代史　戦争と社会主義』（青木書店、一九九九年）参照。
（5）「中共中央関於在全国進行時事宣伝的指示（一九五〇年一〇月二六日）」（中共中央文献研究室『建国以来重要文献選編』第一冊、北京、中央文献出版社、一九九二年）四三六頁。以下、『建国以来重要文献』と略記。
（6）同右、四四〇頁。
（7）泉谷陽子「中国の社会主義化と朝鮮戦争—大衆運動を梃子とした総動員態勢の構築」（歴史学研究会『歴史学研究』第七五五号、二〇〇一年一〇月）一四六頁。
（8）中国各地域での抗米援朝運動の様相を纏めたもので、筆者が入手した文献には、始興県政協文史委員会、始興県民政局『為了和平　紀念抗美援朝四〇周年史料専輯』（出版社不明、一九九〇年）、中共丹東市委党史研究室『一切為了前線　丹東人民支援抗美援朝大事紀実』（出版社不明、二〇〇〇年内部発行）、中共江西省委党史資料征集委員会『江西抗美援朝運動』（北京、中央文献出版社、一九九五年内部発行）、中共上海市宝山区委党史研究室、上海市宝山区档案局『抗美援朝運動在宝山』（上海、上海社会科学院出版社、二〇〇四年）、中国人民政治協商会議当陽市委員会文史資料委員会『当陽人民抗美援朝紀実【当陽文史第一

六輯】』（出版社不明、一九九八年）、全国政協文史資料委員会『支援抗美援朝紀実』（北京、中国文史出版社、二〇〇〇年）、周鴻「論北京市抗美援朝運動中的愛国主義教育」（『当代中国史研究』一九九五年第五期、一九九五年九月）などがある。また中国指導層の政策を概観したものとして、《当代中国》叢書編輯部『抗美援朝戦争』（北京、中国社会科学出版社、一九九〇年）の第一六章「中国人民開展偉大的抗美援朝運動、全力支援抗美援朝」、曹延平『抗美援朝運動』（北京、新華出版社、一九九一年）、孫啓泰「抗美援朝運動簡介」（中共中央党史研究室、中央档案館『中共党史資料』第三六巻、一九九〇年一一月）、胡之信「党在土地改革、抗美援朝、鎮圧反革命運動中的統一戦線」（中国人民大学書報資料中心『複印報刊資料　中国現代史』一九八九年第一号、一九八九年一月再録）がある。なお我が国では、抗米援朝運動についての専論はないが、このなかで行われた「愛国公約」運動に検討を加えた論考として、今堀誠二「新民主主義政権の思想的・社会的基盤・愛国主義と愛国公約からみた権力と民衆の動向　一九四九―一九五三」（『東方学会創立四〇周年記念　東方学論集』、一九八七年六月、所収）、土岐茂「『愛国公約』の歴史と原理―人民の自立的規律の創造―」（早稲田大学法学会『早稲田法学会誌』第二九巻、一九七八年）がある。

（9）軍事科学院軍事歴史研究部『抗美援朝戦争史』全三巻、（北京、軍事科学出版社、二〇〇〇年）、軍事科学院軍事歴史研究部『中国人民志願軍抗美援朝戦史』（北京、軍事科学出版社、一九九〇年第二版）。以下、前者を『戦争史』と略記。なお本書の評価については、楊奎松「評『抗美援朝戦争史』」（石源華『冷戦以来的朝鮮半島問題』、ソウル、図書出版高句麗、二〇〇一年、所収）を参照。

（10）中国人民抗美援朝総会宣伝部『偉大的抗美援朝運動』（北京、人民出版社、一九五四年）、中共北京市委党史研究室『北京市抗美援朝運動資料匯編』（北京、知識出版社、一九九三年）、中共江蘇省委党史工作弁公室、江蘇省档案館、南京市档案館『抗美援朝運動在江蘇（一九五〇―一九五三）』（南京、中国档案出版社、一九九七年）。以下、『抗美援朝運動』、『北京市抗美援朝運動』、『江蘇抗美援朝運動』と略記。

（11）「中共中央関於保衛世界和平運動的指示（一九五〇年五月二三日）」（前掲『建国以来重要文献』第一巻）二四五頁。

（12）自由アジア社『平和団体の世界戦線』（自由アジア社、一九五五年）九―二二頁参照。以下、世界平和評議会の活動の全般については、木戸蓊、村上公敏、柳沢英二郎『世界平和運動史』（三一書房、一九六一年）を参照。

（13）計徳容「為了和平」（本社資料編輯組『歴史瞬間的回遡―中国共産党対外交往紀実』、北京、当代世界出版社、一九九七年、所収）四二―四三頁。

（14）同右、四四―四五頁。

(15)　喜田昭治郎『毛沢東の外交』（法律文化社、一九九二年）一三九頁、王進『中国党派社団辞典』（北京、中共党史資料出版社、一九八九年）一一八頁。なお対外大衆団体について考察した研究には、石井明「中国の対外関係組織―その沿革と現状」（岡部達味『中国外交―政策決定の構造』、日本国際問題研究所、一九八三年、所収）、「中国の外政機構の変遷―一九四九―八二」（毛里和子『毛沢東時代の中国【現代中国論　二】』、日本国際問題研究所、一九九〇年、所収）などがある。

(16)「在中蘇友好協会総会成立大会上的報告（一九四九年一〇月五日）」（『建国以来劉少奇文稿』第一冊、北京、中央文献出版社、一九九八年内部発行）七六頁。

(17)　師哲『在歴史巨人身辺―師哲回想録』（北京、中央文献出版社、一九九一年）【邦訳、師哲、劉俊南・横澤泰夫（訳）『毛沢東側近回想録』（新潮社、一九九五年）】三九七―四一九頁及び、師哲（口述）、師秋郎（筆記）『我的一生―師哲自述』（北京、人民出版社、二〇〇一年）二九〇―三一八頁参照。

(18)　許徳容氏は、一九四九年四月の世界平和評議会の結成大会に参加した中国代表団の通訳を担当した許晋仁の回想として、大会主席団が、中国人民解放軍が長江を渡河し、南京を「解放」したことについての発言原稿を読み上げたとき、会場全体が起立し、大きな歓声が起こり、参加者が口々に毛沢東と南京「解放」を讃えていたと記述している。このことから世界平和評議会においても、中国革命の動向に関心が高かったことが窺われる。前掲許徳容、四三頁。

(19)　同右、四六―四七頁及び、李学昌『中華人民共和国事典（一九四九―一九九九）』（上海、上海人民出版社、一九九九年）二四―二五頁。

(20)　同右、二四―二五頁及び、馬斉彬『中国共産党執政四〇年』（北京、中共党史資料出版社、一九八九年）一五頁。以下、『執政四〇年』と略記。

(21)　同右、『執政四〇年』一五頁。

(22)　同右、一五、一七頁。

(23)「朝鮮問題に関するトルーマン大統領の声明（一九五〇年六月二七日）」、「アメリカの台湾侵略を非難する周恩来外交部長の声明（一九五〇年六月二八日）」（日本国際問題研究所中国部会『新中国資料集成』第三巻、日本国際問題研究所、一九六九年）一二二―一二三頁及び、一二九―一三〇頁。以下、『資料集成』と略記。

(24)「中国国民党革命委員会的声明（一九五〇年六月二九日）」（前掲『抗美援朝運動』）六四一―六四二頁。以下、六四九頁まで各「民主党派」の声明、談話が掲載されている。

(25)　前掲『戦争史』第一巻、四九頁及び、『北京市抗美援朝運動』四三二頁。

(26)　第二次大戦後の労働運動の展開についてはさしあたり、小林勇『戦後世界労働組合運動史』（学習の友社、一九七八年）を参照。「中国人民台湾朝鮮侵略反対運動委員会『「アメリカの台湾・朝鮮侵略反対運動週間」を全国的に挙行するよう呼びかける通知』（一九五〇年七月一四日）」（前掲『資料集成』第三巻）一三八―一四〇頁。

(27)　神谷不二『朝鮮戦争―米中対決の原形』（中央公論社、一九六六年）一〇一頁。

(28)　前掲『戦争史』第一巻、五〇頁。なおこのほかの「推挙された団体」は、中華全国民主青年連合会、中国新民主主義青年団、中華全国民主婦人連合会、中華全国学生連合会、中華全国文学芸術界連合会、中ソ友好協会総会、中国人民救済総会、中国人民外交学会、台湾民主自治同盟である。

(29)　前掲「中国人民台湾朝鮮侵略反対運動委員会『「アメリカの台湾・朝鮮侵略反対運動週間」を全国的に挙行するよう呼びかける通知』（一九五〇年七月一四日）」一四〇頁。なお中国人民台湾朝鮮侵略反対運動委員会のその他の役職者は不明。なお劉寧一は中国世界平和委員会では秘書長であった。王健英『中国共産党組織史資料匯編―領導機構沿革和成員名録』（北京、中共中央党校出版社、一九九五年）九五九頁。

(30)　なお資料上、中国人民台湾朝鮮侵略反対運動委員会の活動が見られるのは、七月二一日に劉寧一が発した「『アメリカの台湾朝鮮侵略に反対する運動週間』の意義」、翌二二日の「台湾同胞に告げる書」、後述する「建軍節」での主宰団体としての活動のみである。前掲『抗美援朝運動』六五二―六五四頁参照。なお抗米援朝総会の名称については、註（40）を参照のこと。

(31)　前掲「中国人民台湾朝鮮侵略反対運動委員会『「アメリカの台湾・朝鮮侵略反対運動週間」を全国的に挙行するよう呼びかける通知』（一九五〇年七月一四日）」一四〇頁。

(32)　前掲『戦争史』第一巻、五二頁。

(33)　この中共中央の指示の詳細は不明であるが、「中共蘇北区委宣伝部一九五〇年下半期宣伝教育工作情況報告（節選）（一九五一年四月二八日）」によれば、この時期にそうした指示があったことが記述されている。前掲『江蘇抗美援朝運動』一三六頁。

(34)　なお、『戦争史』によれば、不完全な統計としながらも、八月初旬までに六〇〇〇万人近くの署名が集まっていたとされている。前掲『戦争史』第一巻、四九頁及び、『執政四〇年』一五頁。

(35)　なお中共江蘇省蘇北区委員会には中共華東局より八〇〇万人の署名が割り当てられ、同蘇南区では当初、中共華東局が一〇〇万人の署名を求めたのに対し、一九〇万人の署名を達成し、その後一〇月初旬までに署名も目標数が五〇〇万人にのぼり、その目標も超えたという。最終的には蘇北区では一〇月上旬までに約一一〇〇万人、蘇南では一一月初旬までに約六〇六万人の署名を獲得したとしている。前掲「中共蘇北区委宣伝部一九五〇年下半期宣伝教育工作情況報告（節選）（一九五一年四月二八日）」一三六頁及び、「中共蘇南区委宣伝部関於蘇南和平簽名運動総結報告（一九五〇年一一月四日）」三三一―三三三頁。

(36) 中共中央文献研究室『周恩来年譜（一九四九―一九七六）』上巻、（北京、中央文献出版社、一九九七年）六一頁。以下、『周年譜』と略記。

(37) 「中国各民主党派和各人民団体対美国空軍濫炸朝鮮的抗議（一九五〇年八月二一日）」（前掲『抗美援朝運動』）六六八―六六九頁、「堅決擁護周外長向安保理所控訴和建議、南京市各界抗議美帝侵略罪行（一九五〇年八月三一日）」（前掲『江蘇抗美援朝運動』）二三―二四頁。

(38) 筆者の入手したアメリカ軍の仁川上陸成功後の国内の世論の動向についての報告は、北京市のほか、陳丕顯「中共蘇南区委九、一〇月份総合報告（節選）（一九五〇年一〇月二〇日）」（前掲『江蘇抗美援朝運動』）二八―二九頁がある。

(39) 中国指導層のキリスト教をはじめとする宗教団体及び、「反革命」勢力に対する厳しい取り締まりについては、二節で詳述する。また国内世論の一元化については、本章「はじめに」にある「全国において時事宣伝を行う指示」を参照のこと。なお「反革命」的な団体についての取り締まりは、九月二九日に政務院第五二次会議で成立した「社会団体登記暫定弁法」で強化し、物価変動防止などの経済政策は、一〇月一七日、当時中共中央財政委員会の主任であった陳雲が「物価変動を防止する問題に関する指示」で対応策を打ち出し、二六日には副主任であった薄一波とともに毛への報告を行っていた。羅広武『新中国宗教工作大事概覧』（北京、華文出版社、二〇〇一年）一一頁及び、中共中央文献研究室『陳雲年譜』中巻（北京、中央文献出版社、二〇〇〇年）六八―六九頁参照。

(40) 周恩来は一〇月二一、二三日の両日、郭沫若ら「民主人士」を招き、朝鮮戦争をめぐる世論の動向についての意見交換を行っていた。おそらく、ここで中国指導層の抗米援朝総会の設立の意向が示されたものと考えられる。なお「中国人民抗美援朝総会」が公式の略称であり、一九五一年三月一四日以降、正式に使用されることになった。但し同年四月二六日に、対外的には正式名称を使用するよう通知している。前掲『周年譜』八七頁、袁偉『抗美援朝戦争紀事』（北京、解放軍出版社、二〇〇〇年）二〇、九八、一一一―一一二頁。

(41) 「抗米援朝、祖国防衛に関する中国各民主党派の連合宣言（一九五〇年一一月四日）」（前掲『資料集成』）一八四頁。なお一〇月二四日、政協会議第一期全国委員会常務委員会の一八次会議において、周は会議参加者に志願軍形式での参戦の意向を伝えていた。同右、『抗美援朝戦争紀事』一七―一八頁。

(42)　例えば「中華全国自然科学専門学会聯合和中華全国科学技術普及協会宣言（一九五〇年一一月四日）」（前掲『抗美援朝運動』）六七一―六七二頁。

(43)　前掲『北京市抗美援朝運動』四三五頁。

(44)　「中共北京市委関於抗美援朝運動向中央併華北局的報告（一九五〇年一一月五日）」同右、五〇―五一頁。

(45)　抗米援朝運動初期における中国指導層による反米思想の徹底化については、時事宣伝との関わりで三節で詳述するが、本「報告」では以下のように述べられている。「積極的に抗米援朝祖国防衛運動を深化し、拡大して、親米思想を粛清、打撃し、宣伝教育とそれまでの在り方を省みる方式で、アメリカを恐れたり、アメリカを敬う心理をただし、大衆のなかでアメリカ帝国主義を軽蔑、蔑視（軽視）、特に敵視する運動を展開する。併せて継続して中朝両国が唇歯相依（唇と歯のように近くて互いに共存している―筆者）関係にあり、抗米援朝がすなわち、祖国防衛であることの理由を広く宣伝する」。同右、五一頁。

(46)　例えば、一一月一二日の中共北京市委員会の抗米援朝運動の報告に関する毛、周恩来のコメント。毛は北京市委員会の報告が正確であると評価した上で、「随時、抗米援朝運動中に発生した偏向をただすこと」と述べる以外、何の指示も行っていない。「中央轉発北京市委関於抗美援朝運動開展状況報告的批語（一九五〇年一一月一二日）」（『建国以来毛沢東文稿』第一冊、北京、中央文献出版社、一九八七年内部発行）六五五頁。以下、『毛文稿』と略記。及び、「中共北京市委関於抗美援朝運動向毛主席、中央併華北局的第二次報告（一九五〇年一一月一二日）」前掲『北京市抗美援朝運動』五九頁。

(47)　各種資料を総合すると、中共中央は一一月下旬に抗米援朝運動に「愛国主義」の大衆運動を採り入れて実施することを指示したようであるが、その詳細は不明である。例えば、一九五一年二月二六日の中共江蘇省蘇北区委員会の抗米援朝運動に関する報告によれば、一一月下旬、同委員会は上部組織の華東局の決議を受けて会議を開き、「抗米援朝の宣伝を全党の中心任務のひとつとすることを確定した。各地はそれまでの時事宣伝教育を基礎に、各階層の人民の反帝愛国運動の高まりを盛り上げ、運動を更に広く、更に深い段階に推し進めた」とある。従って、最上部の中共中央が「愛国主義」に関する何らかの指示を行っていたことは明らかである。また資料の多くが、抗米援朝運動初期の運動内容の特徴を示すとき、一一月下旬をひとつの分岐点としていることからも、この時期に中国指導層が何らかの大衆運動の方向性を定め、指示したことが窺われる。「中共蘇北区委関於抗美援朝運動進行情況報告（一九五一年二月二六日）」（前掲『江蘇抗美援朝運動』）七八頁。

(48)　前掲『戦争史』第二巻、一六―四五、七六―八四頁参照。

(49)　安田淳「中国の朝鮮戦争第一次、第二次戦役―三八度線と停戦協議」(慶應義塾大学法学研究会『法学研究』第六八巻第二号、一九九五年二月)三八六、三九一頁。
(50)　前掲『周年譜』九五頁。
(51)　「中国人民保衛世界和平反対美国侵略委員会関於当前任務的通告(一九五〇年一一月二一日)」(前掲『抗美援朝運動』)六六―六七頁。
(52)　第六章を参照のこと。
(53)　例えば、一二月一三日には、北京市のキリスト教教会団体、学校、病院、アメリカに留学したことのある学生など二万人が、オースチンの発言に対する抗議のデモ行進を行っていた。前掲『新中国宗教工作大事概覧』一八頁。
(54)　註(51)と同じ。
(55)　前掲『北京市抗美援朝運動』四三七―四三八頁。前掲『戦争史』第二巻、五四頁及び、「天津工商業界致毛主席電(一九五〇年一一月三〇日)」、「毛沢東覆天津工商業界的電文(一九五〇年一二月二日)」(前掲『抗美援朝運動』)六八、七〇五頁。
(56)　「中央人民政府人民革命軍事委員会、政務院関於招収青年学生青年工人参加各種軍事幹部学校的決定(一九五〇年一二月一日)」、「中国新民主主義青年団中央委員会告全体青年団員書(一九五〇年一二月二日)」同右、六九一―六九五頁。
(57)　前掲『周年譜』一〇九頁。
(58)　「中央人民政府政務院関於処理接受美国津貼的文化教育救済機関及宗教団体的方針的決定(一九五〇年一二月二九日政務院第六五次政務会議通過)」(前掲『建国以来重要文献』第一冊)五一〇頁。
(59)　「中国基督教在新中国建設中努力的途径的宣言(一九五〇年九月二三日)」(前掲『抗美援朝運動』)七〇〇―七〇四頁。
(60)　例えば、前掲『北京市抗美援朝運動』四四二頁。
(61)　中共中央は一九五一年一月九日、「宗教問題委員会及び、宗教事務処設立に関する指示」を発出し、宗教界との連携を強化することを目指した。これに応じて北京市の仏教界などは界内に抗米援朝総会の支部を組織し、政府の宗教政策に対する支持を表明していた。中共中央統戦部研究室『新中国統一戦線五〇年大事年表(一九四九―一九九九)』(北京、華文出版社、二〇〇〇年)一九頁及び、同右、四四三頁。
(62)　「中共中央関於進一歩開展抗美援朝愛国運動的指示(一九五一年二月二日)」(前掲『建国以来重要文献』第二冊、一九九二年)二一四―二一七頁。

(63) なお中国・北朝鮮軍を慰労する工作とは、具体的には慰労の金品を送ったり、慰問団を派遣することであり、既に一月中に中共中央ならびに、抗米援朝総会がこうした指示を出していた。本指示はこのことを確認したものである。同右、二六頁。
(64) 同右、二六―二七頁。
(65) 細谷千博『サンフランシスコ講和への道』（中央公論社、一九八四年）一〇七―一二二頁参照。
(66)「周恩来外交部長の対日平和条約問題に関する声明（一九五〇年一二月四日）」（前掲『資料集成』第三巻）二一一―二一四頁。袁克勤『アメリカと日華講和―米・日・台関係の構図』（柏書房、二〇〇一年）六三―六八頁参照。
(67) 例えば北京市では一二月九、一〇日の両日、数万人に及ぶ、日本の再軍備に反対するデモ行進が行われていた。前掲『北京市抗美援朝運動』四三九頁。
(68) 前掲『サンフランシスコ講和への道』一六〇頁。
(69) 前掲『戦争史』第二巻、二七一頁。
(70)「中共中央政治局拡大会議決議要点（一九五一年二月一八日）」（中共中央文献研究室『毛沢東文集』第六巻、北京、人民出版社、一九九九年）一四三頁。
(71) 例えば「抗美援朝運動中中学生的思想状況（節録）（一九五〇年一二月二六日）」（前掲『北京市抗美援朝運動』）七五―七七頁。
(72) 停戦問題については第六章参照のこと。「中華人民共和国を侵略者であるとする国連総会の決議（一九五一年二月一日）」（前掲『資料集成』第三巻）二五四―二五五頁。
(73) しかしながら、この間は、それが全く推進されなかったわけではない。例えば、二月四日、新華社は愛国公約の取り決め方法などを報道していたし、二月一〇日、江蘇省では各地の大衆団体がアメリカによる日本の再武装に反対する声明を発表していた。前掲『新中国宗教工作大事概覧』三二頁及び、前掲『江蘇抗美援朝運動』四二三―四二四頁。
(74) 前掲『周年譜』一三二頁。
(75) 安田淳「中国の朝鮮戦争第三～五次戦役―停戦交渉への軍事過程―」（小島朋之、家近亮子編『歴史の中の中国政治―近代と現代―』、勁草書房、一九九九年、所収）一六七―一八二頁参照。
(76) この時期における中国側の国府軍の「大陸反攻」に対する警戒については、第四章を参照されたい。
(77)「中共中央関於鎮圧反革命活動的指示（一九五〇年一〇月一〇日）」（前掲『建国以来重要文献』第一冊）四二〇―四二三頁。

なお「果てしなく寛大」の原文は「寛大無辺」である。浅野亮「中国共産党の『剿匪』と『反革命鎮圧』活動」（『アジア研究』第三九巻第四号、一九九二年一二月）、泉谷陽子、小林一美、前掲論文参照。

(78)　例えば江蘇省蘇南区党委員会の劉李平は「都市工作会議での総括報告提綱」のなかで、抗米援朝運動の盛り上がりについて、「一般の人々の反革命鎮圧に対する活動も段々と責任感と積極性を高めてきた」と述べており、都市部において抗米援朝運動と「反革命鎮圧」運動とをどのように結びつけて推進するかが、大きな課題であったことが窺われる。「劉李平在蘇南区党委城市工作会議上的総括報告提綱（一九五一年一月一九日）」（前掲『江蘇抗美援朝運動』）五〇頁。

(79)　「中国人民保衛世界和平反対美国侵略委員会関於響応世界和平理事会決議並在全国普及深入抗美援朝運動的通告（一九五一年三月一四日）」（前掲『抗美援朝運動』）九三―九四頁。

(80)　「必須使全国毎一処毎一人都受到抗美援朝的愛国教育（一九五一年三月一六日）」、「普及愛国公約運動（一九五一―三月三〇日）」同右、七五五―七五七頁及び、八二七―八二八頁。

(81)　例えば、四月二日、北京市抗米援朝分会は拡大会議を開き、五月一日に向けての行動計画を決定した。また一四日、北京市のイスラム教徒は抗米援朝大会を開催し、世界平和理事会の宣言を支持すること、北京市においてイスラム教徒の抗米援朝委員会を設立することなどを決定した。「北京市抗美援朝会発布在北京市普及深入抗美援朝運動迎接『五一』大示威的計画（一九五一年四月三日）」（前掲『北京市抗美援朝運動』）一〇九―一一一頁及び、四四六頁。

(82)　前掲『抗美援朝運動』一二九八頁。なお、メーデー前後に行われたデモ行進も含めると、約二億三〇〇〇万人が参加したという。前掲『戦争史』第二巻、二七五頁。

(83)　前掲『執政四〇年』三四頁。

(84)　前掲『戦争史』第三巻、四三頁。

(85)　「中国人民保衛世界和平反対美国侵略委員会関於遂行愛国公約、捐献飛機大砲和優待烈属軍属的号召（一九五一年六月一日）」（前掲『抗美援朝運動』）九五―九七頁。

(86)　前掲『戦争史』第三巻、四三頁。

(87)　なお、「革命烈士の遺族と現役軍人の家族を優待する」工作とは、戦争により働き手を失った軍人の家族を援助する活動であり、この工作も愛国公約に加えられていた。

(88)　前掲「中国人民保衛世界和平反対美国侵略委員会関於遂行愛国公約、捐献飛機大砲和優待烈属軍属的号召（一九五一年六月一日）」九六頁。

(89) 前掲『周年譜』一三三頁及び、王焔『彭徳懐年譜』（北京、人民出版社、一九九八年）四八〇頁。

(90) 前掲『戦争史』第三巻、四九頁。

(91) 前掲安田淳「中国の朝鮮戦争第一次、第二次戦役―三八度線と停戦協議」三九八―四〇二頁参照。

(92) 前掲安田淳「中国の朝鮮戦争第三～五次戦役―停戦交渉への軍事過程―」一八五―一九一頁参照。

(93) 「関於目前我軍同美英軍作戦的戦略戦術問題給彭徳懐的電報（一九五一年五月二六日）」（前掲『毛文稿』第二冊、一九八八年内部発行）三三一頁。

(94) 「第五次戦役」の中国軍と国連軍の減員数比によれば、中国軍一に対して、国連軍は〇・九六であった。ちなみにこれまでの戦役の減員数比は同様に、戦役順で国連軍が一・六一、一・一八、二・三三、一・四九であり、停戦交渉開始以降の減員数比も中国軍が国連軍を上回ることはなかった。喜田昭治郎「中国と朝鮮戦争―休戦交渉をめぐって」（『アジア研究』第三九巻第三号、一九九三年六月）四〇頁参照。

(95) 停戦交渉中の中国の軍事戦略については第七章を参照されたい。

(96) 前掲「中国人民保衛世界和平反対美国侵略委員会関於遂行愛国公約、捐献飛機大砲和優待烈属軍属的号召（一九五一年六月一日）」九六頁及び、「中国人民抗美援朝総会関於捐献武器支援具体弁法的通知（一九五一年六月七日）」八三五頁。

(97) 前掲『戦争史』第三巻、四三頁。

(98) 「中央転発北京市委関於人民捐献飛機大砲運動報告的通知（一九五一年六月一一日）」（中共中央文献研究室、中央档案館『建国以来劉少奇文稿』第三冊、北京、中央文献出版社、二〇〇五年）四五七頁及び、中共中央文献研究室『劉少奇年譜（一八九八―一九六九）』（北京、中央文献出版社、一九九六年）二八一頁。

(99) 「華北局関於抗美援朝捐献飛機、大砲運動中応注意的幾個問題的指示（一九五一年六月一一日）」（前掲『北京市抗美援朝運動』）二二二頁。

(100) 「論持久戦　一九三八年五月二六日至六月三日在延安抗日戦争研究会上的講演」（毛沢東文献資料研究会『毛沢東集』第六巻、北望社、一九七〇年）八七頁。

(101) 朝鮮戦争期の「唯武器論」の問題については、平松茂雄『中国と朝鮮戦争』（勁草書房、一九八八年）所収の第三章「中国の朝鮮参戦と『唯武器論』批判―参戦をめぐる政治的確執―」を参照されたい。

(102)「中国人民保衛世界和平反対美国侵略委員会関於継続加強抗美援朝的通知（一九五一年七月四日）」前掲『抗美援朝運動』一〇六―一〇七頁。

(103) 前掲「中国人民抗美援朝総会関於捐献武器支援具体弁法的通知（一九五一年六月七日）」八三五―八三六頁。なお、この価格は旧幣価であり、現行幣価は旧幣価一万元に対し、現行の一元とされた。

(104) 例えば、『人民日報』に掲載された二つの「社論」、「為完成愛国捐献計画而奮闘（一九五一年九月三〇日）」、「努力完成和継続拡大捐献武器運動（一九五一年一一月一〇日）」、同右、八四八―八五一頁。

(105) 前掲『戦争史』第三巻、四六頁。

(106)「中国人民保衛世界和平反対美国侵略委員会関於人民捐献武器運動的総結（一九五二年六月二四日）」（前掲『抗美援朝運動』）二〇八―二一一頁。なお、本報告によれば献金総額は、一九五二年五月末までの集計で、五兆五六五〇億六二三〇万六八三四元に達した。これは戦闘機三七一〇機分に相当する。

(107) 前掲『周年譜』一八五頁。

(108)「中国人民保衛世界和平反対美国侵略委員会関於紀念中国人民志願軍出国作戦一周年並加強抗美援朝工作的通知（一〇月一三日）」（前掲『抗美援朝運動』）一三七―一三八頁。

(109)「在全国政協一届三次会議上的講話（一九五一年一〇月二三日、一一月一日）」（前掲『毛沢東集』第六巻）一八二、一八四頁。なお演題は、『毛沢東選集』第五巻（北京、人民出版社、一九七七年）所収の「三大運動的偉大勝利」（四八―五二頁）に拠った。

(110) 前掲『周年譜』一八九頁。

(111) 停戦交渉開始後の軍事方針と交渉方針については、第七、八章を参照されたい。

(112)「中国人民保衛世界和平反対美国侵略委員会関於争取按期完成武器捐献繳款工作並継続加強抗美援朝運動的通知（一一月一六日）」（前掲『抗美援朝運動』）一七四―一七五頁。

(113) 前掲『戦争史』第三巻、四九頁。

(114) 徐焔、朱建栄（訳）「朝鮮戦争に中国はどれほど兵力を投入したか」（『東亜』第三一三号、一九九三年七月）四〇頁。

(115) 前掲『周年譜』一八七頁。

(116)「中共中央関於実行精兵簡政、増産節約、反対貪汚、反対浪費和反対官僚主義的決定（一九五一年一二月一日）」（前掲『建国以来重要文献』第二冊）四七八頁。

(117) 前掲『執政四〇年』四一頁及び、「中央轉発高崗関於三反闘争報告的批語（一九五一年一一月二〇日）」（前掲『毛文稿』第二冊）五一三―五一四頁。
(118) 三木清『中国回復期の経済政策―新民主主義経済論』（川島書店、一九七一年）一〇六―一一四頁参照。
(119) 前掲泉谷陽子、一五一―一五三頁。
(120) 知識人に対する思想改造運動の展開については、王文「建国初期知識分子思想改造運動」（中共中央党史研究室、中央档案館『中共党史資料』第六六輯、中共党史出版社、一九九八年六月）九二―一一二頁及び、世良正浩「中国共産党と知識人―中華人民共和国建国期の思想改造運動を中心として―」（『明治学院大学論叢』第四八二号、一九九一年三月）参照。
(121) 「中国人民保衛世界和平反対美国侵略委員会主席郭沫若侵朝美軍侵攻細菌戦致世界和平理事会的電文（一九五二年二月二五日）」、「外交部周恩来部長厳重抗議美国政府使用細菌武器屠殺中国人民、侵犯中国領空的声明（一九五二年三月八日）」（前掲『抗美援朝運動』）一九二―一九三頁及び、一九六―一九七頁。前掲『抗美援朝戦争紀事』二三二頁。
(122) 「中国人民保衛世界和平反対美国侵略委員会主席郭沫若号召全国人民動員起来堅決声討並制止侵朝美軍撒佈細菌的罪行的声明（一九五二年二月二四日）」（前掲『抗美援朝運動』）一九〇―一九一頁。なおこの呼びかけに応えて、二月下旬から三月上旬にかけて、主として科学者による団体が中心となって細菌戦を非難する声明が出された。例えば「中華全国自然科学専門学会聯合会、中華全国科学技術普及協会為制止美国侵略者撒佈細菌的罪行向全世界科学工作者的呼吁声明（一九五二年三月一〇日）」（前掲『抗美援朝運動』）一九〇―一九一頁及び、九四六頁。
(123) なお細菌戦問題に対するプロパガンダ以外、抗米援朝総会による大衆運動の呼びかけは極端に少なくなり、『抗美援朝運動』によれば、一九五二年においては、同総会が抗米援朝運動の全般的な呼びかけを行ったのは、一九五二年一二月二二日に増産節約運動の継続を呼びかけた一回切りであり、これを最後に停戦交渉成立まで、こうした呼びかけは見られなかった。「中国人民保衛世界和平反対美国侵略委員会関於継続加強抗美援朝工作的指示（一九五二年一二月二二日）」同右、二七一―二七二頁。
(124) 前掲『中国の現代史　戦争と社会主義』一二四―一二五頁参照。
(125) 前掲「中共蘇南区委宣伝部関於蘇南和平簽名運動総結報告（一九五〇年一一月四日）」、「中共蘇北区委宣伝部一九五〇年下半期宣伝教育工作情況報告（節選）（一九五一年四月二八日）」三三―三四頁及び、一三五―一四七頁。
(126) 同右、「中共蘇北区委宣伝部一九五〇年下半期宣伝教育工作情況報告（節選）（一九五一年四月二八日）」一三五、一三七頁。
(127) 前掲「中共蘇南区委宣伝部関於蘇南和平簽名運動総結報告（一九五〇年一一月四日）」、「中共蘇北区委宣伝部一九五〇年下半期宣伝教育工作情況報告（節選）（一九五一年四月二八日）」三二―三三頁及び、一三五―一三六頁。
(128) 同右、「中共蘇南区委宣伝部関於蘇南和平簽名運動総結報告（一九五〇年一一月四日）」三二頁。
(129) 前掲『戦争史』第一巻、八六―九〇頁参照。
(130) 前掲「中共蘇北区委宣伝部一九五〇年下半期宣伝教育工作情況報告（節選）（一九五一年四月二八日）」一三七頁。
(131) 前掲「中共蘇南区委宣伝部関於蘇南和平簽名運動総結報告（一九五〇年一一月四日）」三四頁。
(132) なお、一〇月二一日の報告は「北京市各階層人民の朝鮮問題に関する反応」と題され、中共中央、中共華北局に提出されていた。前掲『北京市抗美援朝運動』四三四頁。
(133) 「関於朝鮮戦局的反応―中共北京市委向中央、華北局的報告（一九五〇年一〇月八日）」同右、四八―四九頁。
(134) 註（130）に同じ。
(135) 「関於暫時不宜発表作戦新聞給彭徳懐的電報（一九五〇年一〇月二六日）」（前掲『毛文稿』第一冊）六二〇頁。
(136) 前掲『抗美援朝運動』四〇四頁、前掲『戦争史』第二巻、四六―四七頁。
(137) 「関於目前不宜以聯合司令部名義発表戦報的電報（一九五〇年一一月五日）」（前掲『毛文稿』第一冊）六四八頁。
(138) William Stueck, *The Korean War: An International History* (Princeton: Princeton University Press, 1995)【邦訳、ウィリアム・ストゥーク、豊島哲（訳）『朝鮮戦争―民族の受難と国際政治』（明石書店、一九九九年）】pp. 111-119.
(139) 前掲『戦争史』第二巻、五一頁。
(140) 同右、第一巻、一八八頁。
(141) 前掲「中共北京市委関於抗美援朝運動向中央併華北局的報告（一九五〇年一一月五日）」、「中共北京市委関於抗美援朝運動向毛主席、中央併華北局的第二次報告（一九五〇年一一月一二日）」（前掲『北京市抗美援朝運動』）五〇頁及び、五九―六〇頁。
(142) 例えば、前掲「抗美援朝運動中中学生的思想状況（節録）（一九五〇年一二月二六日）」七六頁。
(143) 雙雲「打倒親美論」（『学習』第三巻第四期、一九五〇年一一月）一二頁。本記事の所在は、前掲『中国と朝鮮戦争』第三章、八六―八八頁より知った。なお引用にあたり、原文を参照し、改めて筆者が訳出した。
(144) 「関於朝鮮主力戦場的新聞報道問題給胡喬木的信（一九五〇年一一月一六日）」（前掲『毛文稿』第一冊）六七一頁。
(145) 例えば「中共北京市委関於北京市学生抗美援朝運動情況向中央併華北局的報告（一九五一年一月三一日）」（前掲『北京市抗美援朝運動』）九一頁。

(146)「中央関於進一歩開展抗美援朝運動的指示（一九五〇年一二月）」（中国人民解放軍国防大学党史党建政工教研室『中共党史教学参考資料　社会主義改造期（上）』（一九）、出版社不明、一九八六年内部発行）二二六―二二七頁。
(147)「在中央関於対朝鮮戦争宣伝応注意之点的電報稿上的批語（一九五一年一月）」（前掲『毛文稿』第二冊）二六頁。
(148) 前掲『抗美援朝運動』四二一頁。
(149) 前掲「必須使全国毎一処毎一人都受到抗美援朝的愛国教育（一九五一年三月一六日）」七五五頁。
(150) 例えば「在侵朝戦争中遭受朝中人民厳重打撃、美遠東軍総司令麦克阿瑟下台」、「時評　美国侵略者在朝鮮的敗局是定了的」（『人民日報』一九五〇年四月一四、一五日）。
(151) 青年団北京市委員会弁公室「関於研究市民思想進行抗美援朝宣伝的経験通報（一九五一年四月七日）」（前掲『北京市抗美援朝運動』）一一二頁。
(152)「管文蔚同志在蘇南各地区民主党派聯席会議上的報告（節選）（一九五一年四月二四日）」（前掲『江蘇抗美援朝運動』）一三三―一三四頁。なお、以上のようなソウル撤退に関する各地における対応については、三月一五日に周恩来より、「『数多くの口頭宣伝の機会に説明を行う』」よう指示があり、中国指導層がこのような事態に対する民衆の反応に、発表当初から強い関心をもっていたことが窺われる。前掲『周年譜』一三九―一四〇頁
(153)「北京市各階層人民対朝鮮停戦談判的反応―中共北京市委向毛主席、中央、華北局的報告（一九五一年七月）」（前掲『北京市抗美援朝運動』）一五四―一五六頁。
(154)「北京市教育工作者関於朝鮮停戦談判的反応―中共北京市委向中央、華北局的報告（一九五一年七月）」同右、一五七―一五八頁。
(155) 第七章を参照のこと。
(156) 七月三日、『人民日報』は「社論」で、六月二三日のマリクの朝鮮問題の平和解決に関する声明で述べた停戦提案を「公平且つ合理的」な解決策として支持していた。以後、停戦交渉における中国の基本的な主張はこれであり、国内の時事宣伝でもこの立場を強調していた。従って、中国指導層は停戦交渉における自国の方針をこのように位置づけることで、国内の停戦条件に関する過度な期待を和らげていったものと考えられる。「為和平解決朝鮮問題而奮闘（一九五一年七月三日）」（前掲『抗美援朝運動』）八六八―八七〇頁。
(157) 日中戦争時期の大衆運動の研究については、内田知行『抗日戦争と民衆運動』（創土社、二〇〇二年）を参照。
(158) 前掲孫啓泰、一七〇頁。

第六章　中華人民共和国建国初期の国連戦略と中ソ関係

——台湾「解放」と朝鮮戦争の遂行をめぐるジレンマ——

はじめに

一九四九年一〇月、中国共産党（以下、中共と略記）を中心とする革命勢力は、中国人民解放軍（以下、朝鮮戦争に参戦した中国人民志願軍を含めて、中国軍と略記）による中国全土の「解放」を待たずして、中華人民共和国（以下、中国と略記）の建国を宣言した。

こうした建国時における情況は、その中央政府の主体である中共がもっとも憂慮していたことであった。それは、単に中共と中国軍が、長年攻撃の対象としてきた国民政府（中華民国政府。以下、中国国民党を含めて国府と略記）とその軍隊を完全に打倒ならびに、駆逐して、彼らが推し進めてきた「解放」事業を中国全土に行き渡らせることができなかったという、当時の国内の情勢にとどまらず、対外的には、従前の中国の中央政府であった国府が、国際的には承認されたまま存在していたことに由来していた。

更に言えば、こうしたことは、中国の新政府が抱えていた問題であっただけではなく、当時、国際社会が革命によって成立した中国の新たな政府にどのように対応するかという問題をも内包していたのである(1)。

建国当初からこうした問題を抱えていた中国は、それらを解消するための施策として、(一)「解放」事業の継続的な遂行、殊に国府がその勢力を台湾に移動させたことから、それに対する攻撃作戦を遂行すること、（二）諸外国と外交関係を樹立する際、国府との「断交」をその前提として求めること、（三）国際連合（以下、国連と略記）における新中国政府の代表権を要求すること、の三つの方針を打ち出していた。[2]

建国当初における中国のこうした政策は、つまるところ、中国軍による武力闘争が未完結のままに、中共を主体とする革命勢力によって、新国家、新政府を樹立させていた事実に帰結させられる。従って、そうした未完結の問題は、彼らの今後の課題としてもち越されていったのである。

だが、彼らが新国家、新政府を成立させたことは、その国内的な問題を解消するために、従前の武力闘争のみに依拠せず、そうした歴史的な事情を反映した外交政策を打ち出すことも可能にしていたのである。すなわち、建国当初の施策に従って、「解放」事業を完遂するために、新国家、新政府の成立を機に、（二）、（三）の外交政策を導き出したと言い得るのである。

ならば、建国当初の中国政府は、こうして導き出された（二）、（三）の対外的な施策を、現実にどの程度推進することができたのであろうか。

本章では、建国当初の中国が、特に（三）をどこまで推進することができたのかを、建国期より朝鮮戦争期に至る時期の中国の国連戦略全体から考察する。

当時の国際社会が、国府と「断交」して中国の新政府を承認することと、中国の新政府に国連の代表権を付与することとを峻別していたとは言いがたいが、[3]それでもなお、中国にとっては、後者の方が自らの正統性を国際的に認めさせる上で、より積極的な意義を有していた。[4]

しかしながら、中国がこのような国連戦略を推し進めようとするときに、その推進を阻む障壁が数多く存在していた。本章では、それらのなかで、当時の中国の外交政策を大きく規定していたソ連との関係が、そうした国連戦略を推進しようとしたとき、中国にとってどこまで障碍となっていたかについても、あわせて検討することにしたい。

一、国連代表権問題の出現と台湾「解放」作戦をめぐる中ソ関係

（一）国連代表権問題の出現とその政治過程

建国以前から中共は、国府との対立関係を通じて国連との関わりを追求していた。それは国連の創設が議論され始めた一九四二年頃から既に始まっていた。中共はこの過程で、アメリカ、イギリス、ソ連とともに、国府が国連創設に主導的な役割を果たし、国際的な影響力をもつことを懸念していた。一九四五年二月一八日、国連憲章の制定に関するサンフランシスコ会議への中国代表団の派遣をめぐり、周恩来（以下、周と略記）はアメリカの駐華大使ハーレー（Patrick J. Hurly）に書簡を送り、そのなかで国府の代表のみが同会議に参加することを否認すると伝えていた。

これ以後、中共は国府に中国代表団への自方の代表の参加を認めさせていた。それは中国側の説明によれば、国際社会が抗日勢力の結集と増大についての中共の功績を評価しており、国府もそれに配慮せざるを得なかったからだという。中共はこのとき、国府に周、秦邦憲（博古）、董必武の三名を中国代表団に加えるよう要請していたが、国府がこれを拒絶したため、最終的に中共は董必武のみの参加を決定していた。このことから解るように、中共は早くから国連への関わりを、国府との対立関係を軸にして、その重要性を見出していたのである。(5)

さて、建国前夜の中国において、中共が自らを主体とする新政府の樹立を前提に、国連への「参加」に初めて言及したのは、一九四九年七月のことである。

これは、ソ連から政治的、経済的な援助を引き出すために、秘密裏にモスクワを訪問した、劉少奇（以下、劉と略記）をはじめとする中共の代表団が、同年七月四日に、スターリンに提出した「報告」書のなかに見られる。

この書面で、劉は、現下の中国革命の情勢、新政府の構想などを語るとともに、「外交に関する問題」について触れ、そのなかで「新しい中央政府の成立後において、直ちに各国との正式な外交関係を樹立する問題、国連及び、その他の国際組織、国際会議に参加する問題が発生する」と述べた。その上で、こうした中国の新たな「問題」に、「一時期、各帝国主義国家は、我々を相手にしないか或いは、幾らかの我々の手足を拘束する条件」と引き換えに、「承認」をもち出す「可能性」があると指摘し、そうした場合にも、「積極的な方針を採って、これらの国の承認を勝ち取り、そうすることによって我々が合法的な地位を得て、国際活動に参加すべきか」をスターリンに問いかけていたのであった。こうした劉の問いかけに対して、スターリンは、「あなた方は、急いで各帝国主義国家の承認を求めてはならず、観察して、情況を理解し、彼らが如何なる意志表示をするかを見守るようにせよ」と返答していた[6]。

ここで注目しておきたいことは、スターリンの返答が「各帝国主義国家の承認」問題に対してのみ触れ、劉が提起した「国連及び、その他の国際組織、国際会議に参加する問題」については言及していない点である。

しかしながら、「報告」書はそれ以下で、「これらの国の承認を勝ち取り」、そうして「我々が合法的な地位を得て、国際活動に参加」すると述べていることから窺えるように、中共もソ連も、当時、中国の新政府に対する国際社会の承認が、半ば自動的に「国連及び、その他の国際組織、国際会議」への「参加」を決定すると考え、中国の新政府の承認と国連への「参加」とを峻別していなかった。当時の国際社会においては、両者を必ずしも区別して捉えられておらず、中共もソ連もこうした国際社会の一般的な見方を踏襲していたのであった。

また劉の国連への「参加」という表現も、当時の認識として、国連への新規加盟のことを指すのか或いは、国府に代わって新政府による国連への「参加」のことを指すのか、はっきりしていない。

何れにせよ、この時点において、中共は新政府の成立を機に、国連に「参加」する意向をソ連に表明しながらも、その具体的なビジョンを鮮明にしてはいなかった。

しかしながら、建国直前になると、中国の新政府は国連に「参加」する形態を明確にしていった。建国が宣言される直前の九月二九日、中国人民政治協商会議は国連総会に対して、国府が派遣した国連における中国代表の資格を否認するよう要求する決議を可決した[7]。ここにおいて、新政府の国連への「参加」が、中国の代表権を要求するものであることが明らかとなった。

だが、こうした中国の方針は、国府の国際社会における威信を低下させ、新政府による中国全土の「解放」を促進させる国内的な施策に連動して提起されたというよりも、どちらかといえば当時の国連におけるソ連の立場に配慮して打ち出されたもののように思われる。

というのは、九月二八日の国連総会において、国府は中国東北部におけるそれの地方政権樹立をソ連が阻止したことについて、一九四五年八月の中ソ友好条約及び、国連憲章に対する違反行為であるとして告発していた[8]。一一月一五日、この告発が国連総会の政治委員会で取り上げられたとき、ソ連は国府の告発を、中国の前政府代表から提出されたものとして、その討議への参加を拒絶するという行為に及んでいた。まさにその日に、中国は初めて公式に、国連事務総長のリー（Trygve Halvdan Lie）宛に国府の代表団が「中国人民を代表するいかなる資格」も有していないとする電報を送付していたのである[9]。

タン・ツォウ（唐鄒）氏は、こうした中国の通告が、ソ連に対して国府の「告発に反撃する際に採用した戦術に正当性を付与した」と述べている。その意味で、中国の国連での代表権をめぐる主張は、ソ連の立場に対する援護射撃的なものであったと考えられる[10]。言い換えれば、中国は国連において、その代表権を要求していくことを国際社会にはっきりとアピールしたものの、当時、中国自身がソ連を媒介としてそれを強力に勝ち取ろうとしていることを明白に示すものではなかった。

しかしながら、建国の宣言、それに続く中国の新政府による国府の国連代表権の公式の否認は、国連総会の情勢に大きな影響を与えた。特に国府の告発が、全国連加盟国に対し、中国の新政府と外交関係を樹立しないように求めると、各国はこれによって中国への自由な対応が制限されることを懸念した。それ故に、国府が自らの告発にもとづいて作成した決議案を総会に提出すると、それへの対抗案が出された。それは「中国国民自身の政治機構の選択権を尊重すること」と、国府の決議案を総会の中間委員会に付託することなどを求めたものであった。これらの案件は総会で採択されるが、それにより国府は自らの決議案を取り下げるように追い込まれたのである[11]。

（二）台湾「解放」作戦と劉少奇、毛沢東のモスクワ訪問

ところで、新政府成立時の中国が、国連の代表権を要求していくことに、必ずしも積極的ではなかった背景には、それ以前から、毛沢東（以下、毛と略記）をはじめとする中共指導層が、台湾の「解放」を武力で成し遂げることに積極的な意義を見出していた点が指摘できる。すなわち、新政府の成立時において中国は、国連の代表権を積極的に要求して、国府の国際社会における威信を低下させ、それを中国全土の「解放」に結びつけていくということ以上に、武力闘争を重視していたのであり、台湾「解放」という国内的課題を外交政策に連動させていこうとする姿勢は希薄であった。

中共は国府が台湾を「反共の大本営」にしようと動き始めた一九四九年五月下旬から、台湾「解放」を目的とする作戦の準備をはじめ、中国軍に東南沿海地区への移動、同島嶼への攻撃準備を命じていた。更に六月中旬には、中国軍第三野戦軍の副司令であった粟裕らに台湾への攻撃作戦の計画について、研究を行うよう指示していた[12]。

だが台湾への作戦を行うには、海を渡らなければならなかった。当時、中国軍は陸軍のみの軍隊であり、海、空軍を有しておらず、作戦を実施するために絶対的に必要な軍事力を欠いていた。

そこで、中共は、劉らの代表団がモスクワを訪問した際に、台湾への攻撃作戦を遂行するための軍事支援をソ連から引き出そうとしていた。

劉らがモスクワに訪問する前、中共指導層はソ連から獲得しようとする軍事支援の具体的な内容を検討していた。そこで提起されたことは、秘密裏にソ連に空軍と潜水艇の派遣を要請するものであった[13]。

だが、こうした要請に対し、スターリンは「第二次世界大戦はソ連の経済に深刻な損失を与えた。これに対して、十分な（復興への――筆者）配慮をしなければならない。その上、ソ連が軍事方面で台湾攻撃を支援すれば、必ずアメリカ空軍と衝突が発生し、これによってアメリカに新しい世界大戦を発動する口実を与えることになる。大戦の災難を経てきたばかりで、西部国境からヴォルガ川までが既に一面に廃墟となっている情況下において、このようにすれば、ロシア人民は我々のすることを到底受け入れることができなくなる」と理由を述べ、それを拒絶したのであった。

中共がソ連の直接的な軍事支援を過度に期待していたのであれば、これによる衝撃は大きかったと考えられる[14]。

結局、劉らは、ソ連軍の支援を断念し、この作戦を実施する上で必要となる海、空軍の基本的な武器・装備に対する援助を依頼する方針に切り替えた。その結果、スターリンもこうした要請には同意することとなった[15]。

しかしながら、中共のこうしたソ連への援助要請は、中国軍が早期に台湾「解放」作戦を敢行することにおいて、些かも情況を改善することには繋がらなかった。直ちに有力な海、空軍をもてなかった中国軍は、台湾「解放」作戦の前哨戦ともいえる東南沿海島嶼での戦いにおいて、国府の海、空軍による攻撃に大打撃を受け、一一月初旬までにその「解放」に失敗したのであった[16]。

毛は、当時中国軍が東南沿海島嶼の攻撃に失敗した事実を非常に衝撃的に受け止めていた[17]。そして、こうした事実は、当時、中ソ友好同盟相互援助条約（以下、中ソ条約と略記）の締結のために、自らのモスクワ訪問を決定していた毛にとって、解決すべき大きな課題となっていた。

一九四九年一二月一六日、モスクワに到着した毛は、早速その日の夕方からスターリンとの会談に臨んだ。毛は中国軍の台湾「解放」作戦に対して、前回劉らが要請したのと同様に、ソ連軍の参戦を念頭においた直接的な中国への軍事支援を要請して、「国民党分子が台湾島において海軍基地と空軍基地を建設している。我々には海軍、空軍がなく、人民解放軍が台湾を攻略するのを困難にしている。この点に鑑みて、我々の何人かの軍事責任者が、迅速に台湾を解放できるよう、ソ連に志願パイロット或いは、秘密部隊の派遣を要請して、極力早く台湾を解放できるように、ソ連に援助を呼びかけようと主張している」と述べた。

これに対してスターリンは「援助を与えないわけにはいかないだろう。だが、援助の形式は周到に考える必要がある。ここでの主要な問題はアメリカ人が干渉する口実を与えないことである。参謀要員と教官に至っては、我々はみな随時、提供できるが、その他の問題は詳細を検討する必要がある」と答えていた[18]。

当時、スターリンは毛に対し不信感をもっていたといわれているが[19]、彼の台湾への攻撃作戦への支援要請に関する厳しい対応は、こうした事情を反映していたのかもしれない。また当時、スターリンとの会談の主要な議題であった中ソ条約の締結問題においても、ヤルタ協定に違反することを恐れて、ソ連側はその締結を渋っていた。毛はモスクワでのスターリンとの最初の会談で既に相当落胆していたといわれている[20]。

しかしながら、中ソ会談が積み重ねられた後、台湾「解放」作戦への参戦要請は拒絶されたままであったものの、そのための海、空軍の武器・装備を購入すること、また上海上空での防空支援協力などの軍事援助をソ連から引き出すことはできた[21]。そして更に、紆余曲折を経ながらも、一九五〇年二月一四日には中ソ条約への調印をも果たすことができたのである。

このように、ソ連が中国側に対して態度を軟化させた背景には、一九四九年一二月下旬から翌年一月初めにかけて、ビルマ（現在のミャンマー）、インド、イギリスが相次いで中国を承認したこと、更に一月五日、アメリカ大統領のトルーマンが台湾不介入の声明を発したことなどにより、ソ連自身が中国との関係強化を迫られていたことがあった[22]。

こうしたことを背景に、以後、ソ連は中国との関係の緊密さを国際社会にアピールすることになるが、それを意図してソ連がとった行動は、必ずしも中国にとって良いことばかりではなかった。その典型的な事例が一九五〇年一月に起こった国連におけるソ連の行動である。

一月一〇日、国連安全保障理事会（以下、安保理と略記）で、ソ連は中国の代表資格をめぐって、国府代表の国連への信任状を否認し、それの安保理からの排除を要請した決議案を提出した。だが一三日の安保理でソ連の決議案が否決されると、ソ連は以後これに抗議するため、約七カ月半もの長期にわたり、安保理への出席をボイコットし続けたのである。このことは結果として、中国が台湾「解放」のための外交的な施策を、国連に求めようとするときに、それを阻む大きな障壁となるのであった[23]。

二、安保理への代表権問題をめぐる声明と中ソ間の位相

（一）安保理への声明の発表と中ソ間の相互認識

一九五〇年一月一三日、ソ連は安保理において国府代表をそこから排除することを要請した決議案を提出したが、否決され、以後これに抗議するために、安保理への出席をボイコットした。しかしながら、一月一三日の時点では、ソ連は自らの決議案が否決されたことから、それに抗議して安保理の席上を退いただけであり、以後それが結果的に長期間にわたるボイコットとなったため、様々な憶測が流れた(24)。

だが、近年、旧ソ連の機密文書の公開が進んだことで、中国側が、一月一三日当日のソ連のこうした行動を、事前に了解していたことが明らかになった。

一月六日、当時ソ連の外相であったヴィシンスキー（Andrei Ia Vysinskii）は、モスクワ訪問中の毛と会談した。その席で、ヴィシンスキーは毛に、国府が安保理にとどまっていることを違法であるとする声明を出す意志があるかどうかを質し、もし中国側が声明を出すならば、安保理においてソ連代表はこれを支持し、国府の否認をそれに要請するとした上で、「ソ連代表は国府代表がそこに参加している限り」、こうした情況のまま「安保理で行われている討議には参加しないであろう」と述べた。そして毛は彼の提案に完全に同意していたのである(25)。

ヴィシンスキーがこうした提案を毛にしていたことは、中国側の資料からも確認できる。毛が一月七日に周及び、中央人民政府に送った電報では、ヴィシンスキーとの会談で、既述のような会話があったこと、そして国府が安保

理に残留した際には、「ソ連は安保理に出席することを拒絶する」と述べたことを伝えている。更にヴィシンスキーがこうした提案を「外相の資格」で行ったとし、毛はそれに「既に正式に同意を表明した」と報告している[26]。

従って、一月一三日の安保理でのソ連の行動について、毛は六日のヴィシンスキーとの会談で合意しており、その後一月八日に中国が国連総会議長のロムロ（Carlos Pena Romulo）、リー及び、ユーゴスラビアを除く安保理理事国一〇カ国に宛てた国府をそれから排除するよう求めた電報は、この件で、一月一〇日から始まった一九五〇年最初の安保理以降、少なくとも一三日までの安保理で、ソ連が採る行動を了解した上で出されたものであったことがわかる[27]。

しかしながら、こうしたことが事前に中ソ間において合意がなされていたとしても、ソ連の安保理での行動が、そこでの国府の代表権を認めず、中国を迎え入れるために採られた戦略的な行動であったとは考えにくい。仮にこうしたことが計画的になされたものであったとするのならば、中ソ間で打ち合わせた計画を具体化するための措置は、相当杜撰なものであったと言わざるを得ない。

というのは、ヴィシンスキー自身は一九四九年の最後の安保理であった一二月二九日に、一一月一五日に中国が国連事務総長宛に送った通告を根拠として、国府の代表資格を認めないことを主張していたけれども[28]、それが一月一〇日から始まった安保理におけるソ連の態度に必ずしも直線的には結びつかない。また同日、ソ連は安保理の国府の排除を目指す際に、それへの国府の信任状を否認することで、口火を切ったのであるが、このことを安保理における拒否権がともなわない手続き事項としており、このように重要事項（非手続き事項）としなかったことは、採決の際、国府の信任状を否認することに重みを加えるものにならなかった[29]。

他方で中国側も、国府の代表資格を安保理において否認させるための働きかけにおいて、落ち度があったことは否めない。例えば、当時中国を承認することが噂されていたフランスに対して、中国は十分に配慮した行動をとっていなかった。[30]

というのは、フランスが中国を承認する上で最大のネックとなっていたのは、中国がホー・チ・ミンの率いる当時のベトナム民主共和国（以下、ベトナムと略記）を承認するかどうかにかかっていた。だが、中国はベトナムを承認することを既に前年一二月二四日までにおおよそ決定していた。中共中央委員会（以下、中共中央と略記）政治局は「フランスが中国を承認する以前に、我々とホー・チ・ミンが外交関係をうち立てることは可能であり、（そうすることは―筆者）有利な面が多く、弊害は少ない」という認識を打ち出しており、二八日には、ベトナムとの外交関係の樹立に同意したとホー・チ・ミンに伝えていた。[31] このように、中国は早い時期にベトナムを承認し、外交関係の樹立を決定していたのであった。[32]

それでは、中国は自らの安保理への国府の代表権を否認する働きかけならびに、ソ連のこうした行動によって、代表資格を獲得し、国府の国際社会における威信を低下させ、中国全土の「解放」を促進することを意図していたのであろうか。

毛はソ連との中ソ条約の締結のための交渉が徐々に軌道に乗り始めた一月三日、中共中央にこの条約の締結が「人民共和国（中国のこと―筆者）を更に有利な立場に置くこと、資本主義各国に我が国（の活動―筆者）を外交を通じて制限しようとせざるを得なくさせること、有利な立場で各国に無条件の中国承認を迫ること」を可能にし、「各資本主義国に軽率な行動を採らせなくさせる」とする電報を送っていた。[33]

この電報は、当時の中国の考えをよく示しているものと思われる。それは、中ソ条約の締結こそが「有利な立場」で「各国に無条件の中国承認を迫」り、国際社会における中国の足場を固めることができるという考えである。

では、ソ連は自らの国連での態度をどのように中国側に説明していたのであろうか。一月一七日にヴィシンスキーとともに毛と会談したモロトフ（Viacheslav M. Molotov）は、一月八日の「中国による宣言」だけでなく「安保理

における ソビエト代表による同時行動は、確実に混乱を引き起こし、我々の敵の陣営の足並みをある程度攪乱させた」と述べている[34]。すなわち、中ソ間の足並みを揃えた行動のみを捉えて評価していたのである。

以上のように、中ソ両国間の一連の行動は、中国の安保理における代表権の本格的な獲得を目指して、両国が足並みを揃えて行動を起こしたというよりも、中ソ間の緊密な関係を国際社会に見せつけることにより重きをおくものであった。だが中国にとっては、「敵の陣営の足並みをある程度攪乱させた」だけの中ソ間の協調が、以後困難な問題となって、その国連戦略に重くのしかかってくるのである。

(二)　中国の国連代表権問題に対する認識の変化

安保理でソ連の提出した国府を排除する動議が否決された一月一三日、モスクワでヴィシンスキーは毛に、国府代表を排除するための新たな示威的な行動を採ることについて具申していた。

同日午後一〇時、毛は北京で留守を預かっていた劉に「現在、中国国民党代表の問題のために、安保理は相当緊張」しているが、「アメリカ、イギリスなどの多数の国が（国府の―筆者）除名に反対」していると述べた上で、ヴィシンスキーが中国の「一歩進んだ」態度表明の必要性を主張し、その態度表明の方法として、彼が国府代表に替わる中国の国連代表を派遣すること、そしてその方略として、まず中国代表の派遣を「一週間ほど待って」、中国自身がその旨を国連に通告するべきであると提案したと伝えている。更に毛は劉に、これらの提案に総て同意したと述べ、「（国連に派遣する中国の―筆者）代表団の主席の人選は中央（人民政府―筆者）が考慮し、電報で報告することを求める。（最終的には―筆者）周がここに来るのを待って、相談して決定する」と伝えていた[35]。

こうした中国の「一歩進んだ」態度表明もソ連のリードでなされていたが、その後派遣する中国の代表を国連に通告するまでの「一週間ほど」の間に、中国はこの主席代表の決定に相当慎重になっていた。

既に述べた一月一七日のヴィシンスキー及び、モロトフとの会談において、毛は中国の国連主席代表の候補に当時外交部副部長であった章漢夫の名を挙げていたが、候補者の選抜には「技術的な困難」があり、中国が「一歩進んだ」態度表明を行うという目的からして彼では「些か強力ではない」と述べていた。このとき、モロトフも毛にモスクワへと向かっていた周との話し合いを勧めていたが、結果的に「候補者選抜の技術的な問題」は、その範囲を外交部の要員に限定しないことで解決の道を模索することになった[36]。

一月一八日、毛は劉に、「資質と名声」を欠いている章漢夫に替えて、当時中共中央政治局委員兼東北局常務委員であった張聞天を国連の首席代表に任命することを告げ、このことは、この時モスクワを訪問する途上にあった周も同意しているが、当人の同意を得ていないとし、直ちにそれを得るよう求めている[37]。

翌一九日に、中国はロムロ及び、リーに張聞天を中国の国連首席代表に任命したとの通告をしているが、この時点においてもまだ張聞天はこれに同意する意志を示していなかった。このとき、劉は張聞天の説得に当たっていたが、一月二三日、彼はこの要請を辞退していた。そして二月一日、再度、劉は張聞天を説得し、最終的に彼もこれに応じた。こうしてようやくこの問題は決着を見たのである[38]。

こうした一連の動きを通して、中国は国連における代表権を獲得することにおいて積極的な方向性を模索するようになった。

一月一九日、劉が張聞天に、彼を国連首席代表に任命したことを伝えた電報において、こうした国連への「一歩進んだ」態度表明は、「国連内部での（中国代表権問題に対する―筆者）闘争を促進し、ソ連及び、その他の我々を賛助する国家の地位を強化し、アメリカを更に困難な立場に置き、イギリスやノルウェーの行動の余地を更に少なくさせる」とその目的を語っていた[39]。

こうした背景には、中国指導層がスターリンから、台湾「解放」作戦を実現する上で、ソ連軍部隊の支援を引き出せなかったことにより、それの早期の実現が不可能になったことについて悲観的な観測をもっていた事情を反映していた[40]。すなわちこうしたことは、中国が国連及び、その加盟国に対して、外交的圧力を通じて国府の国際的威信を失墜させる手段の有効性を見出す契機となるのである。

一九五〇年二月以降、中国は国連における代表権の獲得を目指した動きを本格的に進めていった。国連に対して張聞天を中国の主席代表に任命したと通告したのに続き、二月二日には経済社会理事会の代表に冀朝鼎を任命したことを通告した。更に国連以外の様々な国際機関にも中国の代表を派遣する旨の通達を出し始めた[41]。またイギリスの臨時代理大使ハッチンソン（John Colville Hutchinson）との外交関係樹立に向けた事前交渉において、毛は、もっとも重要な問題としてイギリスが、国連及び、その他の国際機関において中国代表の受け入れを拒絶していることを挙げ、「これは解決しなければならない前提問題である」と通告するよう劉に指示していた[42]。

このように中国は国連における代表権の獲得を目指して断固たる姿勢をとり始めていたが、現実は厳しいものであった。

三月二〇日、周は外交部の全体幹部会議で「中ソ友好同盟相互援助条約締結後の国際情勢と外交工作」について語り、中ソ間の条約の意義を評価しつつも、他方で「『我々が国連において合法的な地位の回復を勝ち取ることは、非常に厳しい闘争である』」と述べている。言うまでもなく周は、その原因としてアメリカの妨害を挙げているが[43]、「国府代表がそこに参加している限り」、「安保理で行われている討議に参加しない」と述べたソ連の姿勢が、既に国連における代表権の獲得を目指して断固たる姿勢をとり始めた中国にとって、大きな不満になっていったことも十分に推測できよう[44]。

こうした情況において中国にとって頼みの綱となったのは、国連事務総長であるリーの存在であった。

そもそも国連の代表権問題は国連憲章に法的規定がなく、また中国の場合には、政府の承認と国連の代表権承認の問題とが微妙に絡み合っていたことが、この問題の解決を複雑にしていた。こうしたなかで、リーは三月八日、「国連における代表権の法的側面」と題する覚え書きを発表し、各国の個別の中国承認の問題と国連の集団的行為としての代表権の所在の問題とを分離するよう促した[45]。

またリーは、中国の国連代表権問題とそれに伴うソ連の長期にわたる安保理に対するボイコットで混乱する国連の正常化をはかるため、四月中旬以降、国府を除く安保理常任理事の各国を歴訪し、その間の五月一六日には、モスクワで駐ソ大使の王稼祥とも接触していた。中国はリーの歴訪に相当注目しており、『人民日報』は連日、リーの動向を報じていた[46]。リー自身も、六月八日の記者会見において一九五〇年度の国連総会での代表権問題の解決に意欲を示していたのである[47]。

しかし結果的にはリーの各理事国への訪問は不調に終わった。またその後、朝鮮戦争が勃発し、それに伴って国連が北朝鮮（朝鮮民主主義人民共和国）を非難、大韓民国（以下、韓国と略記）援助の方針を決議したことで、中国はそれを許したリーを非難するようになる。しかしながら、他方で中国は国連代表権問題に奔走したリーの姿勢を朝鮮戦争勃発後も高く評価していたのである[48]。

三、朝鮮戦争の勃発と中国の国連戦略をめぐる新たな展開

（一）朝鮮戦争の勃発と国連代表権問題をめぐる中ソの思惑

一九五〇年六月二五日に勃発した朝鮮戦争に対して、安保理は素早い反応を示していた。六月二七日までに、アメリカが提出していた北朝鮮の敵対行動の中止、北緯三八度線（以下、緯度の表記は北緯を略す）以北への撤退を求めた決議案、更に国連加盟国が北朝鮮の武力攻撃を撃退し、韓国にそのために必要な援助を与えることを求めた決議案をいずれも採択したのである。特に二七日に採択された後者は、後に朝鮮戦争において国連軍を組織する上で実質的な基盤となった[49]。

他方中国は、こうした朝鮮戦争への国連の対応を非難したけれども、それがもっとも強烈に反応を示したのは、既述の決議案よりも、トルーマンによるアメリカ海軍第七艦隊の台湾海峡への派遣命令であった。翌二八日、周はこれを「中国の領土に対する武力侵略」として非難する声明を発表した[50]。この周の声明は、朝鮮戦争勃発後、中国が対外的に初めて出した声明であった。

近年公開された旧ソ連の機密文書によれば、当時、中国指導層は朝鮮半島において北朝鮮側により戦端が開かれることを知っており、またこうした事態に遭遇した際、アメリカの干渉が起こりうることを懸念していた[51]。更に当時、海、空軍の作戦準備は未だ不十分であったものの、陸軍を主体として中国軍は台湾「解放」作戦の実施に向け、その態勢を強固にしつつあった。しかしながら、こうしたアメリカの軍事プレゼンスを目の前にして、中国は台湾「解放」作戦の暫時中止を決定せざるを得なくなったのである[52]。

ところで、先の安保理の決議は、ソ連の安保理へのボイコットが継続するなかで行われたものであった。しかしながら他方で、朝鮮戦争の勃発を契機に、特にインドが積極的に朝鮮戦争の事態の収拾とソ連の安保理への復帰を目指して、水面下の交渉を進めていた[53]。そしてこうした交渉を通じて、八月一日から、ソ連は安保理への復帰を果たすことになる。だが、中国にとってはソ連の安保理への復帰自体は喜ばしいものであったものの、その内心は複雑なものであった。

呉忠根氏によれば、インドは七月初め、駐ソ大使のラダクリシュナン（Sarvepali Radhakrishnan）を通じてソ連に、朝鮮戦争の事態の収拾と安保理への復帰のための調停案を提示した。その調停案とは、（一）アメリカが中国の国連代表権を認めること、（二）中国とソ連の安保理への出席のもとに、朝鮮での即時停戦と北朝鮮軍の三八度線以北への撤退を求めた国連案を支持するという内容であった。このインドの調停案は（一）と（二）の「交換」により、調停を実現しようとする意図があったが、結局ソ連は（二）に反対することから、調停案全体を受け入れなかった。(54)

ソ連はインドにより、こうした調停がなされていたことを中国に電報で伝えている。だが、七月五日スターリンが駐華大使のローシチンを通じて、周に送った電報では、中国の国連代表権を認めるインドの調停に同意すると記されてはいるものの、調停案全体を拒絶したことには触れていない。(55)

また七月九日、ラダクリシュナンは、ソ連の外務次官のグロムイコ（Andrei A. Gromyko）と会見している。この会見の「備忘録」において、グロムイコはラダクリシュナンが「北朝鮮軍の三八度線への撤退問題にまったく言及しなかった」と指摘していることから、インドはより柔軟な調停案をソ連に示そうとしていたことが窺われる。こうして七月一三日、インドは先のものを修正した新しい調停案をスターリンに提示した。その内容は既にソ連の賛同を得ていた中国の国連代表権の承認については変わらないが、朝鮮問題については停戦と撤退問題に触れず、アメリカ、ソ連、中国を柱に平和的な解決策を見出すというものであった。しかしながら、これに対してスターリンは朝鮮問題の早期解決のために、安保理が北朝鮮に事情聴取をするべきという提案をしたにとどまっていた。(56)

だが、中国は、ソ連とインドが中国の国連代表権問題と朝鮮問題を絡めた調停交渉を行っている間に、それと前後して別の主張をしている。このことは注目に値する。

七月一日、インドの駐華大使パニッカーは中国政府に、朝鮮半島で発生した軍事衝突について、その解決に向けた調停者の役割を担う準備があるとするインド政府の意向を伝え、それの第一段階が国連自体にあるとして、中国の国連代表権問題の解決を提唱するとともに、中国にも朝鮮問題の平和解決に影響力を行使してほしいとの希望を伝えていた。七月一〇日、章漢夫はこれに対し、国連代表権問題と朝鮮問題についての中国側の考えを伝え、その冒頭から自国の「代表が国連の各組織に参加する問題は朝鮮問題と予め区別して解決すべきである」と述べていた(57)。

このことについては、近年刊行されたトルクノフ氏の『朝鮮戦争の謎と真実』においても裏づけがとれる。七月二日付のローシチンがモスクワに送った電報には、毛と周が彼に同様な内容を伝えていたことが明らかにされている(58)。これと比較すると、中国がパニッカーにこの旨を正式に伝えるまで一定の時間を要していたことが解るが、中国としてはソ連の了承を必要としていたのであろう。

この二つの問題を「区別して解決」することを求めた中国の主張からは、朝鮮戦争の勃発を契機に、国連代表権問題がソ連の安保理復帰と国連の正常化を果たすための重要懸案ではなくなりつつある現状に、強い苛立ちを感じていることが窺われる。無論、中国はインドの調停活動の意義を評価していたし、またソ連の朝鮮問題を解決するための姿勢を批判することはなかった(59)。けれどもこの六月末の時点で、北朝鮮軍は既にソウルを落とし、安保理ではこうした事態を受けて、朝鮮戦争への対応に向けて厳しい議論が積み重ねられていた(60)。

こうした情勢下において、朝鮮問題の解決に向けた動きが国連での駆け引きの突出した議論となり、中国は自らの代表権問題が次第に後景に退いていく現実を、朝鮮戦争の勃発後の比較的早い段階から感じとっていたのかも知れない(61)。そしてそうしたことも幾らか反映して、以下に述べるように、朝鮮戦争がもたらしたアメリカの台湾に対する「武力侵略」を国連に訴えかける方法を講じて、朝鮮戦争の解決には中国の抱える問題が不可分であることを提示していった。だが、そうした中国の方針は、朝鮮問題と国連代表権問題を「区別して解決」していくことを求めた当初の主張とはそぐわないものとなったのである。

（二）　国連代表権問題からアメリカの「武力侵略」批判へ

七月二七日、ソ連は八月一日からの安保理への復帰を通告した。八月は、安保理でソ連が議長国を務める月であった。復帰の前日である七月三一日、ソ連は安保理における八月の議題として、中国の国連代表権問題と朝鮮問題を提起していた(62)。しかしながら、ソ連が復帰を果たした安保理においては、中国の国連代表権問題は既に最重要の議題ではなかった。

八月一日、ソ連は安保理の会議冒頭で、国府を中国代表として認めないとする議長裁定を下した。しかし理事国の代表権を議長が単独で裁定する権限はないと、アメリカが異義を唱えたことにより、このソ連の議長裁定に対する表決が行われ、否決された。そこでソ連は、中国を安保理代表として承認する要請を行ったが、八月三日、安保理はこのソ連の要請を議事日程に入れることを否決した。こうしてあっけなくソ連が議長として復帰した八月の安保理で中国の国連代表権問題は議題として採り上げられることなく終わり、以後、この問題は国連総会に付託されることになる(63)。

しかしながら、青石氏によれば、七月、ソ連が中国に安保理への復帰を伝えた際、ソ連の安保理への復帰は、朝鮮問題の討議に影響を与えるためのものであり、それに「あなた方は反対しないように求める」と述べたと記している(64)。これが暗に国連代表権問題のことを指すとすれば、中国は友好国のソ連が安保理に復帰するだけではなく、その議長を務めるという、もっとも有利な機会であるにもかかわらず、安保理における代表権問題の積極的な討議をソ連に拒絶されたこととなり、中国はこの問題に対する彼らの対応に全く期待がもてない情況に置かれたことになる。

また青石氏は、八月一八日、周がソ連に対して、国連に中国の代表権問題を更に強く訴えるべきかどうかを打診したと述べている[65]。これは、おそらく後の八月二六日に、中国が発したリーへの通告について、事前にソ連の内諾を得る必要から行ったものだと思われるが、八月の安保理は国連代表権問題を議事日程に入れていなかったので、それは、九月一九日から始まる第五回国連総会に向けての通告となった[66]。こうした国連総会への中国の早期の対策は、安保理に既に期待がもてなくなったことを明確に認識した結果だと考えられる。

だが、中国指導層は九月以降もソ連に国連代表権問題の重要性を訴え続けていた。殊に九月一五日、アメリカ軍が仁川上陸に成功し、朝鮮戦争に新たな情勢が見出されるようになると、毛や周は、ローシチンならびに、当時、『毛沢東選集』の編集のため訪中していたソ連科学アカデミー会員のユージン（Pavel F. Iudin）との会談で、積極的にこの問題について言及していた[67]。

他方で、中国は安保理において自国の問題が完全に議論の対象外になることも懸念していた。

中国は、七月六日に安保理に提議していたアメリカの台湾に対する「武力侵略」への抗議に続き、八月二四日には、これに関するアメリカへの制裁を要請、更に二七日には、アメリカ空軍による中国東北部爆撃への抗議をも提出し、朝鮮戦争の勃発により被った自国の被害を安保理に訴えかけていたのである[68]。

こうした中国の抗議を受けて、安保理はこれらの問題を九月の議題にすることを決定した。そして九月、これらの問題をめぐって、安保理は大いに紛糾したのである。九月二九日、安保理ではアメリカの反対を押し切り、台湾問題に限定して中国の意見を聴取するために、中国代表を安保理に招請する案が可決された[69]。こうして、初めて中国は国連の場で、自身の主張を訴える機会を得たのである。

しかしながら、この決定以降、安保理が実際に中国の代表を招請して意見聴取を行うまでの間において、朝鮮戦争は大きな転換点を迎える。すなわち、それは一〇月下旬の中国軍の朝鮮戦争への参戦であり、参戦以後の中国・

北朝鮮軍による国連軍への反撃であった。

そして、こうした朝鮮戦争の新たな展開は、中国が安保理において、国連代表権問題ならびに台湾問題だけではなく、朝鮮戦争全体の平和解決に向けて自らの主張を提示していく道を切り開くことにもなったのである。

四、朝鮮戦争の遂行と停戦をめぐる中ソ関係

（一）　伍修権の国連演説と停戦のための条件

一〇月下旬の中国軍の参戦は、九月中旬のアメリカ軍による仁川上陸の成功によって有利な戦いを進めていた国連軍を震撼させた[70]。

中国の朝鮮戦争への参戦ならびに、その後の躍進は、安保理での朝鮮問題をめぐる討議への中国の参加を強く促した。一一月八日、安保理では、国連軍総司令マッカーサーによる中国の参戦情況を記した報告書（いわゆる、「マッカーサー報告」）の討議をめぐって、特別会議が開かれていた。

ソ連はこの席で、マッカーサーの報告書を討議することに反対する提案を示したが否決された。続いてソ連は、朝鮮問題全般の討議に中国代表を出席させるよう要請した。これに対し、イギリスは中国代表の討議への参加を「マッカーサー報告」に限定し、朝鮮問題全般には関わらせるべきでないとする提案をした。結果的にはソ連の要請は否決され、イギリスの提案が可決された。こうして安保理は「マッカーサー報告」に対して、中国代表を招請することを決定したのであった[71]。

中国はこうした安保理の招請を受け入れるべきかどうかを直ちにソ連と協議した。一一月一〇日、ソ連の外務次官グロムイコはローシチンを通じて、周に対し、「マッカーサー報告」に限定された形での安保理への中国代表の参加は無意味であるとして、拒絶するように提議した。だが、興味深いことに、八日の安保理におけるイギリス提案の採決の際、ソ連は賛成票を投じている。中国はこうしたソ連の安保理での行動に抗議をしており、グロムイコは「あなた方の行動を束縛してはならない」とした上で、「招請の形式が中国を不利な立場に置くことを考えてはいなかった」と弁明していた[72]。

一一月一一日、周は、安保理に「マッカーサー報告」を土台にして行われる討議形式について「一方的で、別に下心を有するもの」であり、「絶対に討論の根拠とはならない」として、それへの招請を拒絶した。更に周は、中国が安保理でアメリカの台湾に対する「武力侵略」批判を行うときに、朝鮮問題についても言及することが適当であると通告していた[73]。

中国は台湾問題をめぐる討議への安保理の招請を受けて、既に一〇月二三日、リーに伍修権ら中国代表団の派遣を通告していた[74]。そして一一月二八日、伍修権が安保理で二時間にも及ぶ演説を行い、初めて中国は国連の場で自国の主張を訴えることができたのである。

伍修権の演説は、その多くを国連代表権問題とアメリカの台湾に対する「武力侵略」についての批判に費やし、朝鮮問題については、アメリカの台湾への「武力侵略」から東アジア、東南アジアへの干渉について言及するなかで論じていた。そして伍修権は最後に、アメリカの台湾に対する「武力侵略」に厳しい制裁を求めただけでなく、朝鮮への「武力干渉」に対しても同様に制裁することを要求し、安保理が「ただちに有効な措置をとって、アメリカ及び、その他の外国軍隊を全て朝鮮から撤退させ、それによって朝鮮問題を平和的に処理すること」を提案していた[75]。

伍修権の演説に見られるように、この頃、中国は朝鮮戦争において必ずしも軍事行動を停止するための明確な条件をもっているわけではなかった。だが、代表団の国連への派遣を通じて、そこで早期の停戦に向けた議論が生じていることを感じとった中国は、以後朝鮮戦争を有利に進めていくなかで、停戦の条件を如何に見極めるかを模索していった。

一二月四日、駐ソ大使の王稼祥はグロムイコを訪ね、彼との会談を行った。王稼祥はグロムイコに対し、目下、中国・北朝鮮軍が有利に戦闘を進めている朝鮮戦争において、アメリカとの交渉は可能かどうかと質した。それに対し、彼は「推測である」と断った上で、「現在、アメリカ側はまだ朝鮮の局面を平和的に解決する具体的なプランをもっていない」と答えた。また王稼祥は「非公式」な見解として、「政治的角度から見て、中国軍が勝利し、進攻を継続している情況下において、（中国軍は—筆者）三八度線を越えるべきかどうか」と質した。彼も同じく「私見」として、「『鉄は熱いうちに打て』という古い諺に十分適合している」と返答していた。(76)

すなわち、一二月初旬の段階において、中ソ間の朝鮮戦争の停戦に対する認識は「現在アメリカ側はまだ朝鮮の局面を平和的に解決するプランをもっていない」ことから、「政治的角度から見て」、中国軍は継続して戦闘を進め、三八度線以南に進攻した以後に、停戦を考えるというものであった。

しかしながら、他方で国連では朝鮮戦争の停戦をめぐって、様々な議論が積み重ねられ、国連に滞在していた伍修権ら代表団に対して、インドなどが水面下において、中国の停戦条件を引き出そうと躍起になっていた。こうした情況のなかで、周は朝鮮問題の平和的な解決に対して、中国の「積極性」をアピールするために、停戦条件を公表することを考えていた。

一二月七日、周はこの件をソ連と協議するため、ローシチンと会談し、直ちにソ連側にそれへの返答を求めた。周がモスクワに打診した、中国の「朝鮮における軍事行動を停止する条件」とは、「一、外国軍隊の朝鮮からの撤退、二、アメリカ軍の台湾海峡、台湾からの撤退、三、朝鮮の問題は朝鮮人民自身に解決を委ねること、四、中国の代表が国連に参加し、併せて国連から蒋介石の代表（国府の代表のこと―筆者）を追い出すこと、五、四大国外相会議を招集し、対日平和条約を準備すること、もし、以上五項目の軍事行動を停止する条件が受け入れられれば、五大国は、直ちに自国の代表を派遣して、停戦条件を協議する会議を開催する」というものであった。(77)

しかしながら、同日のスターリンからの返電は、中国の「朝鮮における軍事行動を停止する条件」には「完全に同意」できるものとしながらも、中国は「あまりにも正直に、あまりにも早く自己の切り札を示すべきではない」とし、また「我々はソウルの解放前には、中国が全ての切り札を出すべきではないと考えている」と述べ、更に中国から停戦条件を引き出そうとしている国家に対して、自身は朝鮮戦争の迅速な終結を望んでいることを主張した上で、「我々は国連とアメリカの停戦条件に関する見解を知りたいと考えている」と述べるよう求めていたのであった。(78)

一二月九日、既に一二月の初めから、中国に向けて朝鮮戦争の停戦をめぐる調停活動を行っていたインドの国連代表に対し、伍修権はソ連の朝鮮戦争の停戦に関する考え方などを踏まえた上で、「アメリカが停戦問題について、具体的なプランを提出するのを待ちたい」と述べた。(79)

こうして、一二月一二日、インドなど一二カ国は、国連総会政治委員会に停戦三人委員会を設置する議案を提出し、一四日には国連総会でこの議案を賛成多数で可決した。そして翌一五日には、停戦三人委員会は伍修権を通じて、周に朝鮮戦争の停戦のための討議に応ずる用意があることを伝えていた。(80) 一六日、伍修権は記者会見で「朝鮮人民軍（北朝鮮軍のこと―筆者）とともに余儀なく行っているアメリカ侵略軍に抵抗する軍事行動が、早期に終結できるよう中国人民志願部隊（中国軍のこと―筆者）を説得し、勧告したい」と述べていた。(81)

だが、既にこのときまでに、朝鮮戦争をめぐる中国指導層の関心は、中国領内に迫りくるアメリカ軍の脅威をいかに払い除けるかということから、中国・北朝鮮軍の三八度線以南への進軍が国際社会に如何なる影響を及ぼすかということに力点を移していた。そして一二月に入って以降、毛は常に中国・北朝鮮軍が三八度線以南に進軍する意義を強調するようになっていた。これに対し中国軍の総司令であった彭徳懐は、朝鮮で作戦を展開している軍の休息、補給などの必要性を重視し、毛の見方に対し、懐疑的となっていた(82)。しかしながら、一二月一五日、彭徳懐は「毛主席の命令を奉じて、継続して三八度線以南に前進」するとの決意を示していた(83)。

こうしたなかで、一二月二二日、周は中国代表が国連総会の討議に参加していないなかでの停戦三人委員会の設置を「非合法・無効」であるとし、この「『三人委員会』といかなる接触も行う用意はない」と述べ、停戦三人委員会の停戦要請を拒絶するとともに、「中国人民は朝鮮戦争が平和的な解決を得ることを切望している。われわれは、あらゆる外国軍隊が朝鮮から撤退し、朝鮮の内政は朝鮮人民自身によって解決することを朝鮮問題の平和処理の会談のための基礎として堅持する。アメリカ侵略軍は台湾から撤退せねばならず、中華人民共和国の代表は国連で合法的地位を獲得しなければならない」として、従来の姿勢を繰り返すにとどまった(84)。

しかしながら、中国はこの時点で、国連の停戦要請を受け入れないことに一抹の不安も感じずにいたわけではなかった。その不安は早くも一二月初旬から抱いていたのである。

既に述べた一二月四日の王稼祥とグロムイコの会談のなかで、王稼祥はアメリカが「新たな冒険」、すなわち、蒋介石に対して援助を増加すること、国府軍とともにアメリカ軍が中国南部に上陸する可能性を指摘し、グロムイコに彼の考えを尋ねている。グロムイコはこうした問いかけに対し、「これらの問題に関する材料をもっておらず、このことについては予測や願望しか話せない」と決して良い返事を与えてはいなかった(85)。

こうしたアメリカの「新たな冒険」に対する中国の懸念は、国連の停戦提案を受け入れるための最後の判断要素として残っていたのである。

（二）　台湾海峡情勢と国連停戦案の受諾をめぐる中国のジレンマ

一二月三一日、中国軍は「第三次戦役」を発動し、一九五一年一月八日までの間に仁川、ソウルなどの都市を陥落させたばかりか、戦線を全面的に推し進め、三七度線付近にまで到達していた(86)。

一月三日、停戦三人委員会は既述の一二月二二日の周の声明を受けて、国連総会政治委員会に中国に対する停戦の要請が失敗に終わったことを報告した。国連総会政治委員会は、停戦三人委員会に対して、更に停戦に関する原則を纏めるように求める一方で、アメリカからの停戦に関する新提案を待っていた。

一月一一日、停戦三人委員会は国連総会政治委員会に、（一）即時停戦、（二）停戦後の平和協議の実現、（三）外国軍隊の段階的撤退、（四）朝鮮における自由選挙の実現、（五）四大国による台湾問題及び、国連における中国代表権問題の討議などを盛り込んだ五項目の停戦案を提出した。アメリカはこの停戦案を支持し、ソ連は態度を留保した。だが一月一三日、国連総会政治委員会はこの停戦案を停戦交渉の基礎として中国に提起することを決定した(87)。

当時、中国、ソ連、北朝鮮の間では、ソウルの陥落、三七度線付近までの進軍という非常に有利な戦況を背景に、朝鮮戦争の停戦をめぐる「備忘録」のやり取りが行われていた。中国側の資料を見る限り、「備忘録」の内容は、従来中国が主張していた停戦条件と変わらず、そこには一一日の停戦三人委員会の「まず停戦し、後に協議する」停戦案を、「断固として拒絶する」ことが明記されていた(88)。そして一月一七日、周は国連総会政治委員会議長に停戦案への拒絶を表明するとともに、停戦案に対する反対提案を行っていた(89)。

こうした中国の停戦に関する意志表明に対して、アメリカは国連による停戦案への拒絶と反対提案が、停戦そのものへの全面的拒絶と同断であると解釈し、一月二〇日、国連総会政治委員会に中国を「侵略者」として非難する決議案を提出していた(90)。

だが、周の国連への意志表明は、中国が国連の停戦案を全面的に拒絶したことを意味するものではなかった。既に安田淳氏が指摘しているように、周が一七日の国連に宛てた電報の文面には、先に明確な停戦条件の設定に向けて協議を行う必要性を提起したくだりがあった(91)。このとき、中国が考えていた停戦の条件とは、従来中国が主張していた広範な停戦条件の協議ではなく、現下での戦闘行為を停止するための条件であったのである。

中国がこうした姿勢を示した背景には、国連総会政治委員会の停戦案が、台湾問題や国連代表権問題の討議にまで言及し、中国にとって非常に良い条件であったこと、中国軍が「第三次戦役」において既に三八度線以南に進撃し、その政治的な目的を達成していたことなどが挙げられるが、中国が朝鮮戦争での戦闘行為を停止することを求めた最大の理由は、アメリカの「新たな冒険」が現実のものとなるという情報を入手していたことにあったと考えられる。

それは、中国が一月八日の時点で取得していたもので、一月末にも、国連軍総司令マッカーサーが国府軍の「大陸反攻」へのそれまでの制限を解除するとした情報であった。毛はこうした情報を受け、そうした事態が引き起こされる「可能性が非常に高い」と見なすとともに、中国東南沿海部に展開していた中国軍に対し、防衛力を強化するよう指示をしていた。だが当時、東南沿海地区の中国軍には、朝鮮戦争での空軍の運用が優先されたため、防衛力の強化においてそれは配備されず、また朝鮮戦争への参戦によりその主力を奪われ、防衛力に安定性を欠いていたこと、更に防衛施設の敷設に投資する財力が乏しかったことなどにより、当地の中国軍は、起こりうる台湾海峡情勢の変化にかなり動揺していたのであった(92)。

ここに至って、中国は国連の停戦案を受け入れずに朝鮮での戦闘を継続するか或いは、朝鮮での戦闘を停止して、中国東南沿海部の安全を確保するか、いずれかの選択を迫られていたのである。

一月一二日、周はインドのパニッカーを通じて、朝鮮問題の平和的解決と停戦を二段階に分けて実現することを国連に提案した[93]。それは、まずその第一段階として、「七カ国の最初の会議において、期限付停戦を協議、決定し、停戦が実行に移されれば、協議を継続して行う」、第二段階では「朝鮮戦争を完全に終結することならびに、東アジアの平和の確保を達成するために、すべての停戦条件は必ず政治問題と結びつけて討論すべきである」とした上で、従来から中国が提起している停戦条件の協議を挙げていた。

なお、この周の提案には次の二つが盛り込まれていた。第一は「すべての外国軍隊が朝鮮から撤退する原則」を承認すること、第二は中国の「国連における合法的な地位は明確に保障」することであった[94]。この二つは、北朝鮮への一定の配慮と、停戦を実現する上で直接的に関連しにくい国連代表権問題が、おざなりにされないようにするために盛り込まれたものと考えられる。こうして、中国は起こりうる台湾海峡の情勢に配慮して、停戦にむけて最大限の譲歩をしたのである。

だが、中国・北朝鮮軍は、一月二五日より始まる国連軍の大反撃を受けて、「第四次戦役」を開始し、朝鮮戦争の継続を決定した。けれども中国はこの戦役において、早くからそれまでのような順調な戦いを確信していたわけではなかった[95]。

それでは、なぜ中国は朝鮮戦争の継続を最終的に選択したのだろうか。戦争継続の最終的な決定がなされた経緯については、近年公表された中国ならびに、旧ソ連の資料によっても未だ判然としない。青石氏は、当時中国が自国に有利な停戦案を受諾し、政治的な解決を図ることが、北朝鮮にとって必ずしも有利な結果を生むとは限らず、更にそうしたことが中朝関係に複雑な政治的な歪みを生み出す可能性があることに配慮し、停戦案を受け入れ難いものにしていたと指摘しているが、そうしたことも有力な理由の一つに挙げられるだろう[96]。

ところで、国連は二二日の中国の提案を比較的好意的に受け止めていた。そして国連総会政治委員会は中国の二二日の提案を検討することを可決していた。だが、アメリカは先の中国を「侵略者」として非難する決議案を、より各国の受け入れ可能な形に修正して再提出した結果、一月三〇日、その決議案は国連総会政治委員会で可決され、他方で、中国の提案をベースにインドなど一二カ国が新たに提出した決議案は否決された。そして二月一日、国連総会において中国を「侵略者」として非難する決議が可決されるに至ったのである。(97)

一月二二日以降、二月一日までの間、中国は国連に何ら新しい提案を示さなかった。だが、中国と国連とのパイプ役であったインドとは接触を続けていた。

一月二七日、周はパニッカーに、二二日の国連への提案をくり返した上で、「我々がまず停戦して後に協議するのに反対しているのは、アメリカが停戦後においていつまでも協議することを考えているからである。我々がアメリカのような好戦的な政府と和平を勝ち取るには幾らか紆余曲折を辿ることが求められる。しかし我々が確信していることは、我々は目的を達成することができるということである」と告げていたのである。(98)

おわりに

一九五一年六月、中国は朝鮮戦争における停戦交渉の開始を本格的に検討し始めていた。周知の通り、この時期、朝鮮戦争の戦闘の動向は、同年一月末から、国連軍が大量の近代兵器を投入して大規模な作戦を敢行したことにより、中国・北朝鮮軍は劣勢に立たされていた。従って、中国指導層はこうした情況のなかで、停戦交渉の在り方を模索することになったのである。

停戦交渉の開始は、アメリカ国務省前政策企画部のケナン（George F. Kennan）とソ連国連大使のマリクとの会談がきっかけとなった。五月三一日、ケナンはマリクに朝鮮戦争における純軍事的な問題のみに限って、停戦交渉が可能であることを伝えていた。すなわち、ケナンは中国が主張し続けていた国連代表権問題と台湾問題についての交渉を行わない条件での停戦交渉の開始を打診したのである[99]。

中国指導層は、この報を受けて直ちにスターリンのもとに特使の高崗を派遣し、同じくモスクワへ向かった金日成とともに、中ソ朝三カ国会談に臨んだ[100]。

この会談で朝鮮戦争の動向や停戦交渉の開始をめぐって様々な議論がなされるなか、六月一三日、毛はスターリンに伝えるための電報を高崗宛てに打電し、そのなかで国連代表権問題や台湾問題について、中国側の意向を次のように伝えていた。

「中国が国連に加盟する問題については、我々は、この問題を（停戦―筆者）条件として提起しなくてもよいと考えている。その理由として、中国は国連が実際には侵略のツールとなってしまった以上、我が国が現在（そのような―筆者）国連に加盟する問題に特別な意義があるとは考えていないからである」、「台湾問題を（停戦―筆者）条件として提起する価値はあるだろうか。彼らと駆け引きをするために、我々はこの問題を提起すべきであると考える。アメリカが台湾問題の個別的な解決を堅持する情況があるならば、我々はそれ相応の譲歩をするだろう」と[101]。

スターリンがこれらの問題に対して、どのような意見を述べたのかは解らないが、結果として、七月一〇日から始まった国連軍との停戦交渉において、中国がこれらの問題を提起することはなかった。従って、中国はこれらの問題を朝鮮戦争の停戦交渉のなかで解決することを棚上げにしたのである[102]。ここにおいて、建国期より中国が採り続けていた代表権問題を媒介とする国連戦略は、それまでの比較的活発な動きにひとまず区切りをつけることとなったのである。

さて、最後に本章で検討した内容を纏めておこう。建国初期の中国の国連戦略は、自国の国連代表権問題を媒介にして、国連及び、国際社会に積極的に関わり、またそれを通して国府の国際的な威信を失墜させ、台湾「解放」の問題に有機的に結びつけることを意図したものであった。

中国は建国当初から既にそうした戦略をうちたてていながらも、積極的にそれを運用する政策を採ったわけではなかった。それは中国自身が革命を完遂する上で、武力闘争に固執したこともさることながら、そうした武力闘争に対して強力な支援者となりうるソ連に、軍事的な依存度を強めていったこと、更に政治的には中ソ友好に対する過大な期待を抱いていたからであった。

しかしながら、こうした期待に反して、中国はソ連から、強力な軍事、政治的なバックアップを得ることはできなかった。

そうしたなかで、中国の国連代表権問題は、ソ連が安保理への出席をボイコットして以降、安保理での解決を図る牽引者を失い、かなり中国に好意的であったと評価されるものの、それでもなお中立の立場にあったリーの国連正常化のための活動に、事実上依存しなければならなくなった[103]。

また安保理へ復帰してからも、ソ連は中国に必ずしも協力的ではなかった。結果的には中国自身が朝鮮戦争に参戦し、戦争を有利に展開したことによって、国連代表権問題は朝鮮戦争の停戦条件の一つとして扱われた。これによって中国はこの問題を解決するための絶好の機会を得たのである。

だが、台湾問題や代表権問題の解決を含んだ国連の停戦案に対して、中国は一定の評価をしながらも、結果的にはそれに応じなかった。

中国が一定の評価を下した背景には、アメリカと国府が企図した「大陸反攻」の可能性があった。また、そうした事態が展開された際に、過去の経緯からすればソ連が部隊を投入して、中国と共同作戦を行う可能性は決して大きくなかった。それ故に、中国がこの時点で国連の停戦案を受け入れる条件は揃っていたのである。

にもかかわらず中国が国連の停戦案を受け入れず、戦争を続行した背景には、中ソ間、または北朝鮮を含めたトライアングルの中で、スターリンの逆らいがたい権威に触れることを恐れたからであろう。中国はいわば自国にとってのみ有利な停戦案を受け入れることに躊躇しなければならなかったのである。つまり中国はそれまで積み重ねてきた国連戦略をもっとも推進しやすい有利な情況下で、最大の友好国により挫折を余儀なくさせられたのである。

一九五一年七月から始まった朝鮮戦争の停戦交渉において、中国が国連代表権問題や台湾問題を交渉議題として提起しなかった背景には、そもそも停戦交渉が純軍事的な問題についての議論に限定されていたことへの対応と、特に前者に限って言えば、中国を「侵略者」として決議した国連への反発がその根底にあった。

だが、中国指導層が停戦交渉の開始を決定するにあたり、これらの問題を全く採り上げることができなかったことに些かの未練も感じなかったはずがない(104)。その意味で、朝鮮戦争が劣勢に転じていたこの時期に、中国が停戦交渉を受け入れざるを得なかったことは、朝鮮戦争をめぐる外交戦略において、それらを優位な立場で推し進める機会をも逸させることとなったのである。

註

(1) 時事通信社外信部『北京・台湾・国際連合』(時事通信社、一九六一年)一七―二二頁参照。

(2)「中国人民政治協商会議共同綱領(一九四九年九月二九日)」(日本国際問題研究所中国部会『新中国資料集成』第二巻、日本国際問題研究所、一九六四年)五八九頁及び、五九六―五九七頁参照。以下、『資料集成』と略記。「中国人民対全世界的荘厳宣言」(『群衆』第三巻第四一期、一九四九年一〇月)二九頁参照。

(3) 前掲『北京・台湾・国際連合』五二頁参照。

(4) 中国の新政府の承認と国連代表権の承認が法的に全く別個であることは、以前から指摘されている。当時のこうした論点と政治問題との関連については、さしあたり、小谷鶴次「國際機関と承認―中共の承認と総会の強化―」（『国際法外交雑誌』第五〇巻第四号、一九五一年一〇月）、入江啓四郎「国連の中華人民政府容認問題」（『アジア研究』第一巻第一号、一九五四年四月）を参照されたい。なお、当時の二国間政府承認や外交関係樹立をめぐる情況に関しては、喜田昭治郎『毛沢東の外交』（法律文化社、一九九二年）に詳しく触れられている。

（5）張秀娟「周恩来与中国恢復在聯合国合法席位的闘争」（中共中央文献研究室、中央档案館『党的文献』一九九七年第一期、一九九七年一月）六二頁及び、唐小菊「中国恢復聯合国合法席位的歴史回顧」（中共中央文献研究室『中共党史資料』第五七輯、一九九六年二月）一五六頁。なお中華人民共和国成立以前の国民政府の外交と国連との関わりについては、西村成雄編『中国外交と国連の成立』（法律文化社、二〇〇四年）を参照されたい。

（6）安・列多夫斯基「中国共産党代表団対莫斯科的訪問」（『当代中国史研究』一九九七年第一期、一九九七年二月）一一二頁参照。「代表中共中央給聯共（布）中央斯大林的報告（一九四九年七月四日）」（中共中央文献研究室『建国以来劉少奇文稿』第一冊、北京、中央文献出版社、一九九八年内部発行）一四頁及び、二五頁。以下、『劉文稿』と略記。

（7）前掲「中国人民対全世界的荘厳宣言」二九頁。

（8）Tang Tsou, *America's Failure in China* (Chicago: The Chicago University Press, 1966)【邦訳、タン・ツォウ、太田一郎（訳）『アメリカの失敗』（毎日新聞社、一九六七年）】p. 520.

（9）「国府の国連代表権取消しを要求する周恩来外交部長のリー国連事務総長あて電報（一九四九年一一月一五日）」（前掲『資料集成』第三巻、一九六九年）八頁。

（10）註（8）と同じ。

（11）同右、四一二―四一四頁参照。

（12）第二章を参照のこと。

（13）C・H・貢恰羅夫、馬貴凡（訳）「斯大林同毛沢東的対話」（中国人民大学書報資料中心『復印報刊資料　中国現代史』一九九二年第六期、一九九二年六月再録）二一八頁及び、楊奎松『中共與莫斯科的關係（一九二〇―一九六〇）』（台北、東大図書公司、一九九七年）六一〇―六一一頁。

（14）同右、『中共與莫斯科的關係（一九二〇―一九六〇）』六一一頁。

（15）第一章参照のこと。

(16) 第二章参照のこと。
(17) 孫宅巍「金門失利述評」(『軍事史林』一九八九年第二期、一九八九年四月) 二九頁。
(18) 「斯大林与毛沢東会談記録 (一九四九年一二月一六日)」(沈志華『中蘇同盟与朝鮮戦争研究』、桂林、広西師範大学出版社、一九九九年) 三二七頁。
(19) 毛里和子『中国とソ連』(岩波書店、一九八九年) 二五頁参照。
(20) 前掲『中共與莫斯科的關係 (一九二〇—一九六〇)』六一六—六一七頁参照。
(21) 《当代中国》叢書編輯部『当代中国空軍』(北京、中国社会科学出版社、一九八九年) 七八頁参照。肖勁光『肖勁光回憶録 (続集)』(北京、解放軍出版社、一九八九年) 九四頁参照。なお、ソ連空軍による上海の防空支援に関しては、毛沢東らの帰国直前の二月一七日午前中までに決定したことが、毛沢東より劉少奇に伝えられている。肖天亮『疾風：共和国空戦紀実』(北京、西苑出版社、一九九九年) 八五—八六参照。なお、ソ連空軍による上海上空の防空活動の一端は、エス・ヴェ・スリュサレフ「上海を守ったソ連の飛行士たち (一九五〇—一九五一)」(『極東の諸問題』第六巻二号、一九七七年六月) を参照されたい。
(22) 前掲『中共與莫斯科的關係 (一九二〇—一九六〇)』六一七—六一八頁参照。
(23) 瀬田宏『朝鮮戦争の六日間—国連安保理と舞台裏』(六興出版、一九八八年) 七〇、七五頁参照。
(24) Robert R. Simmons, *The Strained Alliance: Peking, Pyongyang, Moscow, and the Politics of the Korean Civil War* (New York: Free Press, 1975)【邦訳、ロバート・R・シモンズ、林建彦、小林敬爾 (訳)『朝鮮戦争と中ソ関係』(コリア評論社、一九七六年)】pp. 82-101.
(25) 「毛沢東与維辛斯基談話紀要 (一九五〇年一月六日)」(前掲『中蘇同盟与朝鮮戦争研究』) 三三四頁。
(26) 「関於就否認前国民党政府代表在安理会的合法地位発表外交部声明的電報 (一九五〇年一月七日)」(『建国以来毛沢東文稿』第一冊、北京、中央文献出版社、一九八七年内部発行) 二一九—二二〇頁。以下、『毛文稿』と略記。
(27) 「国連安全保障理事会から国民党代表を追放するよう要求する周恩来外交部長の国連あて電報 (一九五〇年一月八日)」(前掲『資料集成』第三巻) 四七頁。
(28) 宮崎繁樹「中国と国際連合」(入江啓四郎、安藤正士『現代中国の国際関係』、日本国際問題研究所、一九七五年、所収) 一一二頁参照。
(29) 岡部達味『中国の対外戦略』(東京大学出版会、二〇〇二年) 五七頁。

(30)　フランスの中国承認と中国のベトナム民主共和国承認の関連については、木之内秀彦「中越ソ『友好』成立の断面―一九五〇年のベトナムをめぐって―」(『東南アジア研究』三二巻第三号、一九九四年一二月)三一二―三一五頁が詳しい。
(31)　「関於雲南軍情和援助越南問題給毛沢東的電報(一九四九年一二月二四日)」、「中共中央関於中越建立外交関係問題給胡志明的電報(一九四九年一二月二七日)」(前掲『劉文稿』第一冊)一八七頁、一九六頁。
(32)　「関於同意与越南政府建立外交関係給劉少奇的電報(一九五〇年一月一七日、一八日)」(前掲『毛文稿』第一冊)二三八―二三九頁。
(33)　「関於周恩来去蘇聯参加談判問題給中央的電報(一九五〇年一月二日、三日)」(前掲『毛文稿』第一冊)二一三頁。
(34)　「莫洛托夫、維辛斯基与毛沢東会談記要(一九五〇年一月一七日)」(前掲『中蘇同盟与朝鮮戦争研究』)三三八頁。
(35)　「関於向聯合国派出我国代表等給劉少奇的電報(一九五〇年一月一三日)」(前掲『毛文稿』第一冊)二三五頁。
(36)　前掲「莫洛托夫、維辛斯基与毛沢東会談記要(一九五〇年一月一七日)」三三九頁。
(37)　「関於任命張聞天為駐聯合国中国代表団主席代表的電報(一九五〇年一月一八日)」(前掲『毛文稿』第一冊)二四二頁。
(38)　同右、二四三頁。「関於以張聞天為中国駐聯合国首席代表問題的電報(一九五〇年一月一九日、二六日、二月一日、五日)」(前掲『劉文稿』第一冊)三〇五、三〇七頁。なお、張聞天は任命辞退の理由に自身の資質問題を挙げていた。
(39)　同右、「関於以張聞天為中国駐聯合国首席代表問題的電報」三〇三頁。
(40)　第一章を参照のこと。
(41)　「外交副部長李克農通知任命冀朝鼎為中国出席経済及社会理事会代表致聯合国電(一九五〇年二月二日)」、例えば、「外交部長周恩来通知任命李強為中国参加国際電信聯盟的首席代表致国際電信連盟電(一九五〇年三月二九日)」(『中華人民共和国対外関係文件集(一九四九―一九五〇)』第一集、北京、世界知識出版社、一九五七年)九六頁及び、一一一頁参照。以下、『対外文件集』と略記。
(42)　「関於討論中蘇条約協定等情況給毛沢東的電報(一九五〇年二月九日、一四日)」(前掲『劉文稿』第一冊)四〇六頁。
(43)　中共中央文献研究室『周恩来年譜(一九四九―一九七六)』上巻(北京、中央文献出版社、一九九七年)二九頁。以下、『周年譜』と略記。
(44)　註(26)と同じ。本文で言及した毛が一月七日の電報で、ヴィシンスキーの意向に同意したことを周、中央人民政府に伝えるなかで、毛沢東は国府代表が「安保理の今年の議長を担当する」とヴィシンスキーから聞いたことも伝えている。「今年」は今月の誤りであると思われるが、毛は「国府代表がそこに参加している限り」、「安保理で行われている討議に参加しない」とのソ連の意向を、国府が議長を担当する一月の安保理に限定して捉えていたかも知れない。

(45)　佐藤栄一「東アジアの冷戦と国連―中国代表権問題を中心に―」（山極晃編『東アジアと冷戦』、三嶺書房、一九九四年、所収）三二八―三三〇頁参照。

(46)　例えば、リーのモスクワ訪問については、五月一一日のモスクワ到着から、スターリンとの会談後の記者会見の模様まで詳細に伝えている。なお、モスクワでの記者会見で、王稼祥との会談の内容について、リーは発表できないとしている。この点についてはリーの回想録で若干触れているので参照されたい。「頼伊抵莫斯科」、「頼伊在蘇京招待記者」（『人民日報』一九五〇年五月一三日一面、五月二〇日四面）。Trygve Lie, *In the Cause of Peace: Seven years with the United Nations* (New York: The Macmillan Company, 1954), pp. 267-269.

(47)　「頼伊向聯合國會員國建議　解決我國代表權問題」（同右、『人民日報』一九五〇年六月一一日一面）。

(48)　「葛羅米柯義正辞厳」（『大公報（上海版）』一九五〇年七月六日一面）。

(49)　神谷不二『朝鮮戦争―米中対決の原形』（中央公論社、一九六六年）四二頁参照。

(50)　「アメリカの台湾侵略を非難する周恩来外交部長の声明（一九五〇年六月二八日）」（前掲『資料集成』第三巻）一二九―一三〇頁。

(51)　青石（楊奎松）「一九五〇年解放台湾計画擱浅的幕後」（『百年潮』一九九七年一期、一九九七年一月）四四―四五頁。以下、「青石論文A」と略記。及び、前掲『中蘇同盟与朝鮮戦争研究』一一〇―一一五頁。

(52)　第二章を参照のこと。

(53)　インドのほか、イギリス、アメリカもそれに乗り出した。これらの国々とソ連との接触については、ロシア側の資料からもいくつか見られる。例えば、「葛羅米柯與美国大使柯拉克的談話備忘録（一九五〇年六月二九日）」、「葛羅米柯與英国大使凱利的談話備忘録（一九五〇年七月六日）」（沈志華『朝鮮戦争：俄国档案館的解密文件』一冊、台北、中央研究院近代史研究所、二〇〇三年）四一七、四三三―四三四頁。以下、『俄国档案館的解密文件』と略記。前掲『朝鮮戦争の六日間―国連安保理と舞台裏一九四―二〇〇頁参照。外務省調査局第一課『朝鮮事変の経緯』（外務省、一九五一年）七四―七五頁参照。

(54)　呉忠根「朝鮮戦争とソ連―国連安保理事会欠席を中心に―」（慶應義塾大学法学研究会『法学研究』第六五巻第二号、一九九二年二月）一四五頁参照。

(55)　中国社会科学院《蘇聯歴史档案集》課題組「関於抗美援朝戦争期間中蘇関係的俄国档案文献（連載一）」（『当代中国史研究』一九九七年第六期、一九九七年一二月）一二八頁。表題は、「斯大林関於中国在中朝辺境集結部隊問題致羅申電（一九五〇年七月五日）」。

(56)　「葛羅米柯與印度大使拉達克里希南的談話備忘録（一九五〇年七月一三日）」、「附件　印度大使拉達克里希南一九五〇年七月一三日交給葛羅米柯的信」、「葛羅米柯與印度大使拉達克里希南的談話備忘録（一九五〇年七月一五日）」、「史達林対尼赫魯的回信」（前掲『俄国档案館的解密文件』一、二冊）四四六―四四八、四五三―四五四頁及び、前掲呉忠根、一四六頁参照。

(57)　軍事科学院軍事歴史研究部『抗美援朝戦争史』第一巻（北京、軍事科学出版社、二〇〇〇年）五四頁。周恩来「中国加入聯合国問題与朝鮮問題必須区別開来解決」（中共中央文献研究室『中共党史資料』第六五輯、一九九八年二月）一頁。宋恩繁、黎家松『中華人民共和国外交大事記』第一巻（北京、世界知識出版社、一九九七年）四一頁。

(58)　*Anatory Vasilievich Torkunov, Zagadochnaya Voina: Koreiskii konflikt* (Godov: Rosspen, 2000).【邦訳、A・V・トルクノフ、下斗米伸夫、金成浩（訳）『朝鮮戦争の謎と真実』（草思社、二〇〇一年）】一五五―一五七頁（邦訳）。

(59)　前掲周恩来、一―二頁参照。

(60)　七月一五日にグロムイコがラダクリシュナンと会見したおり、グロムイコは、アメリカ議会が「朝鮮の衝突ですら取り除けないのに、中華人民共和国の安保理入り問題（国連代表権問題のこと―筆者）など提起できるはずがない」と公表したとするイギリス国営放送の報道を、ラダクリシュナンが引用していたと記録している。こうした情報が中国側にどれだけ伝わっていたかどうかは不明だが、国連代表権問題が朝鮮問題の後景に退きつつある状況が見てとれよう。前掲「葛羅米柯與印度大使拉達克里希南的談話備忘録（一九五〇年七月一五日）」四五三頁。

(61)　前掲『朝鮮戦争の六日間―国連安保理と舞台裏』二〇一―二一七頁参照。

(62)　前掲『朝鮮事変の経緯』六二頁参照。

(63)　前掲『北京・台湾・国際連合』七二―七三頁参照。なお、一九五〇年九月の第五回国連総会において、中国の国連代表権問題は総会の特別委員会で、主として代表権を承認するための基準をめぐる問題について議論が重ねられた。一二月一四日、国連総会は「代表権の一般的諸原則」を採択したものの、具体的な措置を採るまでには至らなかった。同右、六八―七一頁参照。前掲佐藤栄一、三三〇―三三一頁参照。

(64)　青石「朝鮮停戦内幕―来自俄国档案的秘密」（『百年潮』一九九七年第三期、一九九七年五月）四四頁。以下、「青石論文B」

と略記。

(65)　同右、四五頁参照。

(66)　「外交部長周恩来通知任命張聞天等五人為中国出席聯合国大会第五届会議代表致聯合国秘書長電（一九五〇年八月二六日）」（前掲『対外文件集』第一集）一三六頁。

(67)　「葛羅米柯関於対周恩来的答覆羅申電（一九五〇年九月二〇日）」（前掲『俄国档案館的解密文件』）四五二―四五四頁。前掲『朝鮮戦争の謎と真実』一六〇―一六七頁。なお九月二二日、毛はユージンと接見し、推測と断りながらも、アメリカが中国の国連代表権を認めず、また中国と外交関係も結ばない情況下では、中国の行動を抑制することができず、特にアジア問題での対応が困難になることから、必ずしもアメリカが代表権問題の否認には固執しないとの指摘をしていた。

(68)　「外交部長周恩来訴責安全理事会対朝鮮問題的決議以及美国侵犯中国領土台灣致聯合国電（一九五〇年七月六日）」、「外交部長周恩来為控訴美国武装侵略台灣併要求安全理事会制裁美国致聯合国電（一九五〇年八月二四日）」、「外交部長周恩来要求安全理事会制裁美国侵朝飛機侵入中国進行掃射的罪行聯合国電（一九五〇年八月二七日）」同右、一三二、一三四、一四〇頁参照。

(69)　前掲『朝鮮事変の経緯』六四―六五頁及び、九六―九八頁参照。

(70)　安田淳「中国の朝鮮戦争第一次、第二次戦役―三八度線と停戦協議」（前掲『法学研究』第六八巻第二号、一九九五年二月）三八七頁参照。以下、「安田淳論文Ａ」と略記。

(71)　前掲『朝鮮事変の経緯』一三一―一三二頁参照。

(72)　中国社会科学院《蘇聯歴史档案集》課題組「関於抗美援朝戦争期間中蘇関係的俄国档案文献（連載二）」（『当代中国史研究』一九九八年第一期、一九九八年二月）一〇〇―一〇一頁。表題は、「聯共（布）中央政治局会議第七八号記録摘録（一九五〇年一一月九日）」。

(73)　「外交部長周恩来声明中国不能接受安全理事会一一月八日会議決定的邀請併提議将控訴武装侵略台灣案和美国武装干渉朝鮮問題合併討論致聯合国電（一九五〇年一一月一一日）」（前掲『対外文件集』第一集）一七六―一七七頁。

(74)　「外交部長周恩来通知伍修権為中国出席安全理事会討論控訴武装侵略台灣案的特派代表致聯合国秘書長電（一九五〇年一〇月二三日）」同右、一六一―一六二頁。

(75)　「伍修権代表の国連安保理事会における発言（一九五〇年一一月二八日）」（前掲『資料集成』第三巻）一九一―二一〇頁参照。

(76)　中国社会科学院《蘇聯歴史档案集》課題組「関於抗美援朝戦争期間中蘇関係的俄国档案文献（連載三）」（『当代中国史研究』

一九九八年第二期、一九九八年四月）一一七―一一八頁。表題は「葛羅米柯関於与王稼祥会談的日記摘録（一九五〇年一一月四日）」。
(77) 同右、一一九―一二〇頁。表題は「羅申関於中国政府停止朝鮮軍事行動条件的電報（一九五〇年一一月七日）」。なお『抗美援朝紀実』によると、周はこの条件を既に七月の段階からもっていたようであり、それからするとソ連側に中国側の原案を提示して、対応を協議したことになる。柴成文、趙勇田『抗美援朝紀実』（北京、中共党史資料出版社、一九八七年内部発行）四七頁参照。
(78) 同右、一二〇―一二一頁。表題は「葛羅米柯関於蘇聯同意中国政府停止在朝鮮軍事行動的条件致羅申電（一九五〇年一一月七日）」。
(79) 前掲「青石論文B」四七頁。
(80) 前掲宮崎繁樹、一一九頁参照。
(81) 「伍修権在紐約成功湖記者招待会上的談話（一九五〇年一一月一六日）」（前掲『対外関係文件集』第一集）一四一頁。
(82) 「関於我軍必須越過三八線作戦給彭徳懐等的電報（一九五〇年一二月一三日）」（前掲『毛文稿』第一冊）七二二―七二三頁参照。中国軍が三八度線以南に進軍することについての中国内部での決定過程については、前掲安田淳、三九七―四〇三頁に詳しい。
(83) 「一九五〇年一二月一五日二一時給各軍併報軍委、東司的電報」（彭徳懐伝記編写組『彭徳懐軍事文選』、北京、中央文献出版社、一九八八年）三五五頁。なお、毛沢東と彭徳懐の三八度線以南への進軍をめぐる議論は、一二月一五日以降も続いている。平松茂雄「第三次戦役をめぐる毛沢東と彭徳懐の確執」（『国防』第四〇巻第一号、一九九一年一月）参照。
(84) 「国連総会が『朝鮮停戦三人委員会』設置決議を不法可決したことに関する周恩来外交部長の声明（一九五〇年一二月二二日）」（前掲『資料集成』第三巻）二三六及び、二三九頁。
(85) 註(76)と同じ。
(86) 安田淳「中国の朝鮮戦争第三～五次戦役―停戦交渉への軍事過程」（小島朋之、家近亮子編『歴史の中の中国政治―近代と現代―』、勁草書房、一九九九年、所収）一六五―一六六頁参照。以下、「安田淳論文B」と略記。
(87) 前掲『朝鮮事変の経緯』一六一―一六三頁参照。
(88) 前掲『周年譜』一一七頁。

(89)「外交部長周恩来建議召開七国会議談判迅速結束朝鮮戦争及和平解決亜州問題致聯合国大会第一委員会主席的復電（一九五一年一月一七日）」（前掲『対外関係文件集（一九五一―一九五三）』第二集、一九五八年）四頁。
(90) 前掲『朝鮮事変の経緯』一六五頁参照。
(91) 前掲「安田淳論文B」一七〇―一七一頁参照。
(92) 第四章参照のこと。
(93) 筆者は未見だが、二〇〇四年に公開された中国外交部のアーカイブには、一月一七日の周の反対提案の発表以降、中国外交部がこの内容を各国の在華大使館・領事館（インド、イギリス、スウェーデン、デンマークなど）に直接通知したときの中国側と各国の外交官との会見記録が残っているという。そのなかで、発表当日に周と会談したパニッカーは、彼自身は現下の戦闘行為を停止する交渉の必要性を訴えた中国の反対提案の重要性を理解できたものの、「中国の回答（反対提案のこと―筆者）がこの点に関して明確に述べられておらず、誤解を与える可能性がある」と指摘していたという。こうしたパニッカーの指摘も相俟って、一月二二日の周の提案が形成された可能性は高い。沈志華「外交部档案開放与中外関係史研究的一些問題」（『党史研究資料』二〇〇四年第三期、二〇〇四年六月）二一―二二頁。
(94)「外交部関於印度政府対外交部長周恩来致聯合国復電的詢問的答復（一九五一年一月二二日）」（前掲『対外関係文件集』第二集）六―七頁。
(95) 前掲「安田淳論文B」一七一―一七二頁参照。
(96) 前掲「青石論文B」四九頁参照。
(97)「中華人民共和国を侵略者であるとする国連総会の決議（一九五一年二月一日）」（前掲『資料集成』第三巻）二五四―二五五頁。前掲『朝鮮事変の経緯』一六八―一七二頁参照。
(98) 前掲『周年譜』一二二頁。
(99) 前掲『抗美援朝紀実』八五―八六頁。
(100)「毛沢東関於金日成和高崗赴蘇問題致斯大林電（一九五一年六月五日）」（前掲『中蘇同盟与朝鮮戦争研究』）四五八―四五九頁。
(101)「毛沢東関於停戦談判問題致高崗、金日成電（一九五一年六月一三日）」（前掲『中蘇同盟与朝鮮戦争研究』）四六三―四六四頁。

(102)　停戦交渉については、第七章を参照のこと。

(103)　前掲『朝鮮戦争の六日間―国連安保理と舞台裏』七九頁参照。

(104)　沈志華氏によれば、中国外交部のアーカイブに、一九五一年六月二六日付けの「外交部国際司のソ連が停戦交渉を提起する状況に関する報告」と題する文書があるという。この資料は、朝鮮戦争の勃発からこれまでの期間にソ連と中国が国連に向け、中国代表権問題、台湾問題及び、朝鮮停戦問題をどのように提起していたかを中心に、中ソ両者を比較して考察したものであるが、このなかで、ソ連が朝鮮問題の解決を国連に向け、「正式」に提起した四回（七月一五日、八月四日、一〇月二日、一二月九日）のうち、中国代表権問題を取り上げたのは、七月と八月の二回のみで、ソ連が「これまで台湾問題とわが国の国連における代表権問題をそれぞれ関連させて提起したことはない」と指摘している。また中国側は伍修権の安保理での演説まで、「我が方はこれまでずっと台湾問題とわが国の国連における代表権問題とを朝鮮問題と併せて解決することを提起していない」と述べ、既に述べた周の一二月二二日からそれを行ったと指摘している。本章で見た通り、朝鮮戦争勃発後、中国は国連代表権問題と朝鮮問題を「区別して解決」する方針を打ち出していたことから、しばらく台湾問題を含めて、両者の問題を「区別」して国連にアピールしていた中国側の方針には一貫性が窺える。また中国がソ連に対し、国連で「台湾問題とわが国の国連における代表権問題をそれぞれ関連させて提起」することをどの程度依頼していたのか、資料上判然としないため、この文書での外交部のソ連への「批判めいた主張」にどの程度の妥当性を付与できるものなのかを判断しがたい。しかしながら少なくともこの時期の中国の国連代表権問題をめぐる中ソ両国の連携が不十分であったことは、この文書からも窺える。前掲「外交部档案開放与中外関係史研究的一些問題」二〇―二六頁。

第三部　朝鮮戦争の停戦と中国の安全保障戦略の変容

第七章　朝鮮戦争の停戦交渉と中国

——軍事境界線問題をめぐる中国の交渉戦略——

はじめに

一九五一年七月から始まった朝鮮戦争の停戦交渉については、朝鮮戦争研究のなかでも従来研究蓄積が乏しい分野であった。その理由の多くは、資料面での制約、特に停戦交渉に関わった社会主義諸国、すなわち、中華人民共和国（以下、中国と略記）、北朝鮮（朝鮮民主主義人民共和国）ならびに、両国の停戦交渉を背後で支えたソ連の資料が極めて少なかったことに由来していた。

だが近年、スターリン、毛沢東（以下、毛と略記）、金日成（以下、金と略記）の三者間で、停戦交渉の進め方について、様々なやり取りがあったことを裏づける旧ソ連時代の機密文書の出現で、中国がどのように交渉を進め、朝鮮戦争の終結を導こうとしていたのかを窺うことも、それほど難しいものではなくなってきた(1)。

これに伴い、中国側から見た停戦交渉についての研究も幾つか発表されるようになったものの、開始より二年あまりも続いた停戦交渉において、そこで協議された個々の議題に対して、中国がどのような交渉戦略を掲げ、現実の交渉を進めていったのかを考察した研究は極めて少ない(2)。そこで本章では、停戦交渉において実質上、最初の議題となった軍事境界線問題の協議を採り上げ、この議題に対する中国の交渉戦略の実態を明らかにしてゆきたい。

ここで軍事境界線問題を採り上げる理由は二つある。第一に、朝鮮戦争の停戦交渉が戦史史上稀な「停戦なき交渉」であったということである。[3] すなわち、交戦双方は交渉開始後も戦闘を継続し、その軍事的勝利は自方に有利な停戦合意を見出すための前提となっていた。従って交渉中に展開された戦闘の動向が、戦争終結を目指した停戦交渉全体に大きな影響を与えていたのである。次いで、停戦交渉における軍事境界線の画定が、あたかも朝鮮戦争全体の勝敗を印象づけるかのごとき議題であったことである。

「停戦なき交渉」において、軍事境界線の画定が戦争の勝敗をも印象づけるものになり得たとすれば、交渉戦略を打ち立てる際、更なる戦闘での勝利を予測し、軍事境界線問題の協議にそれを如何に反映させるかが大きな課題となる。だが、停戦交渉開始後、交戦双方ともに圧倒的な勝利を予測し、交渉戦略を打ち立てることは極めて難しい軍事情勢であった。それは開戦からほぼ一年間にわたる戦闘が既に膠着状態にあり、「陣地戦」の様相を呈していたからである。従って以下に述べるように、中国指導層内部では、現下の軍事情勢と自軍の戦闘能力をめぐって、様々な議論が交わされていた。

本章の課題は、継続した戦闘での勝利が重視されていた「停戦なき交渉」のなかで、中国が、現下の軍事情勢と戦闘能力を如何に判断し、軍事境界線問題の交渉に取り組んだのかを検討することにある。本章では既に述べた旧ソ連時代の機密文書のほか、近年中国側から刊行された資料をも多用して検討を加えていくこととするが、資料上の制約がそれを分析するのに未だ不十分であることをあらかじめお断りしておきたい。[4]

一、停戦交渉の前史

朝鮮戦争の停戦に向けた動きは、既に開戦直後から始まっていた。これは開戦から二日後の六月二七日に、国際連合安全保障理事会（以下、安保理と略記）が朝鮮半島情勢の収拾を決議したことで、イギリスやインドが、当時安保理への出席を拒否し続けていたソ連に対し、安保理への復帰とともに、朝鮮問題の解決をめぐって、水面下の交渉を重ねていたことに始まる。だが、イギリスやインドの要請に応じて、ソ連は安保理への復帰と朝鮮問題の和平協議の開催については概ね同意するものの、既に安保理が国際連合軍（韓国軍も含む、以下、国連軍と略記）の派遣を決定していたなかで、北朝鮮軍に即時停戦と北緯三八度線（以下、三八度線と略記）以北への撤退を働きかけることを拒絶していた[5]。

八月に入り、ソ連は安保理に復帰したが、安保理ではかえって米ソの対立が深刻化し、何ら戦争終結に向けた事態の収拾には至らなかった。これは当時、北朝鮮軍が朝鮮半島の南端にまで進撃し、戦闘を有利に進めていたことで停戦に結びつく情況が現れていなかったことをも反映していた。九月一五日、アメリカ軍の仁川上陸作戦成功以後、国連軍は北進反撃を続け、戦況は一時彼らの優勢に転じたものの、一〇月中下旬に中国人民志願軍（以下、中国軍と略記）が参戦すると、再び戦況は反転した。こうして一九五一年初めまでの朝鮮戦争の戦況は中国・北朝鮮軍の優勢が保たれていたのである。

中国は朝鮮戦争への参戦前後から、停戦に向けた国際社会の動向のなかで既に重要な役割を演じていた。これは中国が抱えていた国連代表権問題と台湾問題が朝鮮停戦問題と複雑に絡み合っていたことにより、安保理は中国に対し事情聴取を行う名目で、国連総会への出席を認めていたからであった。一一月二八日、国連総会においてこれらの問題に関し二時間にも及ぶ演説を行った中国代表の伍修権は、朝鮮問題の解決について、全ての外国軍隊が朝鮮半島から撤退することを主張していた[6]。

一九五一年一月中旬、既に前年末より中国・北朝鮮軍は再攻勢を始めていたが、国連は中国に台湾問題や国連代表権問題の協議を含めた朝鮮戦争の即時停戦案を提示した。しかしながら、ソ連、中国、北朝鮮の間では、既に戦闘停止後の停戦協議を拒絶するコンセンサスが出来上がっていた。従って中国は国連提案を拒絶し、現下の戦闘行為の停止を明確にするための期限付停戦の実施後、本格的な停戦交渉に入ることを示した反対提案を行っていた[7]。だが、このことは国連による停戦提案の全面的な拒絶と受け取られ、それ以後、国連では中国を「侵略者」として非難する決議が採択され、停戦の機運は熟さなかった。

交戦双方に再び停戦の機運が到来したのは、戦闘が膠着状態に陥っていた一九五一年の初夏のことであった。

五月三一日、アメリカ国務省前政策企画部長のケナンは安保理のソ連代表のマリクに、アメリカ側の意向として広範な政治問題を含まない、交戦双方の司令官の協議による純軍事的な停戦交渉の開催を提起した[8]。これを受けてソ連は直ちにアメリカの意向を中国・北朝鮮へ伝えていた。六月初旬、北京では毛と金の首脳会談が行われていたが、事態の変化に伴い、ソ連を含めた三国間での停戦をめぐる意見調整が必要となっていた[9]。

既に述べたように、中国は戦闘行為を停止する条件をめぐって、協議の開催を求めており、停戦交渉を受諾する方針は比較的早期に固まっていた[10]。だが他方で、中国指導層は不利な戦況で交渉に突入することを懸念していた。そこで中国指導層は停戦交渉開始後も、未だ「頑強な戦闘意志と自信をもっている」国連軍と「戦いながら交渉する」方針を確定するとともに、中国軍はこれまで通り国連軍との戦闘を続け、三八度線付近の固守を目標とした[11]。従って以下に述べるように、中国は軍事境界線問題の交渉において、三八度線を軍事境界線とする交渉方針を打ち立てるが、それを勝ち得るためには交渉開始後も戦闘を継続し、優位な戦況に改善することを前提条件としていたのである。

六月中旬、モスクワにおいてソ連、中国、北朝鮮三カ国による停戦交渉をめぐる意見交換がなされた後、六月二三日、マリクは国連放送を通じて交戦双方に停戦を呼びかける演説を行った。そして、交戦双方はこれを受け入れる形で七月一日までに停戦交渉の開催に同意した。

七月一〇日、交戦双方の停戦交渉代表団（以下、交渉代表団と略記）による協議は、三八度線上の中国・北朝鮮軍側の占領区域であった開城で始まった。だが協議は冒頭、交渉議題の採択をめぐって早くも紛糾し、一時は交渉の継続すら危ぶまれた[12]。

停戦交渉開始から一七日後の七月二六日、中国・北朝鮮軍は、それまで譲らなかった外国軍隊の撤退問題を、政治交渉の場で採り上げることを一方的に宣言し、それを停戦交渉の議題に入れることを断念した。これによりようやく、実質的に最初の交渉議題となる軍事境界線を画定する問題の交渉に入ることになったのである[13]。

しかしながら、交渉議題の採択だけで真っ向から対立する事態に至ったことは、交戦双方ともに交渉の長期化だけでなく、交渉決裂が不可避的な事態となることをも想定して、自方に有利な交渉合意を導くには、更なる戦闘の成果が不可欠であるという認識をより深めていくことになったのである。

それでは次節以降、中国が交渉の進展と現下の戦況ならびに、自軍の戦闘能力に鑑み如何なる交渉戦略を打ち立てていったのかを検討していくこととしよう。

二、軍事境界線問題の交渉と「第六次戦役」の策定

七月二六日、交渉議題の合意に至った後、交戦双方は、直ちに第二の議題である軍事境界線を画定する問題の協議に入った[14]。

最初の交渉において、中国・北朝鮮軍側は早速、軍事境界線を三八度線とすること、国連軍側は地上軍の軍事力

のみならず、海、空軍の優勢を勘案した戦闘ラインを軍事境界線とすることを提起した。国連軍の主張は、海、空軍の優勢を地上軍の戦闘の成果に反映させること（以下、「補償の概念」とする）で、現接触線から北方へ約三〇～四〇キロラインを軍事境界線とするものであった。[15] 無論、これは三八度線以北に軍事境界線を設定する主張であり、中国・北朝鮮軍側にとって受け入れられるものではなかった。

軍事境界線問題における国連軍側との対立は、既に交渉議題の採択時から判明していた。[16] 従ってこの協議に入る以前から、中国指導層は有利な交渉合意を導き出すために軍事的な成果を挙げる方向性を模索していた。

七月二四日、中国軍の総司令彭徳懐（以下、彭と略記）が毛に宛てた電報では、アメリカは未だ戦争状態の継続を望んでいるとした上で、「我が方は更に幾度の戦闘に勝利し、『三八度線』以南に至って攻撃を行った後、再び『三八度線』へ戻り、（これを—筆者）軍事境界線とし、和平交渉を行」うとし、「全局から見れば、停戦交渉は利するところも多いが、戦争も恐れてはならない」と述べ、「反撃の戦役」の準備を八月中に完成し、もし国連軍が進攻しなければ、九月には作戦を開始するという方針を伝えた。[17] 七月二六日、毛は返電で「我が方が積極的に九月攻勢を準備することは、完全に必要なことである」と述べ、彭の方針に同意していた。[18]

ここに彭が「反撃の戦役」と述べている中国軍の作戦は、一般的には「第六次戦役」と言われている。当時中国軍総部の作戦科長であった孟照輝氏によれば、この「第六次戦役」は、既に述べた六月初旬の中国と北朝鮮との首脳会談を経て、その原型が形成されていったという。[19] それは六月一一日に毛が彭に宛てた電報によれば、「八月に一度、勝算が高く、少しずつ着実に進める反攻作戦を行えるよう準備する」と述べていることから、当初は比較的小規模な戦役を想定していたものと思われる。[20]

だが、彭が七月一日に中央人民政府人民革命軍事委員会（以下、中央軍委と略記）に宛てた電報には、「もし敵（国連軍のこと、以下同じ）が北に向け急進したとき」と情況を限定しつつも、その場合「中規模の戦役を行う」ことが既に明記されていた[21]。こうしたことから、二四日の彭の電報は、戦闘全体の規模が当初想定していた「第六次戦役」よりも、比較的大きな戦闘を意図していた可能性が窺われる。おそらく、彭は停戦交渉における国連軍側の非妥協的な姿勢が判明したことから、このような判断を下したものと推測される。すなわち、中国は有利な停戦交渉を推し進める上で、戦闘への依存度を高めていったのである。

ところで、肝心の軍事境界線問題の交渉は、双方とも先に述べた主張を譲らず、行き詰まりを見せていた。中国・軍事科学院の斉徳学氏によれば、七月三一日、中国軍側の代表として停戦交渉に参加していた鄧華と解方は彭に宛てた電報で、ソ連の国連に対する圧力やアメリカとその同盟国の間での意見対立など、外的要素が加わらなくては、国連軍側を「『現接触線で停戦させるだけで精一杯』」であると厳しい交渉の現実を伝えた上で、交渉の決裂をも想定して八月中の戦闘準備を主張するとともに、「『停戦交渉は政治攻勢が必要であり、特に戦闘での勝利が、（それに—筆者）重なってこそ、更に有利なものとなる』」と述べていたという。

既に述べた彭の認識に比べ、停戦交渉の現場にいる鄧華らは、交渉成立の見込みをより一層厳しく認識しているように見える。また彼らは、交渉が決裂した場合を想定して、早期の戦闘準備とその戦いに勝利することでの有利な停戦交渉の再開をも強調していた[22]。

このように中国は、国連軍側との厳しい対立のなかで、交渉の継続以上に、自軍の戦闘の勝利によって、軍事境界線問題における交渉の合意を見出そうとする姿勢を強化していった。だが八月以降、中国指導層がこうした姿勢によって合意を見出すには、多くの困難が存在している現実を認識し始めるのである。

三、「第六次戦役」の延期と中国側の譲歩

八月四、五日、北京では、周恩来（以下、周と略記）、聶栄臻（以下、聶と略記）、空軍司令員の劉亜楼（以下、劉と略記）ならびに、ソ連駐華総軍事顧問代理のクラソオフスキー（S. A. Krasovskii）ほか空軍関係者により、中国空軍の参戦時期などをめぐり会議が開かれ、この会議で中国空軍の作戦開始時期を一一月に遅らせるとの結論が出された[23]。

また八月一〇日にも、周、聶、劉ならびに、砲兵司令員の陳錫聯、総後勤部長の楊立三、総参謀部作戦部長の李涛らによる「政務会議」が開かれ、この会議で後方からの物資供給態勢が整わないことなどにより、中国軍が「二〇日から一カ月間連続して作戦を進めることが非常に困難」であること、またこうした情況から「九月も交渉が継続すれば、我が方から大きな攻撃を発動することは大変不利であり、もし再度大きな勝利が得られなければ、交渉への影響はさらに好ましくな」く、「もし九月に交渉が決裂した」場合でも、「第六次戦役」を一一月に遅らせるほうが良いとの指摘がなされた。翌日、周は毛にこうした議論の内容を伝え、これらの見解に同意を求めるとともに、中国のこうした認識はスターリンにも伝えられた[24]。

このような事情を受け、中国は行き詰まっていた軍事境界線問題の交渉において、従来の主張を一歩後退させ始めることになる。

その兆候は、八月一一日午前七時に、毛が中国の交渉代表団の協議を後方から指揮していた李克農（以下、李と略記）に宛てた電報から窺うことができる。これによると、毛は国連軍側が「補償の概念」を含めた軍事境界線の画定を放棄すれば、三八度線を軍事境界線の基線とする考えは取り下げないものの、「地形」の状態を考慮し、

「現下の戦線」に若干の「調整を加えた軍事境界線の画定」を行うとした修正案の提出を指示していた。(25)

この修正案について、毛は一三日午前二時に李に宛てた電報で以下のように説明している。それによれば、軍事境界線を臨津江以東では、三八度線以北に引き、臨津江以西では、三八度線以南に引くことを示しており、事実上、三八度線を軍事境界線とすることを拒絶していた国連軍に対する懐柔案となっていた。(26)

これに対し、八月一二日午前四時に李が毛に宛てた返電では、「敵の最終的な（軍事境界線問題での—筆者）決着は現在の前線における軍事活動の停止である」と断定した上で、行き詰まっていた交渉に対して更に踏み込んだ譲歩の必要性を訴えていた。(27)だが、既述の一三日午前二時の毛の返電は、「敵の最初の提案は、ただ我が方の三八度線の主張に対して譲歩を迫るためのものでしかない」との認識を示しており、この時点では、既に述べた修正案の方針を越える内容を指示することはなかった。(28)

しかしながら、八月一四日、国連軍総司令リッジウェイが記者会見において、概ね現有の戦線で軍事境界線を画定すると発言したことを受け、中国の交渉代表団は現時点の接触線を軍事境界線とする議案に対して内部で検討を重ね、一六日には、その「草案」を毛に建議していた。(29)

また翌一七日に、毛が金に宛てた電報では、既に述べた八月一一日の毛の修正案にもとづいて画定する線を軍事境界線と呼称し、交渉で「『三八度線を提起する必要はない』」と述べるとともに、こうすることが「『将来の朝鮮問題の政治解決を拘束しない』」との見解を示し、これらについて金の同意が得られれば、交渉の進捗情況を考慮した上で、交渉代表団が国連軍側に「『三つの段階に分けて』」修正案を提示すると伝えていた。(30)

このように中国は徐々に現接触線を軍事境界線とすることへ動き始めていた。だが、中国指導層と金との間には、こうした考えが比較的早くから共有されていた可能性がある。

これは後の一一月一四日に毛がスターリンに宛てた電報で見ることができる。当時、交渉は大詰めの段階にあり、最終的な軍事境界線の画定をめぐり双方の占領区域の交換問題が議論となっていた[31]。一四日の電報はこの議論がほぼ終わったことを伝えるとともに、軍事境界線問題に関する最終的な報告ならびに、その他の交渉議題について、毛がスターリンの指示を仰いだものであった。

この電報によると、毛は「我々の三八度線を軍事境界線とする主張」は、「将来の政治交渉のなかで、全ての外国軍隊が朝鮮から撤退する問題とともに解決する」とし、現時点では「先立って、現接触線で停戦」すると述べ、この件について「金日成同志は、本年六月、北京で停戦条項について話し合ったとき、こうした見解をもっていた」と伝えている[32]。

この記述では、金が六月の北京会談で現接触線を軍事境界線とする考えにどれほど積極的な見解をもっていたかは明確ではない。だが既述のように、毛は停戦交渉が始まって間もない段階から、国連軍側との意見対立を予想していたことから、少なくとも中国が腹案としてこうした方針をもっていた可能性は高い。

とすれば、中国指導層は現接触線を軍事境界線とすることに対してさほど抵抗がなかったはずであり、従来の主張に対して一定の譲歩を行うことにも吝かではなかったと思われる。

だがともすれば、中国指導層は自ら現接触線への譲歩を示すことに対して、国連軍側からの明確な譲歩も期待していたはずである。既述の八月一四日のリッジウェイの発言は、中国指導層にとって国連軍側の譲歩とは映らなかったのであろう。すなわち、一三日の毛の電報で明らかなように、「敵の最初の提案」の主要な部分である「補償の概念」を取り下げない限り、中国にとっては明確な譲歩とはならなかったのである。

ところで以上のように、中国は軍事境界線問題の譲歩に向けて動き出したが、他方でこうした譲歩は、三八度線の固守を必須条件とした従来の作戦方針の修正をも迫った。

既に述べた斉氏によれば、八月一八日、鄧華は毛、彭に「敵の最低限の停戦条件は現接触線での停戦であ」り、この条件が中国・北朝鮮軍側にとって不利なものではないと述べた上で、「我が方は（これまで―筆者）二、三回の戦役を経て、敵を三八度線（以南―筆者）に追いやることを想定していたけれども、第一に、我が方の現有の装備情況で三八度線を越えて攻撃するのは難しいし、第二に、たとえ三八度線を越えて攻撃しても重大な代価を払うことになろう」と指摘し、「敵が現接触線での停戦さえも受け入れな」い場合にしか、断固たる攻撃は行うべきではないとの個人的な見解を示したという[33]。

八月一九日、彭は鄧華に返電し、彼の見解に同意するとともに、国連軍との「攻堅戦（陣地戦）」が従来の作戦方針に比べ「一歩退く」ものではあるが、大きな戦局の変化をもたらすものではないとの見解を示した[34]。同日、中央軍委は彭に宛て、九月に予定されていた「第六次戦役」の延期を勧告し[35]、更に毛は八月二一日に、九月の「第六次戦役」の実施を見送り、「戦術性の反撃」を行う方針について、彭に意見を求めていた[36]。

このように、中国は自軍の戦闘能力を考慮し、「第六次戦役」の延期を決定するとともに、軍事境界線問題の交渉においても国連軍に対する譲歩の方針を固めていったのである。

四、交渉の中断

八月一五日以降、交戦双方は交渉の行き詰まりを解消するため、軍事境界線問題の細部事項を協議する小委員会での交渉を始めていた。

この小委員会での交渉は、既述のように中国・北朝鮮軍が軍事境界線問題に対して従来の方針を修正しようとしていたため、この問題の合意に一筋の光明が見え始めていた。だが、八月一八日、国連軍が朝鮮半島中部・東部戦線における北朝鮮軍の防衛陣地に対して、いわゆる「夏季攻勢」を発動したこと、更に八月二二日深夜、「国連軍空軍」による交渉会場への爆撃事件をきっかけに、中国・北朝鮮軍は国連軍に交渉の打ち切りを通告していたのであった[37]。

この爆撃事件の真相は判然としないが、中国・北朝鮮軍が八月二三日以降の交渉の打ち切りを決断した背景には、中国・北朝鮮軍が交渉合意に向け、大きな譲歩を行おうとした矢先であったことと関係が深い。

八月二二日、交渉代表団は毛、金に、以下のような電報を送っていた。すなわち、交渉代表団は、毛が八月一一日に指示していた「三八度線を基線に若干の調整を加えた」軍事境界線での停戦案を「政治的」に「大きな意義がない」と指摘した上で、交渉において「一旦敵が現接触線での停戦を提起すれば、我が方は受け身となる」から、国連軍が「現在の提案（すなわち、「補償の概念」のこと—筆者）を放棄するのを待たず」して、先に中国・北朝鮮軍が戦線の若干の調整を加えた現接触線での停戦案を提起すると伝えていたのであった[38]。

だが、八月一九日に中央軍委が彭に宛てた電報には、軍事境界線問題に関して「毛主席の八月一七日」の指示にもとづいて、「公平で合理的な解決」を求めるとの方針が示されていた。すなわち、毛は少なくとも八月二二日まで、交渉代表団に八月一一日の修正案をもとにした一七日の見解以上に譲歩した停戦案を指示することはなかったのである[39]。

このことからすると、交渉代表団は非常に大きな譲歩を決断しようとしていたのであり、既述の電報で、こうした譲歩は国連軍に「交渉延期の口実」を与えず、「迅速な停戦を実現するための総方針」であると位置づけ、交渉代表団の建議は、毛、金の同意を得るに至っていたのである[40]。

二二日の交渉において、北朝鮮軍代表の李相朝は国連軍側に「補償の概念」を取り下げれば、中国・北朝鮮軍も三八度線を軍事境界線とする案の修正を行うと発言し、これに対し国連軍側は「上司の承認を得た上で」、原案の修正に同意すると答えていた。これを受け、双方の交渉代表団は、翌二三日に休止していた正式な協議を復活させることに合意し、停戦交渉の行き詰まりは解消される方向に進んでいたのである[41]。

二二日当日の交渉では、中国・北朝鮮軍の交渉代表団が実際に電報に示されているような譲歩を行ったようには見受けられないが、少なくとも大きな譲歩を考えていた当夜に爆撃事件が発生したことは、中国・北朝鮮軍に深い衝撃を与え、両軍の停戦交渉に対する態度を著しく硬化させたのである。

八月二五日、鄧華は彭に宛てた電報において、「『開城の停戦交渉の時機が不適当であったと深く感じている』」と述べた上で、「『我が方が交渉中において幾らかの譲歩をすれば、敵は我が方が必死に和平を求めているので、欺くことができると誤認し』」、「『我が方を圧して交渉を支配しようと企んでいる』」と伝えていた[42]。

この事件をきっかけに、毛は早急な譲歩を取り止めたようである。八月二七日にスターリンへ宛てた電報で、当面交渉を再開しないとの方針を伝えると、スターリンも八月二九日の毛への返電で、早急な譲歩が好ましくないと指摘していた[43]。

八月二二日の事件を契機に交渉は一時中断した[44]。だが、国連軍の「夏季攻勢」が九月一八日までに終結し、これと前後して、九月一〇日にアメリカ空軍の爆撃機が開城で機銃掃射を行った事件に対して、国連軍交渉代表のジョイ（Turner C. Joy）が文書で謝罪したことを契機に、中国・北朝鮮軍は国連軍に双方の連絡官レベルでの協議の再開を通達した[45]。

しかしながら、国連軍が開城での交渉再開を拒み、交渉会場の変更を主張したことにより、以後、連絡官レベルの協議は難航した。結局この一件は、一〇月七日までに交戦双方が新たに板門店での交渉再開に合意したことで事なきを得た。だがこうした動きには、軍事境界線問題に対する国連軍側の譲歩が関係していた。すなわち、それは一〇月三日に、リッジウェイが彭、金に直接宛てた書簡で、現接触線を軍事境界線とする妥協案を明示していたことにあった[46]。

リッジウェイの妥協案は事実上、従来国連軍が主張していた「補償の概念」を撤回するものであった。ジョイの日記によれば、国連軍のこうした決定は、九月二九日になされたようである。日記には、こうした提案が「好ましくないと受け取られたら、我々はそのとき、協議の場から離れるだろう」と述べられている[47]。おそらく、こうした国連軍の決意が中国・北朝鮮軍に伝わったのであろう。一〇月三日に毛が李に宛てた電報では、国連軍の交渉会場の変更要請を拒絶するとの方針が示されていたが、翌四日に毛が李に宛てた電報では、一転してその要請を受け入れるとの指示が出されていた[48]。

こうして一〇月七日以降、双方の連絡官による事務的な協議を経て、一〇月二五日から、軍事境界線問題の実質的な交渉が再開したのであった[49]。

五、国連軍の「秋季攻勢」と中国の交渉戦略の転換

既に述べたように、中国がその内部で軍事境界線問題に対する譲歩を検討し始めたとき、三八度線の固守を念頭においた従来の作戦方針の修正をも行っていた。すなわち、中国軍の「第六次戦役」は延期し、従来の作戦方針に比べ「一歩退」いた「攻堅戦」を実施するが、当面は国連軍に「戦術性の反撃」で対応することが決定されたのである。

だが、こうした修正がなされても、引き続き国連軍との戦闘を行い、それに勝利することで、有利な停戦条件を勝ち取ろうとする交渉戦略の基本方針に変更はなかった。

その意味で、中国軍にとって九月二九日から一〇月二二日まで続いた国連軍の「秋季攻勢」への対応は、現実の

戦闘から自軍の戦闘能力を検証する好機となった。ここではこの戦いの詳細は記さないが、中国の国防大学の徐焔氏は、中国・北朝鮮軍が「秋季攻勢」を通じて「政治的或いは、軍事的に非常に大きな勝利」を得たと述べている。それはまず、中国・北朝鮮軍が国連軍の攻勢に堪えて、「完全に現有の戦線が守れること」を証明し、次いでそれを受け、国連軍が「補償の概念」を放棄し、現接触線を軍事境界線とする中国・北朝鮮軍側の提案に同意せざるを得なくなったことにあると評価している。(50)

だが、たとえ「政治的或いは、軍事的に非常に大きな勝利」であったとしても、中国はこの「秋季攻勢」を通じて国連軍、特にアメリカの停戦に向けた基本的な姿勢ですら、見出すことができなかったのである。すなわち、国連軍の「秋季攻勢」に対して、一〇月一三日に彭が毛に宛てた電報では、「結局、（アメリカは―筆者）挑発して停戦交渉を決裂へともち込もうとしているのか或いは、我が方を威嚇して服従させようとしているのか、その真相は未だ十分に明らかではない」と述べており、またこれと前後して一〇月一日、彭が毛に宛てた電報では、現時点での朝鮮情勢の見通しについて、「戦争は延長されるか、予想より早く第三次世界大戦に拡大」する可能性があると指摘していたのである。(51)

おそらく中国は「秋季攻勢」への対応を経て、中国・北朝鮮軍の現接触線に対する防衛能力を確認した。しかしながら何故、中国が「戦いながら交渉する」方針を打ち立てたのかを翻って考えると、停戦交渉直前に毛と彭の間で認識されていた戦闘を継続する意義は「頑強な戦闘意志と自信をもっている」国連軍を打ち砕くことにあった。この側面からすれば、既述の彭の電報が未だこうした情況を見出せずにいることは明白である。

軍事境界線問題の交渉が再開した後の一〇月二九日までに、彭は各部隊に一一月から一九五一年末まで、「特に有利な情況を除いて」、大規模な反攻戦役の準備を行わないと通知していた。(52)すなわち「特に有利な情況」下でしか、大規模戦役を行わないとする作戦方針が定められたのである。ここにおいて、国連軍との戦闘を通じて、自身に有利な停戦条件を勝ち取ろうとする従来の交渉戦略は後景に退けられたのである。

一〇月一八日、毛は李に宛てた電報で、当時行われていた連絡官会議において、交渉代表団が国連側に譲歩しているような印象を避けながらも、実質的な交渉の再開を導くよう求めていた。続いて二四日の電報で、毛は李に双方が歩み寄ることを条件に、交渉再開後、直ちに現接触線に幾らかの調整を加えることをもって軍事境界線とする議案を提起し、この議案にもとづいて交渉を進めれば、合意の可能性が高いとの自らの見解を示していた。(53)

このように中国は国連軍の「秋季攻勢」への対応を経て、交渉再開後は円滑な協議の進展によって、軍事境界線問題の早期合意を目指そうとするに至ったのである。

おわりに

一〇月二五日、軍事境界線問題についての実質的な交渉が再開された。再開当初、交戦双方の占領区域を交換する議案が浮上し、交渉は紛糾したものの、一一月五日までに現接触線を軍事境界線とする基本的な合意に達した。更に交渉は、どの時点の接触線を現接触線とするかという問題（以下、「時点の問題」とする）についての検討に入った。この際、国連軍は全ての停戦合意の成立後、その調印時の接触線を軍事境界線としたのに対し、中国・北朝鮮軍は、本議題の合意時の接触線をもって軍事境界線とすることを主張した。(54)

中国のこうした主張は、明確に停戦条件を規定した上で停戦するという交渉の基本姿勢になぞらえたものであった。一一月一〇日に毛は李に宛てた電報で、中国側の基本姿勢を打ち崩そうとする国連軍の手法を非難するとともに、自方の主張を堅持するよう強く求めていた。(55)

だが、こうした中国の姿勢が効を奏したのか、一一月一七日、国連軍は三〇日間の期限付で、その間に全ての交渉議案が合意に至れば、本議題合意時の接触線を軍事境界線と認める提案を示した。そして中国・北朝鮮軍はこれを受け入れ、一一月二七日に軍事境界線問題の交渉は合意に達したのである。[56]

中国・北朝鮮軍が国連軍の期限付案を何故受け入れたのかは、明白ではない。ただし、三〇日の期限内に全ての交渉議案が合意に至るとの認識は希薄であった。一一月二〇日、毛は李に宛てた電報で、「もとより三〇日以内の交渉成立が良いが、期間を超えて長引くことも恐れない」との見解を示していた。[57] 傍証ではあるが、期限付案を受け入れた背景として、中国はこの時期、国連総会が開催されていたことに伴い、国際社会の停戦交渉の進展に対する期待を注視していた点を挙げることができる。毛は中国の交渉代表団に宛てた電報で、度々この点に言及している。[58]

おそらく、中国は、既に述べた八月二三日以降の一方的な交渉中断が、国際社会の朝鮮戦争を終結させようとする思惑のなかで、停戦に対して前向きではないとの印象を与えたため、それを打ち消そうとしていたのであろう。すなわち、軍事境界線問題の最終的な争点となった「時点の問題」において、既に中国・北朝鮮軍はその合意時の接触線を軍事境界線として停戦することを主張していたのだから、国際社会に国連軍が早急な停戦を望んでいないとの印象を与えることができた。また同様に、中国・北朝鮮軍は国連軍が提案する期限付案を直ちに受け入れたのであるから、停戦合意に前向きであるとの印象を与えるのに効果的であった。

以上のように軍事境界線問題は、一〇月二五日の交渉再開以後、ほぼ一カ月間を費やしただけで合意に至った。無論、これはそれまで交戦双方が紆余曲折した議論を繰り返した成果であるが、遅々とした交渉に対する苛立ちが合意を急進させたことも否めない。[59]

中国の交渉戦略から言えば、常に交渉決裂の危機に瀕しながら、粘り強い交渉の末、国連軍が主張する「補償の概念」を撤回させ、更に国連軍の二度の「攻勢」にも堪えたことにより、軍事的な裏づけをも得たことは、戦闘の成果を交渉に反映させることに、ある程度成功したと評価することができよう。

尤も、交渉議題の実質的な冒頭で軍事境界線問題を採り上げ、早期に戦争拡大の上限を設定し、自国の安全保障に帰結させようとしていたこと自体が中国の交渉戦略の大きな鍵であったとする見方もある。(60)なるほど、結果的には二年後の停戦交渉の調印時まで、戦闘は局地戦に抑えられ、交戦双方の接触線にも大きな変動はなかった。

中国指導層が軍事境界線問題の交渉にそうした思惑をもって臨んだことは、明確に停戦条件を規定した上で停戦するという交渉の基本姿勢からも明らかである。だが軍事境界線問題の協議終了時までに、中国指導層が現実的に自国の安全保障にまで及んで捉えられなかったことは、一〇月初旬の彭の電報に見られる危機感から窺うことができる。

すなわち、この時点において「頑強な戦闘意志と自信をもっている」国連軍の停戦交渉に対する意図さえ見出せなかったばかりか、それを自軍の軍事情勢から従来型の大規模な攻撃作戦をもって封じ込めることができなかった現実は、中国にとって「戦いながら交渉する」方針のなかで戦闘に大きな比重を置くことへの限界をも受け入れざるを得なかったのであり、そうした現実に向き合って、中国は交渉再開後の協議を進めていくことになったのである。

以後継続された停戦交渉において、中国指導層は交渉の現状と自軍の軍事情勢を勘案して、交渉の行き詰まりを打開する手段として戦闘を重視する以外、安定的な交渉環境の構築を重視した新たな交渉戦略を打ち出していくことになる。すなわち、軍事境界線問題の協議を経て、中国の交渉戦略は交渉自体に比重を置くように修正されたのである。

ところで、一一月二七日以降、交戦双方は全ての交渉議題の三〇日以内の合意を目指し、三番目の議題であった停戦実施問題、続いて四番目の議題であった捕虜問題へと精力的に討議を進めていったが、ついに合意には至らなかった。以後、局部的な戦闘が続き、接触線にも幾らかの変動があったため、軍事境界線の画定に最終的な合意を見たのは、交戦双方が停戦協定への調印を行った一九五三年七月二七日より三日前、すなわち七月二四日のことであった[61]。

他方で、一九五二年二月には、五番目の交渉議題とされていた政治会議の開催を交戦双方の関係政府へ勧告する問題も討議の場に上り、これにより交渉すべき議題は全てテーブルの上に出揃った。だがこの問題と先の停戦実施問題については一九五二年春までに合意を見たものの、捕虜の送還問題をめぐって交渉は膠着状態に陥り、最終的な合意までに一年余りの時間を要することになった。

しかしながら、捕虜問題の交渉が膠着状態に陥るまで、中国指導層は交渉の進展自体に重点を置き、自ら停戦交渉の決裂を導くような情況に至らぬよう細心の注意を払い、早期の停戦合意に大きな期待をよせていたのである。このことについては、次章でその詳細を明らかにしたい。

註

（1）旧ソ連時代の朝鮮戦争関係資料をいち早く中国文に翻訳したのが、沈志華氏である。氏の朝鮮戦争関係資料の発掘やそれにもとづく研究業績については、序章ならびに、本書巻末の「引用・参照文献一覧」を参照されたい。

（2）こうした資料を利用し、中国の停戦交渉における動向を明らかにしたものとしては、楊奎松氏が「青石」の名で『百年潮』誌に掲載した「朝鮮停戦内幕—来自俄国档案的秘密」（一九九七年第三期、一九九七年五月）のほか、Kathryn Weathersby, “Stalin, Mao, and the End of the Korean War,” Odd Arne Westad, ed., *Brother in Arms: The Rise and Fall of the Sino-Soviet Alliance, 1945-1963* (Stanford: Stanford University Press, 1998) がある。また我が国では安田淳氏が停戦交渉について精力的な分析を行っている。本章に関わりの深い成果として次の二点を挙げておく。（ア）「中国の朝鮮戦争停戦交渉開始に関する一考察」（慶應義塾大学法学研究会『教養論叢』第一〇八号、一九九八年三月）、（イ）「中国の朝鮮戦争停戦交渉に関する一試論—外国軍隊の

撤退と軍事分界線問題―」（軍事史学会『軍事史学』第一四一号、二〇〇〇年六月）。

（3）陸戦史研究普及会編『陸戦史集二六（朝鮮戦争九）会談と作戦』（原書房、一九七三年）。以下、『朝鮮戦争九』と略記。

（4）本章で主として参考にした近年中国側から刊行された文献は以下の通りである。中共中央文献研究室、中国人民解放軍軍事科学院『周恩来軍事文選』第四巻（北京、人民出版社、一九九七年）、中共中央文献研究室編『周恩来年譜（一九四九―一九七六）』上巻（北京、中央文献出版社、一九九七年）、《周恩来軍事活動紀事》編写組編『周恩来軍事活動紀事（一九一八―一九七五）』下巻（北京、中央文献出版社、二〇〇〇年）、王焔『彭徳懐年譜』（北京、人民出版社、一九九八年）。以下、順に『周軍事文選』、『周年譜』、『周軍事活動紀事』、『彭年譜』と略記。なお『周年譜』一六〇頁によれば、停戦交渉中において北京からの停戦交渉代表団などに対する電報は、通常、周恩来が起草し、毛沢東の審査・決定を経て発出されたと記載されていることから、本章ないし、次章では、周恩来が起草した電報でも、毛の審査・決定が確認できたものについては、毛沢東の電報として取り扱った。

（5）呉忠根「朝鮮戦争とソ連―国連安保理事会欠席を中心に―」（慶應義塾大学法学研究会『法学研究』第六五巻第二号、一九九二年二月）一四五頁参照。

（6）国連代表権問題と台湾問題については、第六章を参照のこと。

（7）「外交部関於印度政府対外交部長周恩来致聯合国復電的詢問的答復（一九五一年一月二二日）」（『中華人民共和国対外文献集（第二集）』、北京、世界知識出版社、一九五八年）六―七頁。

（8）李和倫「朝鮮戦争休戦をめぐるトルーマン政権の政策」（早稲田政治公法研究会『早稲田政治公法研究』第二九号、一九八九年四月）八―九頁参照。なお、アメリカはこうしたマリクを通じた停戦交渉の打診だけでなく、駐仏代理大使のボーレン（Charles E. Bohlen）が、ソ連の駐独管理委員会議長付政治顧問のシモノフ（Vladimir S. Semynov）を通じて、更には、アメリカ国務省政策企画委員のマーシャル（Charles Burton Marshall）が香港で北京の中国指導層に通ずる人物との接触を試み、停戦交渉を打診したという。マーシャルの接触については、William Stueck, *The Korean War: An International History* (Princeton: Princeton University Press, 1995)【邦訳、ウィリアム・ストゥーク、豊島哲（訳）『朝鮮戦争―民族の受難と国際政治』（明石書店、一九九九年）】pp. 206-207.

（9）前掲安田淳、（ア）一七五頁参照。

（10）中国は停戦交渉を受諾する過程で、それまで国連に朝鮮戦争ならびに、東アジアの安全保障に関わる政治問題として訴え続けていた台湾問題と国連代表権問題の解決を、この交渉において提起することを断念していた。このことについては第六章を参照されたい。

(11) 聶栄臻『聶栄臻回憶録』下巻（北京、解放軍出版社、一九八四年）七四二頁、「関於目前我軍同美英軍作戦的戦略戦術問題給彭徳懐的電報（一九五一年五月二六日）」（『建国以来毛沢東文稿』第二冊、北京、中央文献出版社、一九八八年内部発行）三三一頁。以下、『毛文稿』と略記。なお資料上、中国が最初に三八度線を軍事境界線とする主張を明確にしたのは、毛がモスクワ訪問中の高崗を通じてスターリンに宛てた六月一三日付の書簡に見える。「毛沢東関於停戦談判問題致高崗、金日成電（一九五一年六月一三日）」（沈志華『中蘇同盟与朝鮮戦争研究』、桂林、広西師範大学出版社、一九九九年）四六三―四六四頁。

(12) 前掲安田淳、（イ）五八―六五頁参照。

(13) 交渉議題の採択において決定した交渉議題は、以下の通りである。一、議題の採択、二、軍事境界線の画定ならびに、非武装地帯の設定、三、停戦監視機構など停戦を実現するための組織の決定、四、捕虜に対する措置、五、交戦双方の関係各国政府に対する勧告事項。

(14) 「毛沢東関於轉発停戦談判第一〇号簡報致史達林電（一九五一年七月二七日）」（沈志華『朝鮮戦争：俄国档案館的解密文件』中冊、台北、中央研究院近代史研究所、二〇〇三年）九一一―九一三頁。以下、『俄国档案館的解密文件』と略記。

(15) 前掲『朝鮮戦争九』一〇六―一〇七頁参照。

(16) 前掲『周年譜』一六一頁。但し、停戦交渉以前に中国が内部で交渉議題を検討していた時点で、軍事境界線問題をめぐり何らかの意見の相違があることは予測されていた。前掲安田淳、（ア）一五六―一六一頁参照。

(17) 前掲『彭年譜』五一〇頁。

(18) 「関於積極准備九月攻勢作戦給彭徳懐的電報（一九五一年七月二六日）」（前掲『毛文稿』第二冊）四二六頁。

(19) 孟照輝「備而不発、攻不可没―評抗美援朝『第六次戦役』」（軍事科学院軍事歴史研究部『軍事歴史』一九九八年第六期、一九九八年一二月）三八頁参照。

(20) 「関於六七両月我軍部署給彭徳懐的電報（一九五一年六月一〇日）」（前掲『毛文稿』第二冊）三五五頁。

(21) 「一九五一年七月一日一八時給軍委的電報（摘要）」（彭徳懐伝記編写組『彭徳懐軍事文選』、北京、中央文献出版社、一九八八年）四一二頁。

(22) 斉徳学『巨人的較量―抗美援朝高層決策和指導』（北京、中共中央党校出版社、一九九九年）二五〇頁。以下、『巨人的較量』

と略記。

(23) 前掲『周年譜』一六七頁。

(24)「加緊准備、推遅大打（一九五一年八月一一日）」、「目前的作戦方針与第六次戦役的備而不戦（一九五一年八月一九日）」（前掲『周軍事文選』）二一一、二一七頁及び、前掲『周軍事活動紀事』二二三頁。また、六月四日よりモスクワに訪問していた総参謀長の徐向前をはじめとする中国代表団とソ連側との兵器援助交渉があまり順調に進んでいなかったことも中国が戦闘態勢を立て直せない原因であった。この点については、前掲安田淳、（ア）一六六―一七〇頁を参照されたい。

(25)「毛沢東関於軍事分界線談判策略問題致史達林電（一九五一年八月一一日）」（前掲『俄国档案館的解密文件』下冊）九五五―九五六頁。前掲『周年譜』一六九―一七〇頁及び、「軍事分界線与目前談判策略（一九五一年八月一三日）」（前掲『周軍事文選』）二一四―二一六頁参照。

(26) 同右、「軍事分界線与目前談判策略（一九五一年八月一三日）」。

(27) 13 August 1951, ciphered telegram, Mao Zedong to Filippov (Stalin) conveying 12 August 1951 telegram from Li Kenong to Mao rearmistice talks, *Cold War International History Project Bulletin*, Issues6-7 (Winter 1995/96), p. 67. 及び、「毛沢東関於転発中朝方停戦談判目標問題地史達林電（一九五一年八月一三日）」（前掲『俄国档案館的解密文件』下冊）九六五頁。

(28) 前掲「軍事分界線与目前談判策略（一九五一年八月一三日）」二一四―二一五頁参照。

(29) 中国人民解放軍軍事科学院毛沢東軍事思想研究所年譜組編『毛沢東軍事年譜（一九二七―一九五八）』（南寧、広西人民出版社、一九九四年）八二三頁。

(30) 前掲『周年譜』一七二頁。『抗美援朝戦争史』によれば、この三段階とは、厳密に三八度線を軍事境界線と画定する当初主張を第一段階とし、第二段階は既述の八月一一日来、議論がはじまり、本一七日に毛が明確にした三八度線を基線として軍事境界線を調整する修正案のこととしている。そして中朝間では、これ以後、この修正案をベースに詳細を詰めていったようである。なお同書では、三段階目について、明確に述べられていないものの、後述する八月二二日に交渉代表団が提起した交渉方針、すなわち三八度線を基線とする修正案の政治的な意義を排除して、現接触線にもとづき、それに調整を加える提案を、彼らが「最終提案」としていることから、それを指すものと思われる。軍事科学院軍事歴史研究部『抗美援朝戦争史』第三巻（北京、軍事科学出版社、二〇〇〇年）七七―七九頁参照。

(31)『陸戦史集二七（朝鮮戦争一〇）停戦』（原書房、一九七三年）二八―三五頁参照。以下、『朝鮮戦争一〇』と略記。

(32)「朝鮮停戦談判的若干問題（一九五一年一一月一四日）」（前掲『周軍事文選』）二四九―二五〇頁。
(33)前掲『巨人的較量』二四五頁。
(34)前掲『彭年譜』五一三頁。
(35)前掲「目前的作戦方針与第六次戦役的備而不戦（一九五一年八月一九日）」二一七―二一九頁参照。
(36)「為征詢対鄧華所提作戦方案的意見給彭徳懐的電報（一九五一年八月二一日）」（前掲『毛文稿』第二冊）四三二頁。なお「第六次戦役」は、九月四日から一〇日まで開かれた中国軍内の会議で、一一月初めまで延期することが決定されたが、後述の国連軍の「秋季攻勢」への対応を経て、事実上取り消された。徐焔『第一次較量―抗美援朝戦争的歴史回顧与反思（増訂本）』（北京、中国広播電視出版社、一九九八年）一三四頁。以下、『第一次較量（増訂本）』と略記。
(37)前掲『朝鮮戦争九』一二一―一二七、一二九―一三五頁参照。
(38)前掲『巨人的較量』二四五―二四六頁及び、前掲『抗美援朝戦争史』七八頁。
(39)前掲「目前的作戦方針与第六次戦役的備而不戦（一九五一年八月一九日）」二一八頁。
(40)前掲『巨人的較量』二四五―二四六頁及び、前掲『抗美援朝戦争史』七九頁。
(41)前掲『朝鮮戦争九』一二七―一二九頁参照。
(42)前掲『彭年譜』五一五頁。
(43)「毛沢東関於敵人在中立区進行破壊問題致斯大林電（一九五一年八月二七日）」、「斯大林関於同意中方談判立場致毛沢東電（一九五一年八月二九日）」（前掲『中蘇同盟与朝鮮戦争研究』）四八七―四八九頁。
(44)だが、完全に国連側との接触を閉ざすことを決定したわけではなかった。八月二四日、毛が李らに宛てた電報では、「停戦交渉の休会の範囲には、双方の連絡官の往来を含めない」との指示を与えていた。前掲『周軍事活動紀事』二二八頁。
(45)前掲『朝鮮戦争九』一九八頁。
(46)同右、二〇〇―二〇二頁。
(47)同右、二〇一頁及び、Allan E. Goodman, ed., *Negotiating While Fighting: The Diary of Admiral C. Turner Joy at the Korean Armistice Conference* (Stanford: Hoover Institution Press, 1978), pp. 50-51.
(48)「関於更換談判会址問題給李克農的電報（一九五一年一〇月三日）」（前掲『毛文稿』第二冊）四六五頁、前掲『周年譜』一八三―一八四頁及び、前掲『彭年譜』五一九頁。

(49) 前掲『朝鮮戦争九』二〇五―二〇八頁参照。
(50) 前掲『第一次較量（増訂本）』一四三頁。
(51) 前掲『彭年譜』五一九―五二〇頁。
(52) なお、大規模な反攻戦役を行わない理由として、彭は空軍が参戦できないことを挙げているが、中国がソ連に要請していた軍事援助がかなり小規模なものに抑えられていたことも反映していたように思われる。前掲『抗美援朝戦争史』九三、一三五頁。中ソ間の軍事援助をめぐるやり取りについては、「毛沢東関於蘇聯提供軍事顧問和武器装備問題致斯大林電（一九五一年九月二〇日）」、「斯大林関於派遣軍事顧問和提供装備問題致毛沢東電（一九五一年九月二六日）」（前掲『中蘇同盟与朝鮮戦争研究』）四九三―四九六頁など参照。
(53) 「毛沢東関於停戦談判策略問題致史達林電（一九五一年一〇月一八日）」、「毛沢東関於復会後談判策略問題致史達林電（一九五一年一〇月二五日）」（前掲『俄国档案館的解密文件』下冊）一〇六五―一〇六六、一〇七七―一〇七八頁及び、前掲『周年譜』一八七、一九〇頁。
(54) 前掲『朝鮮戦争一〇』二四―三七頁参照。
(55) 前掲『周年譜』一九四頁。
(56) 前掲『朝鮮戦争一〇』四一―四二頁参照。
(57) 「関於談判軍事分界線問題給李克農的電報（一九五一年一一月二〇日）」（前掲『毛文稿』第二冊）五一五頁。
(58) 一一月七日に李らに宛てた電報では、国連軍は「国連総会の会期中、少なくともクリスマス前までは、朝鮮での交渉の緊張を維持しようと考えている可能性が高い」とし、このことに「注意しなければならない」としている。また一二日には、国連軍が交渉の決裂を企めば「世界人民の非難を逃れがたいものにするだろう」との電報を与えている。前掲『周年譜』一九四頁及び、「抓住対方矛盾和弱点給以打撃和駁斥（一九五一年一一月一二日）」（前掲『周軍事文選』）二四七頁。
(59) 前掲『朝鮮戦争一〇』三八―四七頁参照。
(60) 喜田昭治郎「中国と朝鮮戦争―休戦交渉をめぐって」（『アジア研究』第三九巻第三号、一九九三年六月）四八、五五頁参照。
(61) 前掲『抗美援朝戦争史』第三巻、四五七頁。

第八章　朝鮮戦争の停戦交渉と中国の対ベトナム戦略の位相
──朝鮮戦争後の中国の軍事戦略と安全保障問題をめぐって──

はじめに

一九五一年七月より始まった朝鮮戦争の停戦交渉は、同戦争終結へのアプローチとして、大きな転換点となった。しかしながら、停戦交渉は冒頭から早くも紛糾し、交渉時間は予想を超えてはるかに長引いた。その主たる原因は交渉による戦争の終結について、交戦双方が自方に有利な戦争の終結を模索するあまり、非妥協的な議論を繰り返していたことにあるが、そうした交渉経過に影響されて、交渉によって早期に戦争を終結する目標を見失いかけていたためでもあった[1]。

だが停戦交渉は一一月末、軍事境界線問題の交渉が合意に至った後、翌一九五二年二月初旬までに、残っていた全ての交渉議題、すなわち第三項の停戦実施問題、第四項の捕虜問題、第五項の関係各国政府への勧告を行う問題、が討議の場に上っていた。ほぼ三カ月間に交戦双方が残り全ての議題を討議にかけ、迅速に交渉が進んだのは、後述するように、軍事境界線問題での合意後、境界線の最終的な画定にあたり、三〇日以内に全ての交渉の合意を目指したことがきっかけとなるが、交戦双方が交渉方式についてもそれまでの経験を生かし、停戦交渉代表団（以下、交渉代表団と略記）による本会議から、早期にその下位にあたる小委員会会議や参謀会議に付託し、各議題の短期間での妥結を目指していたことにもあった。

このように、一九五一年末から一九五二年の初めにかけて、停戦交渉の全ての議題が討議の場に上がったことは、交戦双方が停戦交渉に対する互いの具体的な思惑を知ることとなったとともに、それによって最終的な交渉の合意を目指して、交戦双方が交渉による戦争終結に向けた具体的かつ、現実的なアプローチを始めることをも可能にしたのである。言い換えれば、朝鮮戦争は交渉での合意による戦争終結という最終目標に大きく近づいたと捉えられよう。

ところで筆者は第四章で、中華人民共和国（以下、中国と略記）の指導層が朝鮮戦争勃発後、中国南部の安全保障問題をどのように考え、どのような軍事戦略を打ち出してきたかを検討してきた。そのなかで明らかにしたのは、台湾海峡にアメリカの軍事プレゼンスが存在し、かつ朝鮮戦争に参戦することによりそれに抵抗する当該地域の戦力が奪われたなかで、「積極防御」態勢を構築し、当該地域の安全を確保しようとする中国の姿であった。

しかしながら他方で、中国指導層は当時インドシナ戦争のさなかにあった当時のベトナム民主共和国（以下、ベトナムと略記）に対して実施していた軍事顧問団の派遣や軍事物資の援助を通じた軍事戦略にも、中国の安全保障上の利益を見出していた。中国指導層は朝鮮戦争中においてそれを「積極防御」態勢の構築に利用しただけではなく、中国全土の安全保障を確立する上で重要な軍事戦略として認識していたのである(2)。

そこで本章の課題は、朝鮮戦争が終結へと近づくなかで、中国指導層が朝鮮戦争以後の自国の軍事戦略や安全保障問題をどのように捉えていたかを、主として中国のベトナムに対する軍事戦略の動向を通じて、詳細に検討することにある。

尤も周知のように、停戦交渉が成立するのは一九五三年七月のことであり、全ての交渉議題が討議の場にかけられた一九五二年二月から見ても約一年半も後のことであった。このことが示すように、結果的に停戦交渉は順調には進まなかった。

しかしながら後述するように、停戦交渉における交戦双方の論争の焦点は、同年五月初めまでに捕虜送還問題の一点を残すのみとなっていた。故にこうした情況を受けて、この時期、中国指導層は朝鮮戦争以後を意識して、自国の軍事戦略や安全保障問題について検討すべき時機にきていた。そして中国指導層にとって朝鮮戦争終結以後の自国の安全保障の問題を考える上で、ベトナムに対する軍事戦略の方向性を如何に見出すかが大きな課題となったのである。

本章では、まず主として一九五一年末から一九五二年春季までの朝鮮戦争の動向に焦点を当てながら、中国指導層が停戦交渉の推移をどのように認識していたかを明らかにする(3)。次いで朝鮮戦争が停戦交渉に入って以降、中国指導層がベトナムに対する軍事戦略にどのような認識を有していたかについて考察し、最後に一九五二年春季以降の朝鮮戦争の動向に照らしながら、中国指導層が自国の安全保障問題との関わりにおいてベトナムに対する軍事戦略をどのように位置づけていたかを検討することにしたい。

一、一九五一年末以降の停戦交渉の動向と中国の認識

一九五一年一一月二七日、停戦交渉は軍事境界線問題での合意後、直ちに第三項の停戦実施問題についての協議を開始した。同日最初の協議において、中国・北朝鮮（朝鮮民主主義人民共和国）軍は、この問題に関する五原則、すなわち、一、停戦後の敵対行動の即時停止、二、停戦成立後五日以内に非武装地帯から撤退すること、三、停戦成立後三日以内に双方の後方地域、沿海島嶼、海上から撤退すること、四、非武装地帯における武装行動の禁止、

五、停戦監視機構の設置、を提起し、これに対し国際連合（以下、国連と略記）軍は軍事力増強の制限や自由査察の原則を含めた七原則を提示したのである[4]。

このように交戦双方が交渉を直ちに開始した背景には、三〇日以内に停戦実施問題を含めた残り三つの交渉が合意すれば、停戦交渉における最大の課題であった軍事境界線の最終的な画定を、この議題の合意時の接触線とすることと取り決めていたことにあった。従って交戦双方にとって、期限内にこれら三つの議題の合意を如何に導き出すかが大きな課題となっていたのである。

中国指導層はその期日を過分に意識することを避けていたが[5]、他方でこの交渉が開始される前までにそれまでの交渉戦略を修正し、新たな交渉戦略をもって協議に臨むことを現地の交渉代表団に指示していた。それは戦闘の成果を重視し、交渉に反映させる当初の交渉戦略を推進することが、停戦交渉開始後の朝鮮での軍事情勢によって困難な状況に陥ったためであった。すなわち、中国・北朝鮮軍は国連軍への大規模な攻勢として計画していた「第六次戦役」を戦力不足を理由に断念していたし、また国連軍の「夏季攻勢」や「秋季攻勢」に対しては、自軍の前線防衛能力を確認するだけで、攻勢を強める国連軍を打ち砕くことができなかったからである[6]。

中国指導層はこうした軍事情勢に鑑み、以後の交渉戦略として、交渉自体をより重視していく方針を打ち出していた。一一月二〇日、現地の停戦交渉の全てを統括していた李克農（以下、李と略記）は、交渉代表団の会議において、各議題の原則的な問題については自らの主張を堅持するものの、交渉での国連軍とのやり取りについては柔軟に対処する基本方針を掲げ、交渉決裂の危機を回避し、継続的、かつ安定的な交渉を進めようとしていたのである[7]。

さて停戦実施問題の協議初日、交戦双方が提起した原則案には合意可能な内容が幾つも含まれていたが、交渉の争点となったのは、国連軍が提起した軍事力増強の制限や自由査察の原則であった。しかしながら、国連軍が提起したこの二提案は基本的に中国側の予想を超えたものではなかった[8]。中国・北朝鮮軍は一二月三日、国連軍の二提案に対し、朝鮮半島への一切の軍事力の投入を禁じた無力化の原則と中立国による査察の原則を提起して、国連軍に対抗した。これを受けて交渉は代表団による本会議から、小委員会に付託されることになり、併せて第四項の捕虜問題の交渉に入ることも決定した[9]。

小委員会での交渉に入った停戦実施問題は、一二月三日の中国・北朝鮮軍の二提案に対し、六日、国連軍は既述の七原則を修正した八原則を提起していた。これには交戦双方の共同組織による軍事停戦委員会が、停戦監視のために、朝鮮半島全土の空中査察を実施する内容が含まれていた[10]。毛沢東（以下、毛と略記）はこの八原則が「『譲歩と駆け引き』」の二つの側面を有するものと認識し、李に対しこれに呼応した方案の提出を指示していた[11]。

そこで中国・北朝鮮軍は、国連軍に軍事力増強の制限で封じられていた北朝鮮における飛行場の復旧、再建についての制限を撤回すること、また中立国による査察の承認と北朝鮮の海上及び、沿海島嶼から撤退することを迫り、その一方で無力化の原則によって国連軍の要求を封じていた軍隊の輪番交代については、譲歩する方針を固めたのである[12]。

だが、交渉は一二月中旬から下旬にかけ、中国・北朝鮮軍が軍隊の輪番交代を承認し、国連軍が北朝鮮海上及び、沿海島嶼からの撤退、中立国による査察を承認することで幾つかの譲歩がうまれたものの、既に述べた飛行場問題については、妥協点が見出せず、三〇日以内の停戦合意は困難な情況に陥っていた[13]。

一方、捕虜問題の交渉は、冒頭から小委員会に下ろし、一二月一一日から協議が開始されたが、中国・北朝鮮軍は国際条約であるジュネーブ協約一一八条の規定にもとづき、捕虜送還の基本原則として全体送還を提起したものの、国連軍はそうした原則に触れず、国際赤十字による捕虜収容施設への訪問と捕虜名簿の交換の二点を示した。交渉は以後、双方の捕虜名簿の交換が争点となり、一八日にそれは実現したが、そこに記載されていた捕虜送還数は、双方がそれぞれ想定していた数字をはるかに下回り、交渉は早くも行き詰まりの様相を呈していた。[14]

以上のように、一二月末までに、停戦実施問題、捕虜問題の協議はいずれも行き詰まり、また第五項の関係各国政府への勧告を行う問題については全く交渉に入れず、三〇日以内の交渉合意には至らなかった。[15]

一九五二年一月に入り、捕虜問題の交渉は国連軍が捕虜送還の原則として任意送還を提起したことによって交渉の行き詰まりは一層明確なものとなった。この頃既に、毛は李に交渉の長期化への対応を指示していたが[16]、他方でこの行き詰まり状態を解消するための方策も考えていた。

一月七日、周恩来（以下、周と略記）は李に、アメリカやその同盟国間で停戦交渉の進展をめぐり不和が生じていること、また当時開会されていた国連総会でソ連外相、ヴィシンスキーが停戦交渉をめぐるアメリカへの非難にとどまらず、公平な停戦を求めていたことを指摘した上で、交渉への対応として、国連軍の提案に対し、適宜対案を打ち出し、「交渉延長の局面を転換し、政治的主導権を得て、我が方が交渉の成立を求め、平和的に解決しようとしていることを明らかにすべきである」と指示していた。[17]

この周の指示は事実上、交渉の行き詰まりを解消するため、中国・北朝鮮軍に対して譲歩を促すものとなったのである。

一月九日、停戦実施問題の交渉において、中国・北朝鮮軍は国連軍側とほぼ合意がなされていた項目に関する条款上のすり合わせを提起していた。無論、これによって中国・北朝鮮軍が特に重視していた飛行場問題が解決するわけではなかったが、一月二七日、交渉は小委員会による協議から、参謀会議に移り、同会議がこれまでの合意内容の細目を詰める作業に入った。[18]また捕虜問題は送還の原則問題や捕虜名簿をめぐる対立が続いていたものの、二月三日、中国・北朝鮮軍はこれらの対立問題を除き、捕虜問題についても条款上のすり合わせを提起したことにより、六日、捕虜問題も同様に参謀会議に移った。更に同日、今まで交渉のテーブルに上っていなかった第五項の関係各国政府への勧告を行う問題の協議も始まったのである[19]。

停戦交渉がこのような情況になったのを受けて、一月三一日、毛はスターリンに、現時点までの交渉の進捗状況を伝えるとともに、今後の交渉についての観測ならびに、具体的な方策についてスターリンの指示を請うため、次のような電報を打電していた。

交渉の進展と今後の観測を述べた電報の前半部において毛は、国連軍の交渉引き延ばしによって「今に至っても未だ最終的な合意に到達していない」とした上で、その最終段では国連軍が既に自身の提案さえ「通過すれば、話し合う余地はない」と主張していることに対し、国連軍の主張に依拠した交渉合意などあり得ないと強く否定していた。だが中段部分においては、アメリカが国内外の世論に圧され、近日来、飛行場問題や捕虜送還問題の協議を中断して、交渉が詰めの作業に入っていることも伝えていた[20]。

二月三日、スターリンは毛への返電で「あなたの断固たる立場は既に積極的な結果を生み出し、敵（国連軍のこと、以下同じ）により一層の譲歩を強いている」と述べているが[21]、既述の毛の電報は、停戦交渉における中国側の断固たる姿勢を伝えたというより、むしろ交渉が合意に近づきつつある現状をスターリンに伝えたもののように見える。

こうした交渉合意に対する楽観的な見通しは、中国指導層内部で共有されていた。二月一四日、周が中国軍の総司令彭徳懐（以下、彭と略記）に宛てた電報では、現下の戦闘と交渉の状況から、国連軍は交渉合意に向け動いており、停戦合意までに「予想される時間は、早ければ二、三月、遅くとも五、六月であり、更に交渉を延長することは敵の国内外の条件がそれを許さない」と伝えていた[22]。

中国指導層もむやみに譲歩を重ねて、早期の停戦合意を目指していたわけではない。停戦実施問題及び、捕虜問題の詰めの作業への移行も、そもそも原則的な問題以外を詰めることで、双方の原則的な問題での対立点を鮮明にすることが目的であった[23]。

二月二四日、周は李に対し、飛行場問題、捕虜送還問題、更に当時新たな争点になっていた中立国を選定する問題は、中国側の原則に関わる問題として絶対に譲歩しない方針を伝え、もし国連軍が譲歩しなければ、交渉の行き詰まりも辞さないと述べていた[24]。

だが現実にはこれに反し、三月以降中国指導層は一層の譲歩を模索していくことになるのである。

三月に入り、停戦交渉の外では、中国・北朝鮮両国が国連軍の細菌戦を激しく非難していたが[25]、交渉は二月中に関係各国政府への勧告を行う問題の協議が成立したのに続き、三月下旬までに、停戦実施問題は飛行場問題と中立国選定問題以外は完全に合意に至っていた。また捕虜問題は、二月末より再び小委員会による交渉に戻っていたが、三月二六日、毛は李にそれまで頑に曲げることがなかった全体送還の基本原則を緩和し、北朝鮮軍所属の大韓民国籍の者で北朝鮮への送還を希望しない者については、送還を求めない方針を伝え、ほぼ全体送還に近い条件で国連軍との交渉に当たることを指示していた[26]。

中国が何故、このような譲歩の方針を固めたのかは、現在のところ中国側の資料からははっきりとした理由を窺うことはできない。だが中国指導層はこうした譲歩が早期の停戦合意を実現するものと捉え、既にこのときまでに停戦合意後の施策にまで及んで検討を進めていた。

三月二五日、中国指導層は停戦後の朝鮮半島の軍事問題に関する統一指導機関を中央人民政府人民革命軍事委員会（以下、中央軍委と略記）の下に置き、その名称を「朝鮮停戦弁公（事務）組」とすることを決定していた。また四月に入り中国は停戦合意後、北朝鮮軍の戦力増強ができなくなることに鑑みて、北朝鮮側への武器・装備の補充を急いでいた。更に中国指導層は、これ以後朝鮮半島で大きな軍事行動が発生しないと見込み、彭を中国に帰還させ、中央軍委で中国の全般的な軍事方面の指揮に当たらせる準備をも進めていたのである[27]。

以上のように、中国指導層は一九五二年春季までに交渉での譲歩を進めたことにより、停戦の最終的な合意が間近に迫っているとの認識を固めていた。結果的には中国指導層の認識は、四月以降の交渉の推移によって打ち砕かれた。

だが他方で、こうした中国指導層の認識は、彼らに朝鮮戦争以後の中国の軍事戦略や安全保障問題について検討する機会も与えていたのである。

そこで次節では、中国のベトナムに対する軍事戦略の動向に着目することで、これらの問題に対する中国指導層の認識を鮮明にすることとしたい。

二、中国のベトナムに対する軍事戦略の動向とその強化

朝鮮戦争が停戦交渉へと移行したことは、中国のベトナムに対する軍事戦略にとっても一つの転機となった。それは朝鮮戦争が終結段階に突入したことにより、中国が軍事戦略としてのベトナム支援を、自国の安全保障上の利益にどのように結びつけ、推進していくかという問題に直面したからである。そこでまず、中国のベトナムに対する軍事戦略の経過を纏めておくことにする。

一九四九年末、中国はベトナムからの要請を受け、軍事顧問団の派遣や軍事物資の援助を柱としたベトナムに対する軍事支援の方針を固め、一九五〇年四月よりその準備を本格的に始めていた。

当時、インドシナ戦争はフランス軍が攻勢を強めて北上し、ベトナム軍は中越国境に追いやられていた。中国指導層はこの事態を、南部国境の安定が脅かされるだけでなく、当時最重要視していた台湾「解放」作戦の実施を困

難にする要素と捉えており、こうしたことがベトナムへの軍事支援を決定する戦略上の契機となっていたのである[28]。だが、同年五月中旬、中国指導層は金日成との会談を経て、近く朝鮮戦争が開戦するとの情報を得ると[29]、以後ベトナムに対する軍事戦略の強化を決定した。それは中国南部の安定を確保することが、朝鮮戦争への中国軍の参戦態勢を固める上で重要な要素と考えていたからであった。中国指導層は朝鮮戦争勃発後、西南軍区副司令員であった陳賡をベトナムに派遣し、韋国清を団長とする軍事顧問団とともに、当時ベトナム軍が計画していた「国境戦役」を直接指揮して、ベトナム軍に勝利をもたらし、中国南部の安定を確保することにした。

九月中旬より開始された「国境戦役」は、それまでに中国領内で武器の調達と訓練を受けていたベトナム軍が圧倒的な勢力をもって、中越国境付近に進駐していたフランス軍を撃退し、一〇月初旬、ベトナム軍の勝利で終結した。この勝利によって中越国境に緩衝地帯が形成されるとともに、中国南部ではこの作戦の成果を防衛態勢の構築に利用した。また、この勝利は朝鮮戦争への参戦準備をしていた中国軍にも伝えられ、彭は国防、国境防衛としての参戦の意義を強調していた[30]。

こうして中国はベトナムに対する軍事戦略を通じて中国南部の安定を確保するとともに、朝鮮戦争への参戦に全力を注ぐことができた。しかしながら他方で、中国のベトナムに対する軍事戦略は「国境戦役」の勝利を機に、それまでの中国主導の方針からベトナム側の意向を重視したものに変化していった。というのは、「国境戦役」はベトナム軍に勝利をもたらしたものの、中国主導で実施されたこの作戦にはベトナム側の強い不満があり、中国はベトナムとの関係の悪化を懸念していたのである[31]。

軍事顧問団は「国境戦役」以後、ベトナム軍にこの戦役の勝利によってもたらされた緩衝地帯を中越国境の最深部にまで拡大するために、ベトナム西北地区での作戦を提起していた。この作戦こそが、以後中国が一貫して主張するベトナムでの作戦方針であった。無論、中国の意図は、中越国境の最深部での作戦を通じて、中国南部の安定を拡大し、それを西南部にまで行き渡らせることにあった。

だが当時、軍事顧問団の主張は紅河流域及び、デルタ地帯での作戦を提起するベトナム軍と異なっていた。そこで軍事顧問団は「大局に配慮」して、ベトナム軍の意向を尊重することとした[32]。従って一九五〇年末から一九五一年六月下旬まで実施された三つの作戦はベトナム軍が主導権を握り、戦闘を推進したのである。だが、結果的にこれらいずれの作戦においても、ベトナム軍は強大なフランス軍の攻撃の前に大敗を喫していた[33]。

ちょうどこの頃、朝鮮戦争は停戦交渉を迎えていた。ベトナムでは韋国清が中国指導層に既述の大敗を報告するために北京に戻り、ベトナム戦場での作戦方針をめぐって軍事顧問団とベトナム軍との間に確執が存在していることを伝えていた。中国指導層は朝鮮戦争が停戦交渉の局面を迎えたこと、それによって朝鮮での戦局が安定してきたことから、再びベトナム軍の作戦方針に介入して、その主導権を中国のもとに置くことで、ベトナムに対する軍事戦略を強化する方針を固めていったのである[34]。

中国指導層がこうした方針を固めると、現地の軍事顧問団はベトナム軍の作戦に対する顧問活動を一時中止して、その内部で西北地区での作戦を実施するための研究に専念した。また韋国清が帰国したのを機に、顧問団長を兼任していた、中国共産党中央委員会の駐ベトナム連絡代表の羅貴波（以下、羅と略記）も帰国して、中央軍委総参謀部の聶栄臻らと、今後のベトナムに対する軍事援助についての協議を進めていた。

このとき総参謀部では、朝鮮での作戦経験のある将校をベトナムに派遣する案が検討されていた。更に一二月初旬、中国指導層はホー・チ・ミン（以下、ホーと略記）が北京を訪問したのを機に、ベトナム軍の作戦状況や軍事顧問団の顧問活動における問題点などについて会談を行っていた[35]。

このように朝鮮戦争が停戦交渉へ移行したのを機に、中国指導層はベトナムに対する軍事戦略を強化する方針を固めていった。そして一九五二年一月初め、再びベトナムに戻った羅を通じて、毛は以後の軍事戦略の総方針をベトナム側に通達したのである。

『秘密征戦』によれば、この総方針において毛は、まず中国がベトナムへ「志願軍」を派遣して、インドシナ戦争に参戦する可能性について、「アメリカ軍が敢えてインドシナ戦争に介入した」場合を挙げ、そうした事態を受けて「ベトナム人民が（中国の参戦を――筆者）要請するか或いは、フランス、アメリカなどが危険を冒して中国の領土を侵略した」ときのみにそれを限定し、こうした情況が発生していないのに中国が参戦すれば、中越双方にとって不利であることを指摘するとともに、現下においては従来のベトナム支援の方式を継続すると伝えていた。またベトナム戦場における作戦方針の問題については、フランス軍の勢力がもっとも弱い地域として、ラオスの軍事戦略上の価値に言及し、最後に「もしアメリカがソ連と中国を攻撃しなければ、第三次世界大戦は勃発しない」とし、大戦勃発の可能性が低下していることをも伝えていた[36]。

注目すべきことは、毛が中国軍のインドシナ戦争への参戦について、具体的な条件を挙げて言及していることである。

毛は現下の状況で中国軍のインドシナ戦争への参戦を考えてはいなかったが、他方で、これまで中国指導層が中国軍の参戦についてベトナム側に明確に言及することを避けていたことからすると[37]、このときまでにベトナムに対する軍事戦略の強化をめぐって、中国軍のインドシナ戦争への参戦の可能性についても検討していたことが窺える。また中越双方の争点となっていた作戦方針の問題について、毛はラオスの軍事戦略上の価値に目を向けていた。周知の通り、中国はラオスと国境を接しており、ラオスの動向に重大な関心を寄せていた。また一九五三年以降のベトナム軍のラオスでの作戦は、インドシナ戦争での勝利の前提となるものであったし、ベトナム労働党もインドシナ革命の推進という立場においてラオスの存在を重視していた[38]。

だがこの通達には、具体的な政策についての言及はなく、またこれに前後して軍事顧問団がベトナム軍に意見書を提出し、そのなかでベトナム西北地区での作戦実施を明確に提起していたことからすると、[39]毛は中越両国にとって関心の高い地域の戦略的価値に言及することで、紅河流域やデルタ地帯での作戦を重視していたベトナム軍に方針転換を迫り、中国が提起していた西北地区での作戦に導こうとしていたものと考えられる。

このように毛はベトナム側に軍事戦略の総方針を伝えるとともに、ベトナム戦場での作戦に対する主導権の掌握を目指したのである。

だが、西北地区での作戦に対するベトナム軍の反発は必至であった。三月一八日に開催されたベトナム軍の総軍事委員会の会議で、西北地区での作戦準備が提起されると、反対意見が続出した。[40]

尤も中国はこうした事態を予想しており、羅は二月一六日、ベトナム軍に対して西北地区での作戦を提起すると、以後次期の作戦方針についてベトナム軍に何も言及せず、ベトナム軍内部での意志統一に委ねていた。だが他方で羅は西北地区での作戦準備を着々と進めており、同日中央軍委に宛てた電報では、一九五二年の上半期を西北地区での作戦準備期間とし、下半期に作戦を開始し、一九五三年にはラオスでの作戦を実施すると報告し、更に二カ月後の四月一六日には、中央軍委にベトナム軍内部で未だ意志統一がはかれていないことに言及しながらも、既述の作戦方針にもとづく詳細な実施計画を伝えていた。[41]

以上のように、中国は朝鮮戦争に参戦する過程でそうしたのと同様に、朝鮮戦争が停戦交渉へ移行したのを機に、ベトナムに対する軍事戦略を再度強化した。すなわち朝鮮戦争の動向は、中国のベトナムに対する軍事戦略の決定に密接に関係していたのである。中国はベトナム西北地区での作戦を実施することで、中国南部の安定が拡大することを望んでいた。このように朝鮮戦争の停戦合意が近づくなかで、中国は停戦後の安全保障を如何に確立するかについて、大きな関心を傾けていたのである。だが後述するように、朝鮮戦争において早期の停戦合意が遠退くと、中国のベトナムに対する軍事戦略上の施策にも変化が見られるようになるのである。

三、停戦交渉の膠着化と中国のベトナムに対する軍事戦略の位相

一九五二年二月から三月にかけて、停戦交渉はその合意に向けて進展した。特に捕虜問題で中国が全体送還の原則を緩めて譲歩したことは、停戦合意を促進した。四月二日、捕虜問題の交渉は、送還原則の討議を棚上げにし、双方がそれぞれの捕虜名簿を点検する作業に入り、その後、二週間の休会を取り決めていた[42]。四月一日、国連軍は中国・北朝鮮軍に送還予定捕虜の概数を一一万六〇〇〇人と内示していた[43]。中国はほぼ全体送還の原則を満たすこの数字に不満はなかった。こうして交渉合意の期待感はいよいよ高まったわけであるが、一九日に再開された交渉で国連軍の提示した概数は、既述のそれを大幅に下回る七万人であったため、交渉合意の期待感は一気に薄れた。こうして五月二日までに、これ以外の争点であった飛行場問題と中立国選定問題は双方の譲歩により、合意に達したものの、捕虜送還問題のみ決着がつかず、停戦交渉はこの問題を残し、膠着状態に陥ったのである[44]。

もっとも国際世論の動向からすれば、停戦交渉の膠着した状態は中国・北朝鮮側に不利ではなかった。周知の通り、当時の細菌戦問題や国連軍の捕虜収容施設のある巨済島での暴動事件は、国連軍への非難を高めていた。周はこうした情況を利用し、外交面ではインドを通じて、アメリカに停戦合意への意欲を促すとともに、停戦交渉では、李に交渉現場の情況を伝える報道などにおいて、「『匪賊』・『帝国主義』・『悪魔』・『ファシスト』」などの過激な言葉で、国連軍を刺激しないように指示していた[45]。

だが、停戦交渉の膠着した状態に変化はなかった。五月三一日、毛はスターリンに、四月下旬以降、停戦交渉が

膠着状態に陥っていると述べるとともに、停戦交渉については長期化を前提に準備していること、更に朝鮮での戦闘においては、前線及び、第二線の防衛を強化するとともに、同年の夏秋季に起こりうる国連軍の新たな攻勢に対処する用意があることを伝えていた(46)。

しかしながら、中国指導層は停戦交渉の長期化を予測しつつも、膠着状態がやがて交渉決裂を招き、再び大規模な戦闘が勃発すると考えていたわけではなかった。むしろ停戦交渉が膠着化した情況に対して、朝鮮における自軍の軍事情勢がどれ程もちこたえることができるかに注目していた。その意味で中国指導層は、この頃参戦部隊の補充や輪番制の導入を検討し始めるとともに、中国・北朝鮮軍においては持久戦と「積極防御」態勢の基本原則をもって国連軍に対応することを確認していた(47)。

加えて、こうした停戦交渉の膠着化における中国の軍事面での対応は、この時期、朝鮮半島に限らず、中国南部の防衛戦略にも影響を与え、更にそれは中国のベトナムに対する軍事戦略にも新たな対応を迫っていたのである。『建国以来毛沢東文稿』には、この時期毛が台湾の国民政府（以下、国府と略記）軍ならびに、アメリカ軍による海南島に対する攻撃に備え、中国南部に臨戦態勢を敷くことを指示した電報が二本掲載されている(48)。これらの指示は、そうした情報にもとづく処置であり、現実に海南島に対する軍事プレゼンスがあったのかどうかは、中国側の資料からは明らかでない。

だが、国府軍は一九五二年初頭より東南部沿海に対して、それまでの小規模な攻勢から徐々に大きな攻勢へと戦術を改めており、三月下旬以降、かつて中国軍と何度となく戦った国府軍の胡宗南が浙江省沿海島嶼において攻撃作戦を推進していた(49)。当時、中国軍は当該地域において既に「積極防御」態勢を確立しており、こうした国府軍の攻撃作戦を撃退していたが、中国指導層は一九五二年以降、国府軍の攻勢が厳しくなっていることを認識していた(50)。そしてこうした国府軍による攻勢は東南部沿海地域のみならず、中越国境での国府軍の活動とも連動していたのである。

中国側の資料によれば、五月下旬、国共内戦に敗れ、ビルマ（現在のミャンマー）に撤退していた国府軍第八軍の李弥の指揮下にあった「滇南剿共救国軍」は、中越国境地帯でフランス空軍の援護の下、ベトナム軍に対し攻撃作戦を展開していた。羅によれば、その作戦の目的は、国境地帯の中国軍を牽制することであり、中国側としてもこれに対処する方策が求められた[51]。

当時、ベトナムの戦場では西北地区での作戦を準備する段階にあり、この「滇南剿共救国軍」の攻撃作戦が、計画していた西北地区での作戦の妨げとなった。そこで六月中旬、中国軍はベトナム軍と共同で一個師団規模の「中越剿匪聯合部隊」を組織して反撃に出たのである[52]。

「中越剿匪聯合部隊」の創設に関しては、中国指導層内部でどのような議論があったのかは資料上、判然としないが、無論、こうした対応は中国軍のインドシナ戦争への参戦を意図したものではなかった。だがかつて、中国指導層は中越国境において「剿匪」による中国軍の越境を堅く禁じていたし、そこに「帝国主義」勢力の介在があった場合にはなおさらそうした注意を喚起していた[53]。

このことからすると、この時期、中国指導層はベトナム側に一方で中国軍参戦のための原則を示しながらも、他方で西北地区での作戦実施に向けた環境づくりに柔軟な対応をしていたと見ることができる。それはベトナムに対する軍事戦略の強化であるとともに、停戦交渉が膠着化したなかで、当該地域においても「積極防御」態勢を採り、軍事的にもちこたえるための措置でもあった。だが、七月中旬以降、停戦交渉の膠着化が更に深化すると、中国のベトナムに対する軍事戦略にも更なる変化が見られるようになる。

七月一日、捕虜送還問題のみを残した停戦交渉は、国連軍が「『誠意をもって、停戦を追求し、朝鮮での流血をくい止める』」と発言したことを捉えて、中国は膠着状態が打開される兆候を認識していた。そして毛は李に、交渉において再度捕虜名簿の交換を提起し、交渉の主導権を握るよう指示していた[54]。他方で四日、毛はスターリンに中国がこうした停戦交渉の新たな情況に慎重に対処する旨を伝えるとともに、六月下旬のアメリカ空軍による鴨緑江水豊水力発電所に対する集中的な爆撃を挙げ、「敵は我々に対する軍事的圧力を加えようとしており、敵が新たに局部的な進攻をする可能性がある」として、それに対処するため、ソ連の武器や弾薬を至急得られるよう求めていた[55]。

七月一三日、国連軍は中国・北朝鮮軍に対し、六四〇〇〇人の中国軍捕虜を含む八万三〇〇〇人の捕虜送還案を提起した。現地の交渉代表団や金日成は中国指導層にこの提案の受け入れを表明していた[56]。だが一五日までに、中国指導層はこの提案を拒絶する決意を固めていた。

同日、毛がスターリンに宛てた電報には、国連軍の提案を拒絶する理由が明確に述べられていた。毛は八万三〇〇〇人の捕虜送還数自体について、「『この数は完全な全体送還ではないが、絶対的大部分の送還である』」と評価するものの、送還率において、北朝鮮軍籍の捕虜の八〇パーセントが送還されるのに対し、中国軍捕虜は僅かに三二パーセントにとどまっており、「『両者は極めて不釣り合いである。敵はこれをもって中国・北朝鮮人民の戦闘の団結を挑発しようと企』」んでいるとし、既に述べたアメリカ軍の空爆を挙げ、「『敵の圧力下において屈服することは、我が国にとって極めて不利』」と述べていた。更に毛は国連軍の提案を拒絶したことで、交渉が決裂し、戦争が拡大するならば、「我々もまたそれに備える」として、朝鮮半島における戦闘についても新たな決意をスターリンに伝えていた。翌一七日、スターリンは返電で毛の態度を支持し、一八日の停戦交渉において、中国・北朝鮮軍は国連軍の提案を正式に拒絶したのである[57]。

中国指導層はここにおいて、早期の停戦合意の意志を喪失したのと同時に、前年一一月末以来採っていた交渉戦略、すなわち交渉自体を重視する方針は後景に退き、再び戦闘の成果を交渉に反映させる姿勢に転じていた。それは、少なくとも戦闘によって「敵の圧力下において屈服」しない情況を作り上げ、そうした成果を交渉に反映できるようにし、交渉が決裂すれば、それに相応する軍事態勢をも作り上げるというものであった。

八月下旬以降、中国・北朝鮮軍は九月中旬から開始された「第五次戦役以来最大の反撃戦」と言われる「秋季戦術反撃戦」の準備に着手し、更に一一月末には、トルーマンに代わってアメリカ大統領に就任するアイゼンハワー(Dwright David Eisenhower)の朝鮮政策を見越して、国連軍の大規模な上陸作戦を視野に入れた反撃態勢の構築にも傾注していった[58]。こうして中国指導層は朝鮮戦争の長期化を考慮するようになったのである。

こうした中国指導層の朝鮮戦争の長期化に対する認識は、中国東南部ならびにベトナムに対する軍事戦略にも連動して影響を及ぼしていた。

七月、中国軍は既述の胡宗南部隊の浙江省沿海島嶼での攻撃に即応して、当該地域での反撃戦を計画していた。こうした反撃戦の計画は当該地域で防衛戦略がとられて以来、見ることがなかったものであり、「積極防御」態勢が本格的に稼働し始めたことを意味していた[59]。

しかしながら七月二四日、北京に戻り中央軍委で中国全土の軍事指揮を担当していた彭は、この計画を準備していた中国軍に対して「『アメリカ海、空軍が参戦する可能性』」に配慮し、その作戦を「『朝鮮戦争の停戦が実現した後に実施する』」と指示していた[60]。

またベトナムにおいては、目下「中越剿匪聯合部隊」がベトナム西北地区での作戦環境を整え、作戦準備も佳境に入っていた。七月一一日、羅は中央軍委に四月の作戦実施計画より更に大規模となった作戦案を提起するとともに、「今年中に西北地区での全ての問題を解決する」との決意を示し、更にベトナム側がこの作戦の一部分に隣接する中国雲南省の部隊の参戦を要請していると伝えていた[61]。

ベトナム側の要請は明らかに中国軍の参戦を禁じた一月の原則に抵触するものであったが、「中越剿匪聯合部隊」

に参加した中国軍も雲南省から派遣されていた部隊であったから、こうしたことも考慮に入れて、羅もベトナム側の要請を北京に伝えたのであろう。

だがこの電報から一一日後の七月二二日に中央軍委が羅に宛てた返電では、ベトナム側に中国軍の参戦について「早期に確定した重要な原則」をもとに拒絶するよう伝えるとともに、羅に対しても、ベトナム軍の戦闘能力に配慮して、本年中に全ての作戦を実施することは不可能であり、作戦の長期化を考慮に入れるよう指示していた(62)。

このように中国指導層は中国軍の参戦を一月の原則に照らして、厳格に禁じただけではなく、ベトナム西北地区での作戦を長期的な軍事行動として捉えるようになっていた。そしてこれ以降、中国指導層は西北地区での作戦計画を縮小し、ベトナムに対する軍事戦略を慎重に推進していくのである。

以上のように、一九五二年五月以降、停戦交渉は、捕虜問題のみを残し膠着状態に陥った。中国指導層は停戦交渉の膠着化が比較的長期に及ぶことを考慮し、持久戦ならびに、「積極防御」態勢を通じて、戦闘による膠着状態の打開を考えはじめ、そうした方針は、朝鮮半島のみならず、中国南部ならびにベトナムに対する軍事戦略にも反映されていた。

だが六月以降、国連軍が北朝鮮での攻勢を強めると、中国指導層は軍事的に劣勢のまま、交渉を合意に導くのは困難であると認識し、国連軍の捕虜送還提案の拒絶を経て、交渉の決裂をも視野に入れた軍事的な対応を模索し始めるのである。

こうして中国指導層においては、朝鮮半島における戦闘に集中するための態勢をつくることが再び重要な問題となり、ベトナムをはじめとした中国南部一帯の安全保障に関わる軍事戦略は、慎重に推進することになったのである。言い換えれば、これらの地域においては、朝鮮戦争の流動的な情勢に即応した臨機応変な軍事戦略が求められていたのである。

おわりに

中国・北朝鮮軍が国連軍の八万三〇〇〇人の捕虜送還提案を拒絶した七月中旬以降、停戦交渉は捕虜送還問題での対立が解消されず、ほとんど何も討議されることのない状態が、九月下旬まで続いた[63]。

この間の八月下旬、周はスターリンとの会談に臨み、中国が国連軍の提案を拒絶したことについてスターリンの承認を得るとともに、朝鮮戦争の長期化に備え、武器・装備の更なる援助を求めていた。他方で、捕虜送還問題についての国連軍への譲歩提案についても話し合われ、この席で周はスターリンに、国連軍の捕虜選別によって送還を望まない者に対しては、インドなどの中立国に移管する案を伝えていた[64]。

ここで周が示した譲歩案は、後の九月二八日の停戦交渉における国連軍提案、また一〇月中旬から開かれた第七回国連総会において捕虜問題の解決方案として衆目を集めたインド提案にも近く[65]、更には一九五三年三月のスターリンの死後、長期の膠着状態を打開していくなかで、中国が提起する捕虜送還方案の原型でもあった[66]。

だが当時、中国はこの方案を提起しなかった。一〇月八日、中国・北朝鮮軍は全体送還の原則にこだわり、既述の国連軍提案を拒絶するとともに、一二月初旬、中国・北朝鮮両国は、同様な理由で国連総会でのインド提案にも反対を表明していた[67]。

一〇月初旬以降、停戦交渉は無期限休会の状態になっていたが、中国指導層は軍事的に劣勢のまま、交渉において停戦を追求することができなかった。このことが再び中国を戦闘の推進による膠着状態の打開へと向かわせたのである。従って一九五二年末までの段階で、朝鮮半島においては戦闘の継続、戦争の長期化が不可避的な状態であり、更に停戦交渉も無期限休会が継続していたことから、交戦双方の協議による朝鮮戦争の終結は、その目途も立たない状態にまで陥っていたのである。

他方で、朝鮮戦争の膠着状態が一層深化した情況を受けて、中国指導層はベトナム西北地区での作戦計画を縮小するとともに、慎重な作戦の実施を考慮するようになっていた。七月三一日、羅は中央軍委に九月中旬より西北地区での作戦の開始を伝えていたが、八月六日、中央軍委はその返電でベトナム軍の準備状況に応じて、一〇月或いは、一一月に延期することを指示していた[68]。

だが、中国指導層がベトナムに対する軍事戦略の慎重な推進を指示していたのは、何も朝鮮戦争の情況を直接的な理由とするものだけではなかった。それはこの時点においても西北地区での作戦実施をめぐる軍事顧問団とベトナム軍との確執が解消されていないことにあった。当時、ベトナム軍内部では西北地区での作戦について、中国軍が中越国境にいた国府軍を殲滅することにのみ有益であると捉えていた[69]。

九月以降、軍事顧問団はベトナム軍に西北地区での作戦の実施について説得し続けたが、この溝は埋まらなかった。

最終的には九月末、ホーが北京を訪れ、毛ら中国指導層と会談し、西北地区及び、一九五三年以降のラオスでの作戦を慎重に進めるとともに、これらの作戦を経て最終的にはベトナム側が主張し続けていた紅河デルタ地帯での作戦に転じることを確認してようやく見解の一致をみた。こうして当初の計画を縮小した西北地区での作戦が一〇月中旬より開始されたのである[70]。

以上のように、本章では一九五二年の朝鮮戦争の停戦交渉を背景に、中国が朝鮮戦争の終結後を念頭におき、自国の軍事戦略や安全保障問題をどのように認識していたかを、中国南部の安全保障問題にも注意を払いつつ、中国のベトナムに対する軍事戦略を通して検討してきた。

本章で検討した内容を纏めれば、中国指導層は朝鮮戦争終結後の自国の安全保障を模索する上で、ベトナムに対する軍事戦略の強化を始めたものの、一九五二年春季以降、捕虜問題のみを残し停戦交渉は膠着状態となり、同年秋冬季には一層悪化して交渉による朝鮮戦争の終結の目途も立たない状態に陥ったことにより、中国指導層は朝鮮戦争の長期化への対応を模索するとともに、朝鮮戦争の流動的な状況に即応して、ベトナムに対する軍事戦略を慎重に推進したということになる。

本章で明らかにしたように、中国指導層は朝鮮戦争の動向に高い関心を注いで、ベトナムに対する軍事戦略を決定してきたが、他方で当時、インドシナ戦争の戦況やそれをめぐる国際政治の動向にどれほど関心を傾けてそれを決定していたかについては、中国側の資料からは判然としない。

確かに、西北地区での作戦の実施は、結果的に一九五三年以降のベトナム軍のラオスでの作戦の前哨戦となり、更にそれはインドシナ戦争においてベトナム軍の勝利を決定づけたディエン・ビェン・フーでの戦いの必要条件にもなった。従って中国指導層はインドシナ戦争の戦況とそれにもとづくベトナム軍の軍事作戦の動向に一定の配慮をしていたことは認められるものの、中国指導層が朝鮮戦争の終結後、当然注目を集めることになるであろうインドシナ戦争へのアメリカの介入の強化ならびに、参戦の可能性をどの程度現実的な問題と捉えて、ベトナムに対する軍事戦略を決定していたかについては鮮明ではない。

しかしながら、朝鮮戦争が終結し、アメリカがインドシナ戦争への関心を強めれば、中国は必然的にインドシナにおいてアメリカとの戦争を考慮せざるを得なくなっていた。

だが、中国は一九五三年以降、国内において第一次五カ年計画をスタートさせ、建国以来の経済発展を目指しており、中国はこうした経済政策を平和的な周辺環境のなかで推進することを強く望んでいた。つまり中国指導層はアメリカがインドシナ戦争に介入する可能性に注意を払いつつ、他方で自国が引き続きインドシナ戦争にも参戦せざるを得なくなるような事態を回避することを最大限に重視して、ベトナムに対する軍事戦略を追求していたのである。[71]

一九五三年七月、朝鮮戦争の停戦合意が成立すると、インドシナ戦争についても交戦双方ならびに、国際社会による停戦を模索する動きが加速した。だが、西北地区での作戦が開始されたばかりの一九五二年一〇月末、訪ソ中の劉少奇は、ホーとともにスターリンとの会談に臨み、その席でスターリンは、フランスとの戦いを有利に進めれば、インドシナ戦争も停戦交渉に入ることができると発言していた。[72]

すなわち、中国指導層は朝鮮戦争の終結に向け関心を注ぐのと同時並行的に、以後、インドシナ戦争の停戦にも配慮して、ベトナムに対する軍事戦略を強化するとともに、こうしたなかで自国の安全保障上の利益をどのように見出すかが大きな課題となっていたのである。

これまで見たように、中国指導層は一九五二年の朝鮮戦争の停戦交渉の動向を通じて、自国の安全保障的な観点から、ベトナムに対する軍事戦略の強化を追求していた。それは中国が朝鮮戦争でのアメリカとの直接対決の経験を生かし、将来中国南部国境に迫り来る脅威に配慮して試みた迅速な対応でもあった。その意味からすれば、一九五二年の朝鮮戦争の動向は、中国指導層が将来の軍事戦略や安全保障問題を捉え直す上で、重要な機会を与えていたのである。

註

（1）停戦交渉の全般的な推移については、陸戦史研究普及会『陸戦史集二六（朝鮮戦争九）会談と作戦』、『陸戦史集二七（朝鮮戦争一〇）停戦』（原書房、一九七三年）。以下、『朝鮮戦争一〇』と略記、のほか、William Stueck, *The Korean War: An International History* (Princeton: Princeton University Press, 1995)【邦訳、ウィリアム・ストゥーク、豊島哲（訳）『朝鮮戦争—

民族の受難と国際政治』（明石書店、一九九九年）】、和田春樹『朝鮮戦争全史』（岩波書店、二〇〇二年）の停戦交渉に関する各章を参照されたい。

(2) 朝鮮戦争勃発後の中国南部の安全保障をめぐる論考については本書第四章、中国のベトナムに対する軍事戦略については、第三章ならびに、筆者の第一七回慶應義塾大学地域研究センター（現東アジア研究所）学術大会における口頭報告「中国の朝鮮戦争参戦と対ベトナム戦略―中国の朝鮮戦争参戦態勢構築の一側面」（二〇〇二年七月六日）参照のこと。後者の概要については、慶應義塾大学地域研究センター『CASニューズレター』（第一一六号、二〇〇三年二月）を参照されたい。なお本章では、中国南部とは一部東部沿海地域も含めた広い範囲を指すこととする。

(3) 中国の停戦交渉に対する認識については、第七章を参照されたい。

(4) 軍事科学院軍事歴史研究部『抗美援朝戦争史』第三巻（北京、軍事科学出版社、二〇〇〇年）二一八―二二二頁、前掲『朝鮮戦争一〇』一三〇―一三二頁参照。

(5) 「関於談判軍事分界線問題給李克農的電報（一九五一年一一月二〇日）」（『建国以来毛沢東文稿』第二冊、北京、中央文献出版社、一九八八年内部発行）五一五頁。以下、『毛文稿』と略記。

(6) 第七章を参照のこと。

(7) 柴成文、趙勇田『板門店談判』（北京、解放軍出版社、一九九二年第二版）一八二頁。

(8) 中共中央文献研究室『周恩来年譜（一九四九―一九七六）』上巻（北京、中央文献出版社、一九九七年内部発行）一九七頁。以下、『周年譜』と略記。

(9) 柴成文、趙勇田『抗美援朝紀実』（北京、中共党史資料出版社、一九八七年）一一一―一一二頁参照。

(10) 前掲『抗美援朝戦争史』二二三頁。

(11) 前掲『周年譜』二〇一―二〇二頁。

(12) 「対『中立国的監督和視察』的談判策略（一九五一年一二月八日）」（中共中央文献研究室、中国人民解放軍軍事科学院『周恩来軍事文選』第四巻、北京、人民出版社、一九九七年）二五七―二五九頁。以下、『周軍事文選』と略記。

(13) 前掲『抗美援朝戦争史』二二四―二二五頁。

(14) 中国・北朝鮮軍は国連軍捕虜一万一五五九名、国連軍は北朝鮮軍一一万一七七四名、中国軍二万七〇〇名、合計一三万二四七四名の捕虜名簿を提出した。前者は、後者が国際赤十字に報告した捕虜数より四万四二五九名少ないと主張し、後者は前者の新聞報道などから一〇万名の行方不明者がいることを主張していた。同右、二三二頁など参照。

(15) アメリカの資料を利用した研究書には、三〇日の期限満了後、一五日間ないしは二週間の期限延長がなされたとの記述があるが、中国側の資料からはそのような記述は見当たらない。例えば、Stueck, *op.cit.*, p. 252. 前掲『朝鮮戦争一〇』一五九頁参照。

(16) 前掲『周年譜』二〇七頁。

(17)「目前的朝鮮停戦談判的対策（一九五二年一月七日）」（前掲『周軍事文選』）二六五—二六六頁。

(18) 前掲『抗美援朝紀実』一二〇頁。

(19) 同右、一二〇—一二二頁及び、前掲『抗美援朝戦争史』二二八頁。

(20)「毛沢東関於停戦談判協議問題致斯大林（一九五二年一月三一日）」（沈志華『中蘇同盟与朝鮮戦争研究』、桂林、広西師範大学出版社、一九九九年）五〇八—五〇九頁。

(21)「斯大林関於請波蘭等国代表参加監察機構致毛沢東電（一九五二年二月三日）」同右、五一五頁。

(22)「対敵人目前動向的估計（一九五二年二月一四日）」（前掲『周軍事文選』）二六七頁。

(23) 前掲『抗美援朝戦争史』二三四頁。

(24) 前掲『周年譜』二二〇頁。

(25) 近年新たに公開された資料を利用し、細菌戦問題を検討した論考として、和田春樹『朝鮮戦争全史』の第六章を参照されたい。

(26) 王玉強「周恩来与朝鮮戦争戦虜遣返問題」（中共中央文献研究室、中央档案館『党的文献』一九九九年第四期、一九九九年七月）二九頁。

(27) 周金倫『聶栄臻年譜』上巻（北京、人民出版社、一九九七年）五四七—五四八頁、前掲『周年譜』二三一頁及び、張希『揮師援朝』（広州、広東教育出版社、一九九七年）二六三—二六四頁。なお、彭の帰国については、彼の健康上の理由もあった。それは長年患っていた胃腸病のほか、一九五一年八月頃から、左眉上部に痛みを伴う腫瘍ができ、従軍医師の診断によれば癌の可能性もあり、帰国して精密検査ならびに、手術を受ける必要性があった。にもかかわらず彭は帰国、療養を拒絶しており、毛の勧めもあって、ようやくこの時期の帰国となった。《当代中国人物傳記》叢書編集部『彭徳懐傳』（北京、当代中国出版社、一九九三年）四七八—四八〇頁ほか参照。

(28) 第三章を参照のこと。

(29) 前掲『中蘇同盟与朝鮮戦争研究』一一一―一一三頁。
(30) 前掲拙稿「中国の朝鮮戦争参戦と対ベトナム戦略」を参照のこと。なお公刊戦史によれば、韋国清を始めとする軍事顧問団は二八一名派遣され、中国のベトナム軍に対する軍事援助は最終的に、鉄砲一五万五〇〇〇丁、銃弾五七八五万発、各種砲三六九二門、各種砲弾一〇八万発などに及んだという。中国軍事顧問団歴史編写組『中国軍事顧問団援越抗法闘争史実』(北京、解放軍出版社、一九九〇年内部発行)三及び、一三六頁。
(31) 本書編輯組『中国軍事顧問団援越抗法実録［当事人的回憶］』(北京、中央党校出版社、二〇〇一年)二二一―二二四頁。
(32) 銭江『秘密征戦』上冊(成都、四川人民出版社、一九九九年)二一〇頁。
(33) 前掲『中国軍事顧問団援越抗法闘争史実』二六―三〇頁参照。三つの作戦とは「紅河中流戦役」、「東北戦役」、「寧平戦役」のことである。
(34) 前掲『中国軍事顧問団援越抗法実録』五八頁。
(35) 前掲『秘密征戦』上冊、二五三―二五七頁。
(36) 同右、二五八頁。
(37) 例えば、前掲『中国軍事顧問団援越抗法実録』二七頁。
(38) 前掲『秘密征戦』上冊、二二〇頁。
(39) 同右、二九五頁。
(40) 同右、二九七頁。
(41) 同右、二九六、二九八―二九九頁。
(42) 前掲『抗美援朝紀実』一二五頁。
(43) 前掲『朝鮮戦争一〇』二三九頁及び、程来儀『正義与邪悪的較量―朝鮮戦争戦虜之謎』(北京、中央文献出版社、二〇〇〇年)一五五頁。
(44) 前掲『板門店談判』二一二頁。
(45) 前掲『周年譜』二三六―二三九頁。
(46) 同右、二三九―二四〇頁。
(47) 同右、二三八頁及び、前掲『抗美援朝戦争史』一八九―一九〇頁。

(48)「対美蒋妄図騒擾華南沿海的情報的批語（一九五二年五月二四日）」、「対聶栄臻関於中南軍区南迁問題的報告的批語（一九五二年六月一一日）」（前掲『毛文稿』第三冊、一九八九年内部発行）四五四、四六七頁。
(49)胡宗南の東南沿海での攻撃作戦については、高純淑「胡宗南与東南沿海作戦―以《胡宗南日記》為中心的検討」（一九四九：中国的関鍵年代的学術討論会編輯委員会『一九四九：中国的関鍵年代的学術討論会論文集』、台北、国史館、二〇〇〇年）七五―九二頁を参照されたい。
(50)第四章を参照のこと。
(51)欧杜『西南大剿匪』（北京、国防大学出版社、一九九七年）三五九頁及び、前掲『秘密征戦』上冊、三〇二頁。
(52)前掲『西南大剿匪』三六〇頁。
(53)例えば、「軍委関於広西我軍注意不要超出国界的電報（一九五〇年九月一六日）」（前掲『毛文稿』第一冊、一九八七年内部発行）五二一頁。
(54)前掲『周年譜』二四七頁。
(55)「毛沢東関於補充砲兵弾薬和器財問題致斯大林電（一九五二年七月四日）」（前掲『中蘇同盟与朝鮮戦争研究』）五二七―五二九頁。
(56)杜平『在志願軍総部』（北京、解放軍出版社、一九八九年）四七三―四七四頁及び、沈志華『毛澤東・斯大林与韓戦―中蘇最高機密档案』（香港、天地図書有限公司、一九九八年）三二〇頁。
(57)「斯大林関於同意中国的停戦談判立場致毛沢東電（一九五二年七月一七日）」（前掲『中蘇同盟与朝鮮戦争研究』）五二九頁、前掲『周年譜』二四九―二五〇頁。
(58)前掲『抗美援朝戦争史』二六七―二八三、三四五―三五二頁参照。
(59)徐焔『金門之戦』（北京、中国広播電視出版社、一九九二年）三〇七頁。
(60)この反撃作戦とは大陳島への作戦であり、華東軍区司令員であった陳毅が同海軍の張愛萍らに指示して、作戦計画を提出させたものである。本文にあるように、彭はこの計画を朝鮮戦争終結以後に実施するように指示し、七月二七日、毛の同意も得ていた。また華東軍区は、停戦協定締結後の一九五三年九月七日に、再度、金門島への攻撃計画とともに、大陳島への作戦を再提起した。そのときの作戦優先順位は前者に与えられていたが、福建沿海地区の防衛建設に多額の費用が見込まれたため中止され、一九五四年一月に同軍区が大陳島のみ作戦計画を再度打ち出し、毛の批准を経て、作戦準備が始まった。王焔『彭徳懐年譜』

（北京、人民出版社、一九九八年）五三〇、五六三―五六五頁及び、同右、一七〇―一七一頁。
(61) 前掲『中国軍事顧問団援越抗法闘争史実』五七―五八頁。
(62) 同右、五八頁。
(63) 前掲『抗美援朝戦争史』二五四頁。
(64) 同右、五四二―五四三頁。
(65) いずれの提案にも、送還を拒絶した捕虜を中立国に移管することが明示されており、特に後者は四カ国の中立国からなる捕虜送還委員会を設置することを提起していた。
(66) 「毛沢東給周恩来的電報（一九五三年三月二三日）」（逢先知、李捷『毛沢東与抗美援朝』、北京、中央文献出版社、二〇〇〇年）一八〇頁。
(67) 前掲『抗美援朝戦争史』二五六、三三三頁。
(68) 前掲『中国軍事顧問団援越抗法闘争史実』五八頁。
(69) 前掲『中国軍事顧問団援越抗法実録』七五頁。
(70) 前掲『秘密征戦』上冊、三〇八―三一〇頁。
(71) 楊奎松「新中国従援越抗法到争取印度支那和平的政策演変」（『中国社会科学』総第一二七号、二〇〇一年一月）一九六―一九七頁。
(72) 銭江『秘密征戦』下冊、四二九―四三〇頁。なお、二〇〇五年に刊行された『建国以来劉少奇文稿』によって、早くも一九五二年四月一一日に劉少奇が羅貴波に宛てた電報のなかで、インドシナ戦争の停戦交渉（和平協議）について、ホーに建議するよう指示していたことが明らかとなった。この電報のなかで、劉少奇は羅に対し、「フランス政府が停戦交渉について何も表明していない」ことから、この件をホーをはじめ、ベトナム労働党の書記処や政治局内部の責任者に限定して説明し、彼らにこの問題を議論することを求め、党の中央委員会全体会議（当時、同年四月二〇日に第五期のそれが開催される予定であった）や書面等でこの件の記録を残さないようとの厳重な指示を与えており、中国ならびに、ベトナム指導層内で極秘裏に停戦問題を検討しようとしていたことが窺われる。このように、一九五二年春に中国側からベトナムに対し、インドシナ戦争の停戦問題を提起していたことは、中国が当時、朝鮮戦争の停戦交渉の早期妥結を見越して、自国の安全保障問題を念頭に、ベトナムを通じて戦後の周辺環境の整備に乗り出したとする本章の論証を一層鮮明にするものと思われる。「中央関於対越南今后工作一些建議問題

給羅貴波的電報（一九五二年四月一一日）」（中共中央文献研究室、中央档案館『建国以来劉少奇文稿』第四巻、中央文献出版社、二〇〇五年）一二五頁。

結論

一九五三年三月三〇日、周恩来（以下、周と略記）は北京放送を通じて、捕虜送還問題に関する声明を発表した。その第一点は、最初に傷病捕虜の送還について協議を行い、早期の送還を実現することであった。第二点はそれの実現後、交戦双方が送還を望まない捕虜を中立国に引き渡すことを前提に協議を再開し、この問題全体の解決をはかるということであった(1)。

周の声明は、国際社会に称賛をもって受け入れられた。そしてこれをもって無期限休会の状態に置かれていた停戦交渉は再開され、わずか四カ月後の一九五三年七月二七日に停戦協定は成立したのである。

周がこのような声明を行った背景には次の二点が挙げられる。

まず最初に挙げられなければならないのは、同年三月五日に社会主義陣営の盟主、スターリンが死去したことである。彼の葬儀に参列するために、急遽モスクワへ向かった周は、北朝鮮（朝鮮民主主義人民共和国）の代表をも交えた三カ国で、スターリン死後の朝鮮問題の対応について協議を重ねていた(2)。

強力な指導者を失ったソ連は、当面、国際問題よりも国内の懸案への対応を重視しなければならなかった。そのためには膠着状態が長期にわたって続いていた停戦交渉を再開させ、朝鮮問題を平和的に処理することが必要であった(3)。ソ連がこうした考えをもつ以上、中華人民共和国（以下、中国と略記）ならびに、北朝鮮も戦争の長期化を望む理由はなかった。従って三者は停戦交渉の早期合意に向けて、妥結可能な譲歩の道を探ることとなったのである。

だが、停戦交渉再開の背景となったものは、スターリンの死のみにあったのではない。それは中国側の事情をも反映していた。

中国はその前年の一二月初旬に、国際連合（以下、国連と略記）の総会でインドが提出していた捕虜送還案を拒絶し、国際社会より非難されていた。中国指導層はこうした事態が長期化することを懸念していたが[4]、戦場での劣勢を挽回できぬまま停戦交渉を継続することは、自国に不利益をもたらすと判断していた。しかしインドが主張していた送還を希望しない捕虜を中立国の管理下に置くとの妥協案は、一九五二年の中ソ会談の段階で既に中国側において選択肢の一つとされていた。

またこの時期の停戦交渉をめぐる中国側の誤算は、朝鮮問題の全面的な解決を主張してアメリカの大統領に当選したアイゼンハワーが、一九五三年に大規模な軍事作戦を敢行すると予測していたことであった。中国指導層は自国軍がその軍事作戦に耐え抜いて、戦場での劣勢を挽回しなければ、交渉を有利に進めることができないと考えていたのである[5]。

現実に一九五三年二月、アイゼンハワーは、それまでの台湾海峡の「中立化」を解除することを宣言し、何らかの軍事行動を起こすことを示唆していた。他方で西側同盟各国はそれが戦争の拡大を招く危険性があると見て、強い懸念を表明していた[6]。従って、アメリカが一九五三年に軍事作戦を実施するとの中国側の見方は間違っていたわけではなかったが、国際社会の反応をも鑑みると、アメリカ軍の軍事行動が具現化する可能性については決め手を欠く状態が続いていたのである。

以上のように、一九五三年初頭において、中国は交渉を進めるためにも、また戦闘で劣勢を挽回するためにも、いずれもその手がかりとなるものを失っていた。傷病捕虜の送還問題は、既に二月二二日の時点で、国連軍総司令クラーク（Mark W. Clark）が協議の開始を提起していたものの、先に述べたような事情から、中国側はそれに対する態度を留保していた[7]。まさにそのとき、スターリンの死が中国側に伝えられたのである。その意味で彼の死は、中国が決断しかねていた交渉による朝鮮戦争の終結への道のりを再び歩み出す契機となったのである。

周の声明後の四月六日、交戦双方は直ちに連絡官によって、傷病捕虜の送還をめぐる協議を開始し、一〇日には合意に達した。更に彼らは捕虜送還問題についての交渉再開に向け、継続して協議を行い、四月二六日から双方の停戦交渉代表団による本会議を再開することで合意するに至ったのである[8]。

中国指導層は交渉の前進を目指していたが、他方で戦闘の成果を交渉に反映させることにも十分な配慮をしていた。中国軍は停戦交渉が再開された後の五月一三日から三度にわたる「夏季反撃戦」を実行に移し、戦場で劣勢のまま、交渉に臨むことを極力避けようとしていた[9]。だが他方で、中国指導層は戦闘が交渉の順調な進展を妨げる場合をも想定して、中国軍に大規模な戦闘に至らぬよう細心の注意を払うことを求めていた[10]。

再開後の交渉は順調に進んだ。六月八日、交戦双方は捕虜送還問題において、送還を希望しない捕虜を中立国送還委員会の管理下に置くこと、その後四カ月経過しても、捕虜の送還先が決定しない場合は、停戦協定調印後に行われる政治会議においてその決定を行うこと、また政治会議での決定が下されない場合には、中立国送還委員会のもとで捕虜の釈放が行われることで合意した[11]。こうして交戦双方は議題に上った全ての案件に合意したのである。これ以後、双方は軍事境界線の最終的な画定を行うなどの作業に入り、七月二七日の停戦協定への調印に臨むことになる[12]。

＊　＊　＊

本書では、このような朝鮮戦争の終結過程について詳細には言及しなかった。その理由は、本書が設定した課題との関係にある。

序論で述べたように、本書の目的は、建国初期、中国指導層が国家安全保障上、もっとも重要な問題であると見なしていた台湾「解放」事業について、朝鮮戦争を通じて、どのように認識を修正し、どのような方向性を見出していたのかを分析・検討することにある。

筆者のこれまでの検証によれば、中国指導層の台湾「解放」事業に対する新たな認識は、一九五二年までの朝鮮戦争の進展過程とそれをめぐる国際社会の動向を通じて形成された。換言すれば、一九五二年末までの戦争と国際社会に対する中国指導層の認識が、朝鮮戦争以後の中国の台湾「解放」事業の在り方を規定していたのである。

それ故、ここではまず本書が導き出した多くの論点を総括し、中国指導層が、朝鮮戦争以後の国家安全保障戦略上、台湾「解放」事業をどのように意義づけるようになっていたかを検証する。その上で、朝鮮戦争によって形成されたアメリカ、ソ連ならびに、その他の国々との国際関係が、台湾「解放」戦略をめぐる中国指導層の国際環境に対する認識にどのような影響を与えたか、またそれに連動して、中国の朝鮮戦争への参戦とそれを通じて形成された国際社会との関わりが、朝鮮戦争終結後の中国指導層の台湾「解放」戦略の再構築にどのような影響を及ぼしていたかを考察したい。

これらの問題の検討は、朝鮮戦争終結以後、台湾海峡をめぐる米中衝突の最大の危機となった第一次台湾海峡危機における中国指導層の台湾「解放」戦略をめぐる認識の一端をも明らかにすることになろう。その意味でこの作業は筆者がこれまで検証してきた幾多の論点の有する意義をより明確にさせるものとなる。以下、本書の各章について若干の解説を行っておこう。

第一章と第二章では、中国指導層ならびに、中国軍が、建国当時台湾「解放」作戦についてどのような認識を有していたかを検証した。

台湾「解放」作戦の実施にあたり、中国指導層は空軍の建設を重視していた。それまで中国軍には空軍がなく、それは事実上ゼロからの出発となった。その意味で中国にとって空軍建設をめぐるソ連との交渉は極めて重要なものとなり、中国軍の航空戦力形成の起点となった。

だが、それが故に、中国への空軍建設に対するソ連の協力は、航空学校の建設や訓練機の配備が中心となり、作戦時に台湾海峡の制空権を確保するための戦力とはなり得ぬものであった。すなわち、中国空軍の建設がゼロからのスタートであっただけに、台湾攻略に使用できる航空戦力を作り上げるには、その訓練などのために多くの時間を必要としていた。従って台湾「解放」作戦の前哨戦として実施された金門島への攻撃は、空軍を投入できない現実が大きな要因となって、失敗に終わった。このことは中国指導層にそれまで順調に勝利を収めてきた大陸での内戦と異なる新たな作戦準備の必要性を迫ったのである。

同様に台湾「解放」作戦に対する準備には、中国軍に空軍のみならず、兵力の拡充をも不可欠のものとさせていた。当時、国民政府（以下、国府と略記）軍は大陸から台湾に兵力を集中して、一大兵団を作り上げていた。それは中国軍が海南島や舟山群島への攻撃作戦を敢行したとき、蒋介石がこれらの島嶼の駐屯兵力を、中国軍と戦わずして撤退することを命じたことで、一層台湾の防衛能力を高めることになった。

こうして強化された国府軍の防衛能力は、中国軍の台湾「解放」作戦の日程を大きく遅延させることになった。既に金門島への攻撃の失敗により、それが大幅に後方修正されることが必至となったが、中国指導層が一九五〇年三月の時点で、台湾「解放」作戦の実施を一九五一年にまで延期する決定をしていたとする論考もある。[13] このように国共内戦の「最後の作戦」は、中国にとって極めて困難な情況に立たされていたのである。

そうした情勢を改善し、台湾「解放」の作戦環境の安定化に期待がかけられていたのが、第三章で検討した中国の当時のベトナム民主共和国（以下、ベトナムと略記）に対する軍事戦略であった。

当時、インドシナ戦争でベトナムは苦境に陥り、その軍隊はフランス軍に中越国境付近にまで追いつめられていた。こうした国境の不安定な情況は台湾「解放」作戦を実施する上で、中国軍の背後となる大陸南部にも直ちに反映していた。それは中国にとって国境における「帝国主義」勢力の圧力として存在しただけではなく、大陸から台湾海峡の島嶼に撤退した国府軍が「反攻」のために、中越国境を介して大陸に侵入するルートをも形成していた。

中国指導層は、ベトナム側からの支援要請を受けて直ちにそれに同意した。また当時モスクワで行われていた中ソ会談において、スターリンがベトナム支援の任務を中国に委ねていたことは、中国がベトナム支援を介した安全保障政策に自律的な裁量権を確保することを可能にした。このことは朝鮮戦争の勃発後、中国が台湾「解放」作戦の延期を決定していく過程で、中国全土の安全保障と朝鮮戦争への参戦に向けた周辺環境を構築する上で大きな意義を有することとなったのである。

第四章では、朝鮮戦争勃発後の台湾「解放」作戦の動態を分析・検証した。

朝鮮戦争の勃発によって、中国指導層は台湾「解放」作戦の暫時中止を決定していた。但し資料の不足から、この暫時中止の決定がいかなる政治過程を経てなされたのかは、必ずしも判然としない。

だが、中国指導層はこの時点で台湾「解放」作戦の全過程の暫時中止を決断したわけではなく、その前哨戦となる東南沿海島嶼への攻撃作戦は、朝鮮戦争勃発後も継続していた。従って、中国指導層が最終的な台湾「解放」作戦の延期を決定するまでの過程は、多段階のプロセスを経てなされたのであり、朝鮮戦争という近隣での国際紛争に対して、中国指導層は戦争の動向を見極めながら、それによる自国の安全保障政策の重点の転換を慎重に考慮していたのであった。

尤も、中国指導層が台湾「解放」作戦の延期を最終的にいつ決断したのかについても判然としない。第二章で筆者は八月上旬の中央人民政府人民革命軍事委員会（以下、中央軍委と略記）の決定を挙げたが、他に諸説ある。(14) これについても現在のところ、一次資料の不足が明確な期日の特定を妨げている。

しかしながら、八月以降、アメリカが国府軍との軍事的な連携を強めたこと、更に朝鮮戦争における北朝鮮軍の戦況が悪化したことが、それを決断する上で、重要な判断材料となったことは明らかである。そして特に後者は中国自身の朝鮮戦争への参戦を促すこととなり、その過程において、中国指導層は台湾「解放」作戦遂行の準備をしていた主力部隊に東北部への移動と朝鮮戦争への参戦準備を命じていた。これにより台湾「解放」作戦の攻撃部隊が失われたのである。従って彼らはこのときまでに自国の安全を確保する積極的な軍事戦略を朝鮮戦争への参戦へと切り換え、海峡を挟んで台湾の対岸に位置する東南沿海地区においては、防衛戦略を採る方針を決定したのである。

こうして朝鮮戦争への参戦を機に防衛戦略を採ることとなった東南沿海地区では、国連軍総司令マッカーサーが朝鮮半島に続き、そこにおいても戦端を開こうとしていたことから、中国指導層は国府軍ならびに、アメリカ軍の上陸作戦に対する警戒を強化していた。

一九五一年一月、そうした事態はもっとも現実的な局面を迎えていた。だが毛沢東（以下、毛と略記）は東南沿海地区の中国軍に対して、朝鮮戦争への戦力の集中を理由に、同地区への空軍の配備が不可能であること、また莫大な経費を必要とする上陸を阻止するための防御設備の構築を最小限にとどめ、それまでの戦闘で培った対方を誘い込み、戦力を集中して打ち破るという旧来の方式で対処するように命じたため、近代兵力を誇るアメリカ軍や国府軍と対峙しなければならない現地の指揮官を不安にさせていた。

結局、そうした危機的な事態は起こらず、以後一九五一年四月には、マッカーサーが当時の大統領であるトルーマンとの確執・対立によって国連軍総司令の職を解かれたこと、更に七月以降、朝鮮戦争は停戦交渉の局面を迎えたことなどにより、東南沿海地区の防衛態勢は比較的安定したものとなっていた。この間同地区の中国軍は三重の防衛態勢を整えるとともに、他の地区よりも優先的に高射砲が配備されたことにより、防空態勢も強化されていた。こうして東南沿海地区は受動的な防衛態勢から徐々に「積極防御」態勢への転換を図っていったのである。

このように比較的早期に東南沿海地区が「積極防御」態勢へと転換できたことは、中国指導層が朝鮮戦争以後の台湾「解放」作戦再構築の方向を模索するなかで、同地区の攻撃態勢をいち早く整えることをも可能にしたのである。

第五章では、朝鮮戦争当時の中国の国内情勢について詳細な分析・検討を行った。中国指導層は朝鮮戦争に参戦する際に、国内において戦時総力戦態勢を構築していた。そして中国はその過程で形成された大衆運動を抗米援朝運動と称していた。

抗米援朝運動は「祖国防衛」と「愛国主義」の二本立ての大衆運動として始まり、当初は反米運動がその中心に置かれていた。やがて中国国内で反米運動の基礎が形成されてくると、抗米援朝運動の中心は「愛国主義」を基調とする思想動員へと変化した。そしてその思想を基礎として、国家による朝鮮半島での戦争推進に対して具体的な貢献を求める「武器献金」運動や「増産」運動などの形態をとって展開された。

抗米援朝運動は当時進められていた「階級闘争」的な大衆運動である「土地改革」運動や「反革命鎮圧」運動とも接点を保ちながら進められていったが、一九五一年末以降、「増産節約」運動に国家公務員や軍隊などの汚職や浪費を摘発する運動が加わり、更にそれを基礎として「三反」・「五反」運動が展開されるようになると、抗米援朝運動自体が後景に退き、「階級闘争」としての側面が前面に押し出されるようになった。

中国側の資料によれば、抗米援朝運動は朝鮮戦争に参戦した中国軍の士気を高めただけでなく、彼らに軍需物資を供給する面においても、大きく貢献したという。だが他方で大衆運動におけるこうした貢献は、権力側による強制的な収奪としての側面も拭いきれず、また運動がやがて「階級闘争」に転化した事実は、国内情勢に戦時総力戦態勢がもたらすつよい緊張感を増幅させた。更にこうした緊張感がつくり出した統制された国内環境は、朝鮮戦争後の中国に急速な社会主義体制を構築するための基層をも形成することとなる。

注目すべきことは、中国指導層が抗米援朝運動を推進する上で中心的な手段としていた時事宣伝が、それによって形成される世論の認識との間に隔絶した情況を作り出していたという事実である。もとよりここで行われた時事宣伝は朝鮮戦争やそれをめぐる国際社会の動向を正確に伝えるための媒体ではなかった。それは中国指導層が自らに好ましい世論を誘導するために介在していた。

中国指導層は中国軍の参戦当初、そうした時事宣伝を慎重に行っていた。しかし一九五〇年末から一九五一年初頭にかけて、朝鮮戦争での中国軍の戦果が拡大すると、時事宣伝によって伝えられる中国軍の勝利は誇張されて、世論に大きな影響を与えるとともに、それによって形成された世論を背景に、抗米援朝運動が強力に推進されていった。しかし以後、中国軍は朝鮮戦争において苦境に立たされ、特に彼らが一時的に占領していた大韓民国の首都ソウルからも撤退することを余儀なくされると、時事宣伝が如何にその事実を矮小化して伝えても、世論の動揺は抑えようがなくなった。また一方で、停戦交渉が開始され、戦争が終結へと向かい始めると、世論は戦争への勝利を前提として、交渉によって得られる戦果に過大な期待を抱くようになり、時事宣伝による世論のコントロールは、不可能な状態にまで陥ったのである。

第六章では、中国が武力による台湾「解放」のみならず、建国を機に国連外交をも通じて、国府の国際的な地位を剥奪し、自国の対外的安全保障を確保する方策を模索していた事実を確認した。ここで中国が提起していた国連代表権問題は、それへの対応をめぐって当時の国際社会に大きな波紋を広げていたのである。

当初中国は、中ソ間の同盟関係の存在を強調することによって、国府の国際的な威信を大きく低下させようとしていた。だが一九五〇年一月以降、この問題をめぐる対立を機に、ソ連は国連安全保障理事会（以下、安保理と略記）への参加をボイコットし、国際社会に動揺を与えると、中国は代表権の獲得に向けて一段と積極的な動きを見せ始める。

だが、中国がそうした姿勢をとり始めた矢先に朝鮮戦争が勃発した。同時に、国連では朝鮮半島で起こった国際紛争の平和的解決を模索する動きが活発となり、朝鮮問題の解決が緊急の課題となって、代表権問題は後景に追いやられる。以後、中国はこうした流れに積極的な抵抗を試みたのである。

一九五〇年一〇月下旬、中国は朝鮮戦争に参戦し、その後優勢に戦いを展開するようになると、国連では朝鮮問題の解決をはかる上で、中国の代表権問題をも含めた台湾問題解決の重要性が再びクローズ・アップされるようになった。同年一一月二八日の伍修権による国連総会での演説は、その象徴的な出来事であった。こうして朝鮮半島での戦争で優位に立つことによって、中国は外交的手段を通じて、自国の安全保障を確保する絶好の機会を得るに至ったのである。

中国軍が朝鮮戦争で優位に立ったことは、中国指導層のみならず、ソ連、北朝鮮にも、戦争の前途を楽観視し、より有利な立場で朝鮮問題の外交的な解決をはかろうとする動きを生み出した。一九五一年一月上旬、これら三国は朝鮮問題に関する「備忘録」のなかで、国連に対して、原則として停戦を前提とした交渉には応じないとの強硬な方針を採ることを確認していた。

しかしながら、このとき、中国のみは若干その立場を異にしていた。既に述べたように、当時中国指導層は大陸南部で新たな戦端が開かれることを懸念していたし、国連の停戦案には中国の抱える安全保障問題がかなり考慮されていたからである。また北京と現地中国軍との間には戦争の継続をめぐって温度差も生じていた。これらへの配慮が一九五一年一月二二日に周が提起した国連への中国の譲歩案となって現れたのである。だが、国連はこれを譲歩案とは受け取らなかった。そして国連のそうした意向は、同年二月初めの中国を「侵略者」とする非難決議へと結びついたのである。

以後、中国は朝鮮半島における戦闘での優勢を国連軍の大規模な反撃により失うのと同時に、国連代表権問題や台湾問題の解決を、国連での外交上の手段を通じて、自国の安全保障に結びつけるという絶好の機会をも喪失した。そして、中国軍の戦況が劣勢に陥ったなかで受諾した一九五一年七月から始まる停戦交渉において、中国指導層はアメリカの要求を受け入れて、これらの問題をその議題には含めないことに同意するに至ったのである。

第七章と第八章では、中国指導層が朝鮮戦争の停戦交渉を通じて、同戦争終結以後の台湾「解放」作戦について、どのような軍事戦略や安全保障戦略を見出していったかを分析・検討した。

ここでは、まず停戦交渉において実質上最初の議題となった軍事境界線問題についての、中国の交渉戦略を鮮明にした。

一九五一年七月一〇日から純軍事的な問題に限定して行われた停戦交渉では、中国にとって重要な台湾問題などは最初から議題とならなかったばかりか、同様に中国・北朝鮮が最重要視していた朝鮮半島からの全外国軍隊の撤退をめぐる案件も、国連軍側の強い反対により議題とされることはなかった。

また停戦交渉は、交戦双方が戦場での戦闘を継続したまま停戦のための交渉を行うという、前例のない形で進められた。しかしそれ故に、交戦双方は戦闘の成果を直接交渉に反映させることができたのである。

この停戦交渉において、当初、中国指導層の交渉戦略はそれ自体を重視するものではなかった。彼らは「頑強な戦闘意志と自信をもっている」国連軍を打ち砕き、国連軍を劣勢に立たせたなかで交渉を進めることを意図していた。それ故に中国指導層は自軍に対し、従来型の大規模な「戦役」を決行する準備を進めるように指示していたのである。

だが、自軍が苦境にあるなかでの停戦交渉の受諾はタイミングが悪く、また彼らの戦力には、もはやこれまでのような「戦役」を組織できないという事実が判明すると、交渉は中国側が国連軍の主張に対して徐々に譲歩していくという情況に陥っていった。

こうしたなかで国連軍は一九五一年八月中旬以降、二度にわたる攻撃作戦を展開した。この攻撃作戦で中国軍は防戦を強いられたが、他方で十分な戦闘態勢を築けはしないものの、前線の防衛能力がある程度、国連軍に抵抗できたことをも確認していた。

このように戦闘が前線において膠着化した事実は、中国指導層に現状の戦線で戦争の勝敗を決する意味合いの強い軍事境界線を取り決め、朝鮮半島での戦闘を局地的なものにすることが可能であると判断させる契機となった。その一方で、彼らは「頑強な戦闘意志と自信をもっている」国連軍が戦争を拡大させる可能性にも強く懸念していた。

従ってそうした可能性にも十分配慮して、中国指導層は戦闘を重視する方針を改め、交渉自体を有利に展開させる道を模索する戦略へと転換したのである。こうした戦略は、以後一九五二年夏までの中国の停戦交渉における基本姿勢として貫かれた。その意味で、一九五一年末の停戦交渉における国連側との軍事境界線問題での一応の合意は、中国に朝鮮半島における一定の安全保障を確保させるとともに、中国指導層が戦後の新たな軍事戦略や安全保障戦略を構築する契機となっていたのである。

次に、中国が交渉の有利な進展を重視しつつ停戦の協議を進めるなかで、朝鮮戦争後の軍事戦略や安全保障戦略を中国指導層が如何に構築していったかを、中国のベトナム戦略の動態を通じて検証した。

中国がベトナムへの戦略を通じて、朝鮮戦争以後の軍事・安全保障の両戦略を検討したのは以下のような理由に依るものである。

それはまず、中国が台湾「解放」作戦の周辺環境として、中越国境から中国南部に至る地域の安定を重視していたこと、中国のベトナム戦略はソ連からの自律性を確保しており、そこからの戦略上の追求に柔軟に対処できたこと、更に、現実的な課題として一九五二年に入り、国府軍の「大陸反攻」が従来に比べて活発となり、それが中越国境に潜む国府軍の軍事作戦と連動していたことから、中国指導層はこれらの国府軍の行動を朝鮮戦争後を念頭においた戦略的意図を有するものと判断していたこと、そして何よりも、彼らがベトナムへの軍事戦略が生み出す中国南部の安定的な環境を活用して、台湾「解放」作戦の再始動の道のりを模索しようとしてことに求められる。

中国は停戦交渉を交渉重視の戦略にもとづいて推進し、一九五二年春には停戦に合意できる可能性まで見出していた。こうしたなかで、中国指導層は早期の停戦合意を前提とした朝鮮半島での諸政策の検討に着手するとともに、参戦以来中国軍の総司令の重責を担っていた彭徳懐をも帰還させ、中央軍委に復帰させて朝鮮半島のみならず中国の軍事戦略全般を指導する任務を負わせた。これと同様に大きな転換点を迎えたのが中国のベトナムへの軍事戦略であった。

ベトナムへの軍事戦略は、中国軍の朝鮮戦争への参戦環境を調整する上で有効に機能していた。朝鮮戦争の開戦が判明すると、中国は陳賡ならびに、韋国清を中心とする軍事顧問団をベトナムに派遣し、ベトナム軍が計画していた「国境戦役」を指揮して、勝利に導いた。中越国境付近で展開されたこの作戦によって、中国はここに緩衝地帯を作り上げ、フランス軍や国府軍による国境への圧力を緩和させていた。

これ以降、中国はベトナムへの軍事戦略を利用して自らの安全を確保することに積極的ではなくなっていった。

しかし朝鮮戦争が停戦交渉に入って以後、ベトナムへの軍事戦略の意義を再確認して、一九五二年初めには、中国西南部の中越国境地帯での「西北戦役」の実施を計画し、更に中国国境に深く入ったラオスでの作戦をも行おうとするようになった。このように中国指導層は朝鮮戦争参戦以来、大陸南部及び、西南部の安定に強い関心を示したのである。

中国指導層は中越国境の動態に対して、ベトナム戦略の原則を翻して柔軟に対処していた。それは既に述べたように、アメリカを背後におく国府軍の軍事行動への関心と密接に連携していた。

だが、一九五二年夏、国連軍は北朝鮮北部への軍事的な圧力を強めるとともに、停戦交渉で未解決のまま残されていた捕虜送還問題について、北朝鮮への送還率に対して中国へのそれを著しく抑えた送還案を提示していた。毛はこうした国連軍の軍事的な圧力と中国・北朝鮮の協調体制を分断することを目論む送還案に政治的な意図を見出し、国連軍の提案を拒絶して、このような圧力のなかでの停戦交渉には応じない方針を鮮明にした。従って、中国指導層はこのときまでに、それまで抱いてきた早期の停戦合意への期待を放棄し、戦争の長期化を覚悟するようになっていったのである。この彼らの決意は、ベトナムへの軍事戦略の方針や当時攻撃態勢への移行が模索されていた東南沿海島嶼への作戦日程にも影響を及ぼしたのである。

しかしながらこのことは、中国指導層が一九五二年春までに構築していた朝鮮戦争終結後の軍事戦略や安全保障戦略をも放棄させるものにはならなかった。それは彼らが、一九五二年夏以降、ソ連と協議して、既に国連軍側との合意可能な捕虜送還問題に関する提案を有していたこと、更にスターリンがインドシナ戦争の終結にも言及していたことなどにより立証できる。

従って中国指導層は一九五二年を通じて、朝鮮戦争の長期化をも視野に入れつつ、他方で同戦争の終結をも見通し、以後の軍事戦略や安全保障戦略について慎重に分析・検討を行っていた。彼らはこの具体的な方針を導く際に、ベトナムに対する軍事戦略の在り方からそれを調整していたのであった。建国以来、ベトナムを通じた自律的な安全保障を確保してきた中国にとって、そうすることがもっとも有用であったからである。

中国指導層は朝鮮戦争の終結を見越し、ベトナムへの軍事戦略を通じて、中国南部ならびに、西南部の安定を確保しようとしていた。それはこれらの地域が台湾「解放」に向けた後方の周辺地域であったからである。中国指導層はこれらの後方地域の安定を確保して、同作戦の復活に向けた一つの道筋を見出そうとしていたのである。

＊　　＊　　＊

中国は、朝鮮戦争の勃発から参戦への過程を通じて、建国初期の国家安全保障の前提としての台湾「解放」事業を延期することを余儀なくされていたが、停戦交渉を通じて朝鮮戦争の終結過程を見通すことができるようになると、台湾「解放」事業を再開する道を模索するようになった。

だが、朝鮮戦争という国際紛争は、台湾「解放」事業をめぐる国際環境を大きく変動させただけではなく、国際環境に対する中国指導層の認識をも変化させていた。

中国指導層は、朝鮮戦争を通じて、アメリカ、ソ連との関係のみならず、ベトナムや中立主義を表明していたインド、ビルマ（現在のミャンマー）、インドネシアなどの諸国（第三世界）との関係についても、その認識を改めていった。これによって朝鮮戦争以後、中国はそれまでの武装闘争路線から、次第に平和共存路線へと対外路線を転換させることになる。

こうした変化の意義を正しく捉えるために、ここで朝鮮戦争期の中国の台湾「解放」をめぐる対外認識を確認しておこう。

第一は、対米認識である。中国指導層はアメリカによる大陸への侵略が、台湾、朝鮮、インドシナの三方向からなされると予測していた。朝鮮戦争勃発直後、トルーマンの声明によりアメリカ軍が朝鮮半島に派遣されたことは、彼らのそうした予測の正しさを立証することになった。

またトルーマンの声明は、台湾海峡への軍事プレゼンス、インドシナ戦争中のフランス軍への軍事援助などについても言及していた。これは一九五〇年一月五日の彼の宣言と相反することであったため、中国はこれに激しい非難を加えた。

だが、アメリカによる台湾海峡への軍事プレゼンスは、中国軍の台湾への攻撃を阻止すると同時に、国府軍の中国大陸に対する攻撃をも中止させることを目的としていた。その意味でアメリカはこの時点で台湾海峡の両岸を「封じ込め」ようとしていたのである。

トルクノフ氏は、こうしたアメリカの台湾海峡「中立化」政策に対し、当初周が良好な反応を見せていたことを示す資料を公表している(15)。この新資料は、中国がアメリカの軍事プレゼンスによる台湾海峡情勢の変化を注視して、以後、慎重に台湾への軍事作戦の延期を確定していた事実を一層鮮明に裏づけるものと言える。

しかしながら、朝鮮戦争における北朝鮮軍の戦況の悪化とそれに連動した形でなされたアメリカの国府に対する軍事的関与の強化は、中国指導層にアメリカによる台湾海峡の「封じ込め」が確実に国府を軍事的に優勢にするものであることを痛感させた。それは中国指導層が最終的に朝鮮半島でのアメリカとの対決が不可避だと考える上での重要な契機となった。

中国が朝鮮戦争に参戦して、米中両国の軍隊が朝鮮半島で直接対決するようになると、当然の帰結として台湾海峡をめぐる米中両国の対立は尖鋭化した。中国指導層はマッカーサーの中国南部への戦局拡大への意図を深く信じて疑わなかった(16)。

現実にアメリカは中国に対する「封じ込め」を強化した。国連が中国政府を「侵略者」とする非難決議を採択した一九五一年二月、アメリカは国府との間に正式に相互防衛協定を締結した。これは一九五四年一二月に締結された米華相互防衛条約の基礎となったものである。またマッカーサー解任後、トルーマンが直ちにチェイス（Wiliam C. Chase）少将を団長とする軍事顧問団を台湾に派遣したことは、アメリカが大陸南部に戦端を開く可能性があることを中国に再確認させることとなった。アメリカはこうした政治的、軍事的な圧力のみならず、一九五一年五月には国連で対中国禁輸決議を採択させて、中国に経済的な圧迫をも加えていた[17]。

だが他方で中国は、朝鮮半島でアメリカと直接対決したことによって、アメリカの軍事力の圧倒的な優勢を認識すると同時に、軍事的、政治的な判断から、台湾海峡でのアメリカ軍との衝突を回避しようとするようになった。中国指導層は停戦交渉を前に、アメリカとの間で台湾問題を、朝鮮問題とは切り放して解決する道を多方面から模索するようになるのである。

だが結果的には、一九五三年七月の停戦協定締結直後に開かれた、交戦双方の朝鮮半島をめぐる政治問題を討議するための事前会議においても、また一九五四年の朝鮮問題とインドシナ戦争の停戦を議論したジュネーブ会議においても、中国がアメリカとの間で台湾問題をめぐって政治的に決着をつける機会は訪れなかった[18]。従って朝鮮戦争における直接対決によって形成された米中双方の強い不信感は、連鎖的に台湾海峡をめぐる両国の対立を確実に増大させ、戦後、両国間に直ちに宥和的な関係を生み出すことはなかったのである。

第二は、対ソ認識である。多くの論者は、朝鮮戦争が中ソ同盟体制の最初の試練になったと位置づけている[19]。中国は朝鮮戦争に参戦したことでソ連が抱いていた対中不信を払拭し、朝鮮戦争後は社会主義陣営においてソ連に次ぐ地位を勝ち取ったばかりか、国際社会における大国としての座をも占めた。

また朝鮮戦争中、ソ連の軍事援助を大量に得られたことは、中国が海、空軍を創設して、軍事機構の近代化をはかることを可能にした。またそうしたソ連の援助は一九五二年末までに、中国軍が旧式の装備を更新し、東南沿海地区の防衛力と攻撃力を強化することに繋がった。

だが中国は朝鮮戦争に参戦することによって大量の人的損失を蒙った。また建国期の国家再建事業において、軍事費が国家財政を大きく圧迫し、経済再建を遅らせた。更に参戦によって引き起こされた各国の中国に対する直接的、間接的非難は、中国を国際社会のなかで孤立させ、経済的な対ソ依存と経済建設におけるソ連モデル以外の選択肢の採用を困難にさせた。またソ連の軍事援助が利子付きの有償援助であったことも中国の経済建設に重荷となった[20]。これらのことは、中国に対ソ不信感を生み出し、中ソ関係が蜜月期から対立期へと移行していく遠因ともなったのである。

このように朝鮮戦争をめぐる中ソの同盟体制には、その内実において中国の対ソ不信の要因が数多く存在していた。それらがこの戦争を通じて形成されたという点では研究者の見解はほぼ一致している[21]。

他方で、この時期の中ソの同盟体制が、中国の台湾「解放」にとって、どれだけ有効に機能していたかについては、必ずしも十分な議論がなされていない。もっとも、それはこの問題に関する一次資料がほとんど公表されていないことが大きく関係していると考えられる。本書においても最新の資料を可能な限り利用して論証を試みたが、鮮明にはならなかった。

まず、本書では、朝鮮戦争勃発前の中ソ両国の首脳による会談を通じて、台湾「解放」をめぐる議論がどのように展開されていたのかを明らかにした。建国直前の劉少奇（以下、劉と略記）と、建国直後の毛のいずれのモスクワ訪問時においても、スターリンは中国軍の台湾「解放」への軍事援助には応じはしたものの、それへのソ連軍部隊の参戦は拒絶していた。

また中国が国連代表権問題を通じて、国府の国際的な地位を失墜させようとした際に、ソ連は必ずしも国連で中国の意に添うように行動していなかった。

一九五〇年一月以降、ソ連はこの問題をめぐって朝鮮戦争勃発後までの長期間、国連安保理への参加を拒否していたが、そのことは、結果的にこの問題の解決を阻むこととなった。以後、ソ連が安保理に復帰してその議長国を務めた同年八月においても、必ずしもこの問題に対して積極的ではなかった。更に中国の参戦後、この問題の解決を含めた国連の朝鮮停戦提案にソ連が消極的であったことは、中国にとってこの問題を朝鮮戦争の有利な戦況のなかで解決するという絶好の機会を取り逃すこととなった。これにより一九五一年七月の停戦交渉前には、中国は自らその問題の解決を棚上げにしなければならなくなる。

これらのことは、ソ連が中国の台湾「解放」に積極的な協力をしなかった事例として見なすことができよう。だが、こうした台湾「解放」をめぐる現実の中ソ協力と強力な同盟体制がつくり出す中国の国家安全保障とは、同じ土俵で比べられるものではない。

そもそも、中ソ同盟体制の根幹をなす中ソ友好同盟相互援助条約は、共通の敵からの攻撃を受けたときに適用される防衛的な同盟体制を明示したものであって、両国が攻撃するときのそれではない。また両国の安全保障上の利益に関わる重大な国際問題については、条約には「協議」を行うとする以上の文言は示されていない[22]。従って本条約は、ソ連が中国の台湾「解放」に対して直接関与する義務は何も負っていないのである。

その意味では、スターリンは朝鮮戦争という国際紛争に直面して、中国が国家安全保障上、台湾「解放」を遂行するにあたり、如何なる立場を採るべきかについて、むしろ積極的に言及していたといえるかもしれない。

旧ソ連の機密文書によれば、一九五〇年一〇月初め、スターリンは、一度朝鮮戦争への参戦を拒絶した中国にその再検討を促す電報のなかで、アメリカ或いは、将来の日本による中国への侵略を念頭において、それらが朝鮮半島を前線基地にする可能性を指摘した上で、現下の国際情勢と戦況において、彼らが朝鮮半島での戦争を拡大できないばかりか、中国の参戦によって、アメリカが朝鮮問題で中国に譲歩し、北朝鮮に有利な条件で戦争の終結をはかることが可能になると指摘して、中国の参戦の重要性を力説していた。

更に彼は、右の諸条件は中国自身にも当てはまり、中国の参戦はアメリカに台湾や日本を大陸攻撃の前線基地とすることをも断念させるとし、中国が消極的な態度に出れば、アメリカによって台湾「解放」は阻まれ、台湾はその手中に帰すると指摘していたのである。[23]

同様な指摘は、一九五二年八月の周とスターリンとの会談においてもなされていた。周はこの会談においてスターリンに対し、中国の戦争継続の方針を伝えていた。その際スターリンは中国の方針に賛意を表した上で、アメリカが同盟国や国内の反対によって戦争の継続、拡大もできないことを指摘し、朝鮮半島での勝敗が、その後の中国の台湾「解放」の道を切り開くと述べていた。[24]

尤も、これらのスターリンの台湾「解放」をめぐる言説は、前者は朝鮮戦争への参戦、後者は戦争の継続を促すための彼特有のレトリックであったとする指摘を免れるものではなかろう。彼自身はアメリカとの直接対決を恐れていたし、朝鮮半島にアメリカを引きつけておくことによって、ヨーロッパ情勢への彼らの関心を低下させておくことは、ソ連がアメリカと直接対決しなければならなくなる危険性を回避する上で、有効な方法のひとつであると見なしていたのである。[25]

だが中国にしても、強力な中ソ同盟によって国家の安全保障を確保していた当時の現状からして、スターリンの認識は共有可能であったし、何よりも盟主である彼の認識に逆らうことはできなかった。従って、中国とソ連との間に台湾「解放」問題をめぐって何らかの齟齬が生じていたとしても、朝鮮戦争時の両者の同盟体制は一層強固なものとなっていったのである。その意味で、中国にとって台湾「解放」をめぐるより現実的な問題は、中ソ同盟にもとづいてソ連からの軍事援助以上の積極的、かつ具体的な貢献を望めないことであり、自力でその道を再構築していかなければならないことにあった。

第三は、ベトナムや中立主義を表明していた諸国についての認識である。

周知のように、朝鮮戦争は冷戦期の東西両陣営が対立する国際紛争であった。従ってそれに参戦した中国は、自らも属する東側の陣営の積極的な支持を得て、自国のみならず、自らの陣営に有利なかたちでの戦争の終結を模索していた[26]。

だが国際社会のなかで、朝鮮戦争時の中国の立場に対して、積極的な支持を表明していたのは、東側陣営の国々ばかりではなかった。建国初期の中国の武力闘争路線において「帝国主義の走狗」として打倒の対象とされていた中立主義の諸国もそうした態度を示していたのである[27]。

こうした国家の典型として挙げられるのが、インドである。周知の通り、インドはイギリスとの関係を保ちながら、独立した国家であった。それ故ソ連と同様に、中国も当初、インド政府の「帝国主義」との結びつきを批判していた[28]。

だが、インドは早くも一九四九年末に中国政府を承認していた。また一九五〇年四月に外交関係を樹立して以降、初代駐華大使として着任したパニッカーは、朝鮮戦争中、西側とのパイプをもたない中国が、自らの意向を西側に伝える上での重要なメッセンジャーとなっていた。インド政府自身も、朝鮮問題の平和的な解決をめぐって、中国政府の意向に配慮した停戦案を国際社会に幾度となく提起し、事実上中国側を支持する行動をとっていた。

朝鮮戦争中、インドをはじめとした中立主義の各国が中国に対してこのような態度を示したことは、中国の対外路線であった武力闘争路線の後退と一九五三年以降明確に打ち出される平和共存を主体とした新たな対外路線への転換を促すことになったのである。

高橋伸夫氏は、中国の平和共存路線への転換が、既に一九五一年一〇月の周の政務院（現在の国務院）での発言から垣間見られ、一九五二年春以降、中国共産党（以下、中共と略記）の文書のなかに平和共存の文言が頻出するようになるが、本格的なそれへの転換は一九五三年三月のスターリンの死後のことであったと指摘している。[29]以後、中国のこうした対外路線の転換は、一九五四年六月末のジュネーブ会議のさなかに行われた周とインド首相ネルー（Jawaharlal Nehru）との平和五原則についての共同声明によって、広く世界に知られることとなった。[30]

このように朝鮮戦争を経て、中国は中立主義の立場を採る諸国に対するそれまでの路線を大きく転換し、これらの諸国との関係を改善しようとしていた。

尤も中国は建国以後、インドをはじめとする中立主義の諸国において、その対外路線である武力闘争を現実に推進していたわけではなかった。その意味で中国にとってこれらの諸国に対する平和共存への路線転換は、単なる外交政策の変更でしかなかったと見ることも可能であろう。[31]

だが他方で、中国が武力闘争路線の論理に則して、現実に「毛沢東の道」を追究していたベトナムのインドシナ共産党を中心とした「反帝国主義・民族独立運動」への支援は、朝鮮戦争以降の対外路線の転換による影響を受けてどのように変化したのであろうか。

中国の軍事戦略としてのベトナムへの支援は共産主義者の「国際主義」の立場以上に、当初から自国の安全保障確保の観点からなされていた。従って朝鮮で停戦交渉が開始されると、その終結を見越して、ベトナムに対する自国の安全保障上の関心を一層強めていた。

しかしながら、中国の外交政策としての対ベトナム戦略が、朝鮮戦争での経験から端を発した対外路線の転換によって、どのように変化していたかについては、資料上必ずしも判然としない。だが、この間の中国のベトナムに対する支援体制は確実に変化していった。

当時中国の軍事顧問団を現地で統括し、後に駐越大使となった羅貴波は、一九五一年三月までは、ベトナムへの支援活動を劉の直接的な指導下で行っていたが、それ以降は、中共中央委員会対外連絡部の指揮の下で行ったと回想している。[32]

また傍証であるが、『劉少奇年譜』と『周恩来年譜』を比較すると、前者には一九五一年末までベトナム支援に関する記事が散見されるが、一九五二年以降はほとんど見ることがなく、後者には、同年夏以降の周の職務のなかで、ベトナムに関係するものが明らかに増加した様子が確認できる。[33]

十分な検証をするには資料が不足しているが、一九五二年前後に、北京において右で見たような劉から周へと、ベトナム問題に関して職務の引き継ぎがあったとすれば、それが中共の党務から中国の国務に移行していたことが窺われる。言い換えれば、ベトナム戦略は共産主義者の利益を確保することから、国益を充足させるアクターとなり、その意味で国家安全保障上の利益と一体化し、朝鮮戦争を経て武装闘争路線の意義は徐々に後景に退いていったことになる。

現実に中国が五大国の一員として参加したジュネーブ会議において、ベトナム軍の勝利で迎えたインドシナ戦争の終結をめぐって、周は彼らの革命の推進よりも、南北ベトナムの分断による紛争解決を目指し、ホー・チ・ミンらの説得にあたっていた。[34]このことは、中国が革命を推進する以上に、国家の安全保障上の利益、更に大国としての地位の維持、確保を優先したことを示すものであった。こうして中国はベトナムにおいても、平和共存への対外路線の転換を鮮明にしたのである。

中国が朝鮮戦争を経て、ジュネーブ会議までに対ベトナム戦略を転換し得たのは、中国が自律的な政策面での対応を可能にしていたからである。だが指摘しておかなければならないことは、ここに現れた中国の対外路線の転換が、スターリン死後のソ連の対外戦略とも適合していたことである。[35]その意味で対外路線の転換は、社会主義陣営内部においても正統性を有するものとなっていたのである。

では、以上のような中国指導層の国際環境に対する認識の変化は、以後の台湾「解放」戦略にどのような影響を与えたのであろうか。

これまで見てきたように、朝鮮戦争を経て米中対立は一層尖鋭化した。戦争後、アメリカが対中国「封じ込め」を強化すると、中国指導層は朝鮮で体験したアメリカとの直接対決を、台湾海峡にもち込まないようにしつつ、如何に台湾「解放」作戦を進めるかという課題に直面した。

しかし中国は朝鮮戦争を通じて、対外的にその強固さをアピールできたソ連との同盟も、台湾「解放」作戦を実現するのに十分活用できるほどの態勢を構築できてはいなかった。特に、朝鮮戦争の最終盤にスターリンの死に直面したことによって、ソ連自身が国内の指導体制の強化に迫られていたことは、そうしたことを一層困難にしていた。

このようななかで、中国は対外路線を武力闘争から平和共存へと転換させる。それは国際社会との関わりにおけるそれまでの拘束を解き放ち、広く中立主義諸国との関係改善を促し、中国指導層の国際環境に対する認識をも転換させたのである。

中国指導層がこうした国際社会に対する新たな認識を携えて外交の舞台に登場したのは、ジュネーブ会議であった。この会議によって米中関係は一層悪化したが、他方で、アメリカを除く西側の大国との協調関係の創造や平和共存の表明など、中国は外交上、大きな成果を収めた。それらは中国指導層が事前に行ってきた周到な準備の結果であった。(36)

中国指導層がジュネーブ会議において重点をおいたことは、アメリカの「封じ込め」に風穴を開けること、特に、一九五一年五月の国連決議に伴う対中国禁輸制裁を、イギリスを突破口にして打ち破ることであった。(37)

こうした中国の志向は、既に中国指導層の台湾「解放」作戦の再構築過程にも具体的に現れていた。

青山瑠妙氏は、一九五二年七月の華東軍区による大陳島への攻撃計画の目的の一つが、台湾海峡を南北に結ぶ海上航路の確保にあったことを、近年刊行された中国側の資料より解明するとともに、以後中国指導層がそれを念頭において台湾「解放」作戦の再構築を模索していたことを明らかにしている(38)。

このように中国指導層が台湾「解放」作戦の再構築過程で重視したことは、中国に対する禁輸政策を打ち破るためのシーレーンの確保であり、台湾海峡における貿易路の整備であった。

従って朝鮮戦争終結後の中国の台湾「解放」事業は、国家経済の再建に欠かせない対外貿易の回復を模索するための手段としてその重要性が認識されていたのである。このことは、建国以来の一大経済発展を目標においた一九五三年に始まる第一次五カ年計画の順調な進展を目指す中国指導層の認識と相互に連携していたのである。

では朝鮮戦争終結後における中国のこのような平和共存路線への転換や経済再建に配慮した諸政策は、台湾「解放」に正統性を付与する論理として提起されてきた武力闘争路線にどのような影響を及ぼしたのであろうか。

ジュネーブ会議が終了した直後の一九五四年七月二三日、中国は『人民日報』において、台湾「解放」の正当性を明言していた。周とともにジュネーブ会議に参加していた王炳南は、毛が「重大な政治的な誤り」を犯さないために、それを指示したと述べている(39)。

またこの後の七月二九日、周はソ連を訪問してフルシチョフ（Nikita Sergeevich Khrushev）らと会談した際、台湾「解放」の目的は「アメリカと蒋介石の軍事条約（後に締結された米華相互防衛条約のこと―筆者）を打ち破ることにあるだけでなく、更に重要なのは、全国人民の政治的覚悟と政治的警戒心を高め、人民の熱情を激しく発揚させて、国家建設の任務を完成する」ことにあると述べていた(40)。

このように当時、中国指導層は、台湾「解放」の政治的意義を重視していた。しかしそれは主に国内に向けられていたのである。

当時、中国国内において、台湾「解放」についての世論の関心は低下していたのであろうか。筆者はそれを明確に示す資料を残念ながら入手していない。だが、第五章で見たように、一九五一年七月の停戦交渉開始時の世論は、台湾問題に高い関心を示していた。結果的には、停戦交渉で、その解決がはかられなかったことから、この問題に対する世論の関心が一挙に低下していたこと、また以後中国指導層が第一次五カ年計画の完成に向けた思想動員の必要性から、極端にそれへの関心を高めようとしていたことが推測できる。

だが他方で、中国指導層がこの段階で、殊更に台湾「解放」の政治的意義を重視したことは、建国以来、推進してきた「毛沢東の道」との整合性をはかる必要性に迫られたためであったとも考えられる。

建国以来、中国は停戦交渉、ジュネーブ会議など自国の安全保障をめぐる対外交渉に臨んできた。中国はそれらの席で妥協を重ねていき、遂に平和共存への対外路線の転換まで求められた。こうした情況を国際問題化した台湾「解放」にまで適用することになれば、それは国共内戦以来、国府の消滅を最大の懸案として革命の完遂を目指してきた「毛沢東の道」の全面的な否定にも繋がる事態が起こりかねなくなる。従って中国指導層は対外路線としての「毛沢東の道」の後退を受けて、国内路線としての武力闘争を全面的に昇華させたのである。その意味で武力闘争は以後もその生命を国内路線において保ち続けたのである。

このことは中国にとって国内問題としての意義のみならず、国際社会に対して台湾「解放」問題についての認知を促す積極的な意義をも有していた。

朝鮮戦争後、中国が推進した平和共存路線の象徴的存在である平和五原則には、台湾「解放」戦略を国内問題として国際社会に認識させようとする狙いがあった(41)。国際社会は平和五原則が冷戦期のアジアにおける国際紛争を抑止する効果をもつことから、中国のこうした路線転換を基本的に歓迎していた。だが問題は朝鮮戦争以後、尖鋭化していた台湾海峡をめぐる米中対立にあった。

中国指導層が台湾「解放」戦略を国内問題として国際社会に提起した意味はここにある。それはアメリカが中国の国内問題である台湾問題に介入している現実を鮮明にすることであった。すなわち、中国の国内問題へのアメリカによる介入の不当性を強調することで、国際社会がこの問題への関心を中国側に有利な立場でもち続けることを意図していたのである。

中国指導層が国際社会に台湾「解放」が国内問題であることを明確にしたことは、台湾海峡で生じる紛争を局地化しようとする試みでもあった。それは朝鮮戦争以後、彼らが冷戦の緩和を求める国際世論の趨勢を利用して、アメリカとの軍事衝突を全面的に回避しようとするのと同時に、この問題をめぐるアメリカとの政治的な決着を模索した結果であった。

現実に第一次台湾海峡危機において、北京は現地軍に対し、アメリカ軍との軍事衝突を極力避けるよう指示する一方で、外交の場では、アメリカとの交渉の機会を窺っていた(42)。

朝鮮戦争において、中国はアメリカの軍事力の強大さを身をもって経験した。その軍事力が台湾海峡にもち込まれることは、中国の安全保障上の最大の危機であり、それが国府と一体化すれば、国家としての存立の根底を突き崩される危機を招くのは否定できないことであった。

他方で朝鮮戦争の終結は、国際社会に以後の地域紛争の非国際化と厳しい東西冷戦対立の緩和を強く求めた。中国はそうした国際社会の趨勢を慎重に受けとめながら、建国以後はじめての外交の大舞台であったジュネーブ会議で自国の安全保障戦略上、自律的な運用を可能にしていたベトナムに対して、インドシナ戦争での停戦において大幅な譲歩を迫ると同時に、平和推進国家であることを強く国際社会にアピールしていた。

中国のこのような対外政策は、国共内戦以来、冷戦と結合し国際問題化した台湾問題を国内問題のレベルに引き戻そうとする論理的、現実的な帰結であった。それは朝鮮戦争を通じてその意義を失いかけた「毛沢東の道」という武力闘争路線の国内での再生と、米中衝突を選択せず、国府との対決に限定しようとした軍事戦略上の判断でもあった。

朝鮮戦争を通じて、中国の国家安全保障戦略には、アメリカというアクターが常に中心に置かれた。その意味で、スターリン死後、中ソ同盟体制の強調による安全保障確保の方向は徐々に後退していくことになる。

他方で中国指導層は、アメリカとの不可避的な対峙において政治的な決着が安全保障上の有効な方法であることを見出していた。だが中国にとって台湾「解放」は妥協の余地のない、建国上の原則の問題であっただけにそうした決着ですら困難を生じていた。

台湾海峡をめぐる米中対立は、冷戦期の東アジアにおける国際問題の最大の焦点となり、二〇年にも及ぶ長期化を余儀なくされた。それが故にこの局地的、限定的な米中両国の課題をめぐって、双方はその解決に向けた道程を相互の国家関係改善から歩み出さなければならなかったのである。

註

（1）「朝鮮休戦会談問題に関する周恩来総理兼外交部長の声明（一九五三年三月三〇日）」（日本国際問題研究所中国部会『新中国資料集成』第四巻、日本国際問題研究所、一九七〇年）六八―七〇頁。以下、『資料集成』と略記。

（2）中共中央文献研究室『周恩来年譜』上巻（北京、中央文献出版社、一九九七年）二八八―二八九頁。以下、『周年譜』と略記。

（3）William Stueck, *The Korean War: An International History* (Princeton: Princeton University Press, 1995)【邦訳、ウィリアム・ストゥーク、豊島哲（訳）『朝鮮戦争―民族の受難と国際政治』（明石書店、一九九九年）】pp. 308-309.

（4）柴成文、趙勇田『抗美援朝紀実』（北京、中共党史資料出版社、一九八七年内部発行）一四七頁。

（5）「中央関於准備一切必要条件堅決粉砕敵人登陸冒険的指示（一九五二年一二月二〇日）」（『建国以来毛沢東文稿』第三冊、北京、中央文献出版社、一九八九年内部発行）六五六―六五八頁。

（6）「『台湾中立化』解除に関するアイゼンハワー大統領の言明（一九五三年二月二日）」（前掲『資料集成』第四巻）四頁及び、Su-Ya Chang（張淑雅）"Unleashing Chiang Kai-Shek?: Eisenhower and the Policy of Indecision toward Taiwan, 1953"（『中央研究院近代史研究所集刊』第二〇期、一九九一年六月）三七〇―三七一頁。

（7）軍事科学院軍事歴史研究部『抗美援朝戦争史』第三巻（北京、軍事科学出版社、二〇〇〇年）三七九―三八〇頁。

（8）袁偉『抗美援朝戦争紀事』（北京、解放軍出版社、二〇〇〇年）三四三―三四七頁。

（9）前掲『抗美援朝戦争史』四〇〇頁。

（10）《周恩来軍事活動紀事》編写組編『周恩来軍事活動紀事（一九一八―一九七五）』下巻（北京、中央文献出版社、二〇〇〇年）三〇〇―三〇一頁。

（11）前掲『抗美援朝紀実』一五二―一五三頁。

（12）前掲『抗美援朝戦争紀事』三六〇頁。

（13）青山瑠妙「中国の対台政策―一九五〇年代前半まで」（『日本台湾学会報』第四号、二〇〇二年七月）二五頁参照。

（14）第二章の註（99）を参照のこと。

（15）第二章の註（100）を参照のこと。

（16）王明の回想録には、一九五二年一〇月、ソ連共産党第一九回大会への出席のためにモスクワを訪問していた劉少奇が、当時現地で病気療養中であった彼に、毛沢東はマッカーサーの解任を受けて、アメリカが本格的に中国と対立する意志がなかったことを知り、中国の朝鮮戦争への参戦によってアメリカとの関係を損なったことを後悔していたと話したことが記されている。また朱建栄氏は、毛沢東の側近の証言として、彼がマッカーサーの解任を、アメリカの中国大陸への戦争拡大を低下させるものとして大いに喜んでいたと述べたと記している。Van Min, *Polveka KPK I Predatelbstvo Mao tsze-duna* (Moskva: Izdatelvstvo Politicheskoi Diteratury, 1975).【邦訳、王明、高田爾郎、浅野雄三（訳）『王明回想録』（経済往来社、一九七六年）】二三五―二三七頁（邦訳）及び、朱建栄『毛沢東の朝鮮戦争』（岩波書店、一九九一年）三四五―三四六頁。

（17）「対中国・北朝鮮禁輸についての国連総会の決議（一九五一年五月一八日）」（前掲『資料集成』第三巻、一九六九年）二七八―二七九頁。

(18) 停戦交渉において、合意していた朝鮮半島情勢をめぐる政治問題を討議するために、その手続きなどを討議する板門店での事前協議は、一九五三年一〇月二六日より始まったが、米中両国は何ら具体的な問題での合意点を見出せず、同年一二月までに事実上打ち切られていた。またジュネーブ会議の開催中、中国は双方の居留民の問題をめぐって、四度にわたりアメリカと接触する機会をもったが、いずれも物別れに終わっていた。前掲『抗美援朝紀実』一七四頁、王炳南『中美会談九年回顧』(北京、世界知識出版社、一九八五年)二五―三〇頁参照。なおジュネーブ会議に関する研究については、浦野起央『ジュネーブ協定の成立』(巌南堂書店、一九七〇年)を参照されたい。
(19) 例えば、宮本信夫『中ソ対立の史的構造―米中ソの「核」と中ソの大国民族主義・意識の視点から』(日本国際問題研究所、一九八九年)、毛里和子『中国とソ連』(岩波書店、一九八九年)、山極晃「中ソ関係の展開―米中ソ関係の視点から」(山極晃、毛里和子『現代中国とソ連』、日本国際問題研究所、一九八七年、所収)。
(20) 同右、山極晃、七頁。
(21) その代表的な議論として、中島嶺雄『中ソ対立と現代―戦後アジアの再考察』(中央公論社、一九七八年)。
(22) 「中ソ友好同盟相互援助条約(一九五〇年二月一四日)」(前掲『資料集成』第三巻)五四―五五頁。
(23) 「斯大林関於中国出兵問題致金日成的信(一九五〇年一〇月八日)」(沈志華『中蘇同盟与朝鮮戦争研究』、桂林、広西師範大学出版社、一九九九年)三八六―三八七頁。
(24) 「斯大林与周恩来会談記録(一九五二年八月二〇日)」同右、五四二頁。
(25) Vojtech Mastny, *The Cold War and Soviet Insecurity: The Stalin Years* (Oxford: Oxford University Press, 1996).【邦訳、ヴォイチェフ・マストニー、秋野豊、広瀬佳一(訳)『冷戦とは何だったのか―戦後政治史とスターリン』(柏書房、二〇〇〇年)】一四八―一七五頁(邦訳)参照。
(26) 毛はスターリンに宛てた電報などのなかで、自国の利益のみならず、東側陣営の利益にも配慮した戦争終結の必要性についても言及していた。例えば、前掲『周年譜』二五〇頁。
(27) 岡部達味『中国の対外戦略』(東京大学出版会、二〇〇二年)七四―七五頁。
(28) 例えば「印度共産党与社会共和党電賀我中央人民政府毛主席分別覆電感謝」(『人民日報』一九四九年一一月二〇日)。
(29) 高橋伸夫『中国革命と国際環境』(慶應義塾大学出版会、一九九六年)一四三―一五〇頁参照。
(30) 「中印両国総理聯合声明(一九五四年六月二八日)」(『日内瓦会議文件彙編』、北京、世界知識出版社、一九五四年)三一四

―三一五頁。

(31) その意味で例外なのは、ビルマである。イギリスからの独立を果たし、一九四八年一月にビルマ社会党が中心となって発足した新政府は、東側陣営以外でもっとも早く中国を承認していた。当時ビルマが中国を承認した背景には、両国が国境を接していたこと以上に、中国の武力闘争路線がビルマ国内で対峙していた共産ゲリラ組織の活動を活気づけ、政府の転覆をはかることを恐れていたからであった。他方で中国にとってビルマとの国交関係は、国共内戦によってビルマに逃げ込んだ国府の残存勢力を一掃するためにも重要であった。一九五四年六月末、インドに続き、ビルマを訪問した周は、同国首相のウ・ヌー(U Nu)と会談し、インドと同様に平和五原則の共同声明を行うとともに、その書面においてインドとは異なり、「革命は輸出してはならない(革命是不能輸出的)」ことを明確に示していた。このことから、ビルマ政府にとって中国の武装闘争路線は現実の脅威であったことが理解できる。「中緬両国総理聯合声明(一九五四年六月二九日)」同右、三一六―三一七頁。村田克己「中華人民共和国成立に対するビルマの対応」(『東洋研究』第八八号、一九八八年一一月)及び、丸山鋼二「中国・ビルマの国交樹立について」(『文教大学国際学部紀要』第一〇巻第二号、二〇〇〇年二月)参照。

(32) 羅貴波「少奇同志派我出使越南」(《緬懐劉少奇》編輯組『緬懐劉少奇』、北京、中央文献出版社、一九九八年、所収)二三八―二三九及び、二四一頁。

(33) 管見の限り、建国から一九五一年末まで、『劉少奇年譜』に記載されているベトナム関係の記事は三一件に及び、『周恩来年譜』では三件のみである。それに対し、一九五二年以降、ジュネーブ会議の終了時までの比較では、前者がわずか三件なのに対し、後者には、一一件の記事が記載されている。中共中央文献研究室『劉少奇年譜(一八九八―一九六九)』下巻(北京、中央文献出版社、一九九六年)、前掲『周年譜』参照。

(34) 前掲『周年譜』三九四―三九五頁。

(35) 前掲『中国革命と国際環境』一四四頁。

(36) 一九五四年二月一八日のアメリカ、ソ連、イギリス、フランスによるベルリン四カ国外相会議において、ジュネーブ会議への中国の招聘が決定すると、周を中心に、精力的な準備が進められていった。三月二日、周は中共中央委員会書記処の会議で中国がジュネーブ会議に招聘された背景を、緊張した国際情勢の緩和と位置づけ、積極的な外交活動を通じて、アメリカの「封じ込め」政策を打破することを、この会議に参加する中国側の目標として明確にしていた。前掲『周年譜』三五六頁。なおベルリン四カ国外相会議については、『ベルリン四国外相会議―その経過と結論』(国際文化協会、一九五四年)を参照。

(37) 同右、三七三頁。
(38) 前掲青山瑠妙、二九―三二頁参照。
(39) 徐焔『金門之戦』(北京、中国広播電視出版社、一九九二年)一七三頁及び、前掲『中美会談九年回顧』四一―四二頁。
(40) 前掲『周年譜』四〇五頁。
(41) 宇野重明『中国と国際関係』(晃洋書房、一九八一年)二一九頁。
(42) 前掲青山瑠妙、三四頁。

引用・参照文献一覧

一、一次資料

『陳雲文選』第二巻（北京、人民出版社、一九九五年）
『従延安到北京―解放戦争重大戦役文献和研究文章専題選集』（北京、中央文献出版社、一九九三年）
逄先知、李捷『毛沢東与抗美援朝』（北京、中央文献出版社、二〇〇〇年）
『復刻版台湾問題重要文献資料集』第一巻（龍渓書舎、一九七一年）
「関於中国人民志願軍出動朝鮮作戦的一組電文（一九五〇年一〇月八日―一九日）」（中共中央文献研究室、中央档案館『党的文献』二〇〇〇年第五期、二〇〇〇年一〇月）
郭立民『中共対台政策資料選輯（一九四九―一九九一）』上冊（台北、永業出版社、一九九二年）
国務院台湾事務処弁公室研究局『台湾問題文献資料選編』（北京、人民出版社、一九九四年内部発行）
『建国以来毛沢東文稿』第一～四冊（北京、中央文献出版社、一九八七～一九九〇年内部発行）
『聶栄臻軍事文選』（北京、解放軍出版社、一九九二年）
彭徳懐伝記編写組『彭徳懐軍事文選』（北京、中央文献出版社、一九八八年）
『前蘇聯政府档案朝鮮戦争文電摘要』（台北、中共研究雑誌社、一九九九年）
『日内瓦会議文件彙編』（北京、世界知識出版社、一九五四年）
瀋陽軍区政治部編研室『建国初期我軍渡海作戦史料選編』（瀋陽、白山出版社、二〇〇一年軍内発行）
沈志華『中蘇同盟与朝鮮戦争研究』（桂林、広西師範大学出版社、一九九九年）
『朝鮮戦争：俄国档案館的解密文件』全三冊（台北、中央研究院近代史研究所、二〇〇三年）
張愛萍『張愛萍軍事文選』（北京、長征出版社、一九九四年）

『朝鮮問題文件彙編（一九四三年一二月至一九五三年七月）』第一集（北京、世界知識出版社、一九六〇年）
中共北京市委党史研究室『北京市抗美援朝運動資料匯編』（北京、知識出版社、一九九三年）
中共江蘇省委党史工作弁公室、江蘇省档案館、南京市档案館『抗美援朝運動在江蘇（一九五〇―一九五三）』（南京、中国档案出版社、一九九七年）
中共江西省委党史資料征集委員会『江西抗美援朝運動』（北京、中央文献出版社、一九九五年内部発行）
中共中央文献研究室『建国以来重要文献選編』第一～四冊（北京、中央文献出版社、一九九二～一九九三年）
『毛沢東軍事文集』第六巻（北京、軍事科学出版社・中央文献出版社、一九九三年）
『毛沢東文集（一九四九年一〇月―一九五五年一二月）』第六巻（北京、人民出版社、一九九九年）
中共中央文献研究室、中央档案館『建国以来劉少奇文稿』第一～四冊（北京、中央文献出版社、二〇〇五年【なお第一冊は、一九九八年内部発行の増補・改訂版】）
中共中央文献研究室、中国人民解放軍軍事科学院『周恩来軍事文選』第四巻（北京、人民出版社、一九九七年）
「中国人民対全世界的荘厳宣言」（『群衆』第三巻第四一期、一九四九年一〇月）
中国人民解放軍国防大学党史党建政工教研室『中共党史教学参考資料　社会主義改造期（上）』（一九）（出版社不明、一九八六年内部発行）
中国人民解放軍軍事科学院『毛沢東軍事文選　内部本』（北京、中国人民解放軍戦士出版社、一九八一年【復刻版、蒼蒼社、一九八五年】）
中国人民抗美援朝総会宣伝部『偉大的抗美援朝運動』（北京、人民出版社、一九五四年）
中国社会科学院《蘇聯歴史档案集》課題組「関於抗美援朝戦争期間中蘇関係的俄国档案文献（連載一、二、三）」（『当代中国史研究』一九九七年第六期、一九九七年一二月、一九九八年第一期、一九九八年二月、一九九八年第二期、一九九八年四月）
『中華人民共和国対外関係文件集（一九四九―一九五〇）』第一、二集（北京、世界知識出版社、一九五七、一九五八年）
中央档案館『中共中央文件選集（一九四九年一月至九月）』第一八冊（北京、中共中央党校出版社、一九九二年）

周恩来「中国加入聯合国問題与朝鮮問題必須区別開来解決」（中共中央文献研究室『中共党史資料』第六五輯、一九九八年二月）

＊　＊　＊

神谷不二『朝鮮問題戦後資料（一九四五―一九五三）』第一巻（日本国際問題研究所、一九七六年）

東京大学近代中国史研究会『毛沢東思想万歳』（上）（三一書房、一九七四年）

日本国際問題研究所中国部会『中国共産党史資料集』第四巻（勁草書房、一九七二年）

『新中国資料集成』第二〜四巻（日本国際問題研究所、一九六四年、一九六九年、一九七〇年）

『毛沢東選集』第四、五巻（北京、外文出版社、一九六八年、一九七七年）

『毛沢東軍事論文選』（北京、外文出版社、一九六九年）

毛沢東文献資料研究会『毛沢東集』第五、六、一〇巻（北望社、一九七〇年、一九七一年）

劉少奇、浅川謙次（訳）「国際主義と民族主義（一九四八年一一月一日）」（『国際主義と民族主義』、国民文庫社、一九五四年、所収）

＊　＊　＊

"New Russian Documents on the Korean War," *Cold War International History Project Bulletin*, Issues 6-7 (Winter 1995/96)

Torkunov, Anatory Vasilievich. *Zagadochnaya Voina: Koreiskii konflikt 1950-1953* (Godov: Rossspen, 2000)【邦訳、A・V・トルクノフ、下斗米伸夫、金成浩（訳）『朝鮮戦争の謎と真実』（草思社、二〇〇一年）】

U. S. Department of State, *Foreign Relations of the United States*, Annul Volumes, 1950-1953 (Washington D. C.: U. S. Government Printing Office)

二、新聞、時事雑誌

「印度共産党与社会共和党電賀我中央人民政府毛主席分別覆電感謝」（『人民日報』一九四九年一一月二〇日）

「葛羅米柯義正辞厳」（『大公報（上海版）』一九五〇年七月六日一面）

「頼伊向聯合國會員國建議解決我國代表權問題」（『人民日報』一九五〇年六月一一日一面）
「頼伊在蘇京招待記者」（『人民日報』一九五〇年五月一三日一面、五月二〇日四面）
雙雲「打倒親美論」（『学習』第三巻第四期、一九五〇年一一月）

＊　＊　＊

「金首相の要請で中ソ協力」『毎日新聞』（一九九三年八月七日六面）

三、事典、研究紹介

《空軍大事典》編審委員会『空軍大事典』（上海、上海辞書出版社、一九九六年）
李其炎『中国共産党党務工作大辞典』（北京、新華出版社、一九九三年）
劉培一、雲青『中国軍事之最大観』（北京、知識出版社、一九九四年）
沈志華「外交部档案開放与中外関係史研究的一些問題」（『党史研究資料』二〇〇四年第三期、二〇〇四年六月）
王健英『中国共産党組織史資料匯編―領導機構沿革和成員名録』（北京、中共中央党校出版社、一九九五年）
王進『中国党派社団辞典』（北京、中共党史資料出版社、一九八九年）
星火燎原編輯部『中国人民解放軍将師名録』第一、二集（北京、解放軍出版社、一九八六年、一九八七年）
張青華「台灣地区現蔵韓戦資料評介」（『国史館館刊』復刊第二一期、一九九六年）
中国大百科全書軍事巻編審室『《中国大百科全書・軍事》戦争、戦略、戦役分冊』（北京、軍事科学出版社、一九八七年内部発行）

＊　＊　＊

天児慧ほか『岩波現代中国辞典』（岩波書店、一九九九年）
アレキサンダー・M・グリゴリエフ、川島真（訳）「ロシア国内各文書館所蔵　中国関係資料」（『中国研究月報』第五六五号、一九九五年三月）
河原地英武「朝鮮戦争とスターリン―ソ連公開文書の検討」（軍事史学会『軍事史学』第一四一号、二〇〇〇年六月）

阪田恭代「米国における朝鮮戦争研究の現状」（軍事史学会『軍事史学』第一〇三号、一九九〇年一二月）
自由アジア社『平和団体の世界戦線』（自由アジア社、一九五五年）
朱建栄「中国における朝鮮戦争研究」（『中国研究月報』第五一三号、一九九〇年一一月）
白井京「資料紹介　大韓民国初代大統領李承晩の関連文書」（『アジア資料通報』第三九巻第一号、二〇〇一年四月）
鐸木昌之「北朝鮮史料から見た朝鮮戦争―米国押収文書と韓国の史料を中心に―」（軍事史学会『軍事史学』第一〇三号、一九九〇年一二月）
森善宣「朝鮮戦争関連『ロシア外務省』文書の紹介」（『富山国際大学紀要』第一〇号、二〇〇一年三月）
安田淳「最近の中国における朝鮮戦争研究」（軍事史学会『軍事史学』第一〇三号、一九九〇年三月）
和田春樹「ソ連の政治関係文書公開の現状と評価―共産党・外務省・国家保安機関・国防省文書を中心に」（総合研究開発機構『政策研究』第一二巻第七号、一九九九年七月）

四、戦史、軍史

陳広相「千舟揚帆戦東海―人民解放軍解放舟山群島紀実」（『軍事史林』一九九五年第二期、一九九五年二月）
《当代中国》叢書編輯部『当代中国海軍』（北京、中国社会科学出版社、一九八七年）
『当代中国軍隊的軍事工作』上、下（北京、中国社会科学出版社、一九八九年）
『当代中国空軍』（北京、中国社会科学出版社、一九八九年）
軍事科学院軍事歴史研究部『抗美援朝戦争史』全三巻（北京、軍事科学出版社、二〇〇〇年）
『中国人民解放軍戦史』第三巻（北京、軍事科学出版社、一九八七年）
『中国人民志願軍抗美援朝戦史』（北京、軍事科学出版社、一九九〇年第二版）
空軍司令部編研室『空軍史』（北京、解放軍出版社、一九八九年）
孟照輝「備而不発、攻不可没―評抗美援朝『第六次戦役』」（軍事科学院軍事歴史研究部『軍事歴史』一九九八年第六期、一九九八年一二月）

南京軍区《第三野戦軍史》編輯室『第三野戦軍史』（北京、解放軍出版社、一九九六年）
孫宅巍「金門作戦失利述評」（『軍事史林』一九八九年第二期、一九八九年四月）
翟志端、李羽壮『金門紀実—五〇年代台海危機始末』（北京、中共中央党校出版社、一九九四年）
中国軍事顧問団歴史編写組『中国軍事顧問団援越抗法闘争史実』（北京、解放軍出版社、一九九〇年内部発行）

＊　＊　＊

韓国国防史研究所、翻訳・編集委員会（訳）『韓国戦争』第一～三巻（かや書房、二〇〇〇～二〇〇二年）
陸戦史研究普及会『朝鮮戦争』全一〇巻（原書房、一九六六～一九七三年）
森下修一『国共内戦史』（三州書房、一九七〇年）

五、大事記、年譜

柴成文、趙勇田『抗美援朝紀実』（北京、中共党史資料出版社、一九八七年内部発行）
鄧礼峰『新中国軍事活動紀実（一九四九—一九五九）』（北京、中共党史資料出版社、一九八七年）
姜毅思『中国人民解放軍大辞典』下（天津、天津人民出版社、一九九二年）
羅広武『新中国宗教工作大事概覧』（北京、華文出版社、二〇〇一年）
李学昌『中華人民共和国事典（一九四九—一九九九）』（上海、上海人民出版社、一九九九年）
馬斉彬『中国共産党執政四〇年』（北京、中共党史資料出版社、一九八九年）
王焔『彭徳懐年譜』（北京、人民出版社、一九九八年）
袁偉『抗美援朝戦争紀事』（北京、解放軍出版社、二〇〇〇年）
『中共西蔵党史大事記』（拉薩、西蔵人民出版社、一九九五年）
張山克『台湾問題大事記』（北京、華文出版社、一九九三年内部発行）
中共中央統戦部研究室『新中国統一戦線五〇年大事年表（一九四九—一九九九）』（北京、華文出版社、二〇〇〇年）
中共中央文献研究室『毛沢東年譜（一八九三—一九四九）』下巻（北京、人民出版社・中央文献出版社、一九九三年）

『劉少奇年譜（一八九八―一九六九）』下巻（北京、中央文献出版社、一九九六年）
『周恩来年譜（一九四九―一九七六）』上巻（北京、中央文献出版社、一九九七年）
『陳雲年譜』中巻（北京、中央文献出版社、二〇〇〇年）
中国人民解放軍軍事科学院毛沢東軍事思想研究所年譜組『毛沢東軍事年譜（一九二七―一九五八）』（南寧、広西人民出版社、一九九四年）
中国人民解放軍歴史資料叢書編審委員会『中国人民解放軍歴史資料叢書　防空軍回憶史料・大事記』（北京、解放軍出版社、一九九三年軍内発行）
《周恩来軍事活動紀事》編写組編『周恩来軍事活動紀事（一九一八―一九七五）』下巻（北京、中央文献出版社、二〇〇〇年）
喜田昭治郎「中国と朝鮮戦争―年表」（『九州国際大学国際商学部論集』第三巻第一号、一九九二年一月）

＊　＊　＊

六、回想録・日記

本書編輯組『中国軍事顧問団援越抗法実録〔当事人的回憶〕』（北京、中共党史出版社、二〇〇二年）
陳賡『陳賡日記（続）』（北京、解放軍出版社、一九八四年内部発行）
柴成文、趙勇田『板門店談判』（北京、解放軍出版社、一九九二年第二版）
杜平『在志願軍総部』（北京、解放軍出版社、一九八九年）
黄華「南京解放初期我同司徒雷登的幾次接触」（外交部外交史編輯室『新中国外交風雲』、北京、世界知識出版社、一九九〇年）
黄文歓『滄海一粟―黄文歓革命回想録』（北京、解放軍出版社、一九八七年）
羅貴波「少奇同志派我出使越南」（『緬懐劉少奇』編輯組『緬懐劉少奇』、北京、中央文献出版社、一九八八年）
「無産階級国際主義的光輝典範」（『緬懐毛沢東』編輯組『緬懐毛沢東』、北京、中央文献出版社、一九九三年）
藍楨祥「回顧抗美援朝運動」（中国人民政治協商会議江西省鉛山県委員会学習文史委員会『建国初期的鉛山【鉛山文史資料

第一一輯】』、出版社不明、二〇〇一年）
雷英夫（口述）『在最高統帥部当参謀―雷英夫将軍回憶録』（南昌、百花洲文芸出版社、一九九七年）
李涵珍（口述）、劉増孺（整理）「我和羅貴波相濡以沫大半生」（『百年潮』二〇〇二年第三期、二〇〇二年三月）
呂黎平「赴蘇参与談判援建空軍回憶」（中国人民解放軍歴史資料叢書編審委員会『中国人民解放軍歴史資料叢書 空軍回憶資料』、北京、解放軍出版社、一九九二年軍内発行）
聶栄臻『聶栄臻回憶録』下（北京、解放軍出版社、一九八六年）
彭徳懐『彭徳懐自述』（北京、人民出版社、一九八三年）【邦訳、『ある元帥の回顧録』（北京、外文出版社、一九八四年）及び、田島淳（訳）『彭徳懐自述（増補版）中国革命とともに』（サイマル出版会、一九八四年、一九八六年増補版）】
『彭徳懐自傳』（北京、解放軍文芸出版社、二〇〇二年）
全国政協文史資料委員会『支援抗美援朝紀実』（北京、中国文史出版社、二〇〇〇年）
始興県政協文史委員会、始興県民政局『為了和平　紀念抗美援朝四〇周年史料専輯』（出版社不明、一九九〇年）
師哲『在歴史巨人身辺―師哲回憶録』（北京、中央文献出版社、一九九一年）【邦訳、師哲、劉俊南・横沢泰夫（訳）『毛沢東側近回想録』（新潮社、一九九五年）】
師哲（口述）、師秋郎（筆記）『我的一生―師哲自述』（北京、人民出版社、二〇〇一年）
王炳南『中美会談九年回顧』（北京、世界知識出版社、一九八五年）
王徳『華東戦場参謀筆記』（上海、上海文芸出版社、一九九六年）
肖勁光『肖勁光回憶録（続集）』（北京、解放軍出版社、一九八九年）
葉飛『葉飛回憶録』（北京、解放軍出版社、一九八八年）
張維東「中国援越抗法物資輸送」（『軍事史林』一九九一年第三期、一九九一年六月）
中共丹東市委党史研究室『一切為了前線　丹東人民支援抗美援朝大事紀実』（出版社不明、二〇〇〇年内部発行）
中共上海市宝山区委党史研究室、上海市宝山区档案局『抗美援朝運動在宝山』（上海、上海社会科学院出版社、二〇〇四年）
中国人民政治協商会議当陽市委員会文史資料委員会『当陽人民抗美援朝紀実【当陽文史　第一六輯】』（出版社不明、一九九

八年）
エス・ヴェ・スリュサレフ「上海を守ったソ連の飛行士たち（一九五〇—一九五一）」（『極東の諸問題』第六巻第二号、一九七七年六月）

＊　＊　＊

＊　＊　＊

Acheson, Dean. *Present at the Creation: My Years in the State Department* (New York: W. W. Norton & Company Inc., 1969)【邦訳、ディーン・アチソン、吉沢清次郎（訳）『アチソン回顧録』2（恒文社、一九七九年）】
MacArthur, Douglas. *Reminiscences* (New York: Time Inc., 1964)【邦訳、ダグラス・マッカーサー、津島一夫（訳）『マッカーサー回想記』下（朝日新聞社、一九六四年）】
Ridgeway, Matthew Bunker. *The Korean War* (New York: Doubleday & Company Inc., 1967)【邦訳、マシュウ・B・リッジウェイ、熊谷正巳、秦恒彦（訳）『朝鮮戦争【新装版】』（恒文社、一九九四年）】
Truman, Harry S. *Memoirs by Harry S. Truman: Year of Trial and Hope* (New York: Doubleday & Company Inc., 1955)【邦訳、ハリー・S・トルーマン、堀江芳孝（訳）『トルーマン回顧録』Ⅱ（恒文社、一九九二年新装版）】

七、伝記

《当代中国人物傳記》叢書編集部『彭徳懐傳』（北京、当代中国出版社、一九九三年）
胡家模『彭徳懐評傳』（鄭州、河南人民出版社、一九八九年）
黄錚『胡志明与中国』（北京、解放軍出版社、一九八七年）
楊万青「人民空軍的首任劉亜楼」（中共中央党史研究室『中共党史資料』第四二輯、一九九二年六月）
張希『揮師援朝』（広州、広東教育出版社、一九九七年）
中共中央文献研究室『毛沢東伝（一八九三—一九四九）』（北京、中央文献出版社、一九九六年）【邦訳、金冲及、村田忠禧、黄幸（監訳）『毛沢東伝』下（みすず書房、二〇〇〇年）】

平松茂雄『現代中国の軍事指導者』（勁草書房、二〇〇二年）
古田元夫『ホー・チ・ミン―民族解放とドイモイ』（岩波書店、一九九六年）

＊　＊　＊

八、概説、研究書、論文

安・列多夫斯基「中国共産党代表団対莫斯科的訪問」（『当代中国史研究』一九九七年第一期、一九九七年二月）
C・H・貢恰羅夫、馬貴凡（訳）「斯大林同毛沢東的対話」（中国人民大学書報資料中心『復印報刊資料　中国現代史』一九九二年第六期、一九九二年六月再録）
蔡景恵、張源洪「一九四九年劉少奇秘密訪蘇前后状況的考察」（『北京党史研究』一九九四年第三期、一九九四年一〇月）
曹延平『抗美援朝運動』（北京、新華出版社、一九九一年）
程来儀『正義与邪悪的較量―朝鮮戦争戦虜之謎』（北京、中央文献出版社、二〇〇〇年）
《当代中国》叢書編輯部『抗美援朝戦争』（北京、中国社会科学出版社、一九九〇年）
高純淑「胡宗南与東南沿海作戦―以『胡宗南日記』為中心的探討」（一九四九：中国的関鍵年代学術討論会編輯委員会『一九四九：中国的関鍵年代学術討論会論文集』、台北、國史館、二〇〇〇年、所収）
郭明『中越関係演変四〇年』（南寧、広西人民出版社、一九九二年）
胡之信「党在土地改革、抗美援朝、鎮圧反革命運動中的統一戦線」（中国人民大学書報資料中心『復印報刊資料　中国現代史』一九八九年第一号、一九八九年一月再録）
計徳容「為了和平」（本社資料編輯組『歴史瞬間的回遡―中国共産党対外交往紀実』、北京、当代世界出版社、一九九七年、所収）
解力夫『朝鮮戦争実録』上巻（北京、世界知識出版社、一九九三年）
欧杜『西南大剿匪』（北京、国防大学出版社、一九九七年）
銭江『秘密征戦』上、下巻（成都、四川人民出版社、一九九九年）

沈志華『朝鮮戦争掲秘』（香港、天地図書有限公司、一九九五年）
『毛澤東・斯大林与韓戦—中蘇最高機密档案』（香港、天地図書有限公司、一九九八年）
『毛沢東・斯大林与朝鮮戦争』（広州、広東人民出版社、二〇〇三年）
石源華「台湾蒋介石政府与朝鮮戦争的起因—蒋中正档案相関史料解読」（復旦大学韓国・朝鮮研究中心『冷戦以来的朝鮮半島問題』、ソウル、図書出版高句麗、二〇〇一年）
宋恩繁、黎家松『中華人民共和国外交大事記』第一巻、（北京、世界知識出版社、一九九七年）
孫啓泰「抗美援朝運動簡介」（中共中央党史研究室『中共党史資料』第三六輯、一九九〇年一一月）
唐小菊「中国恢復聯合国合法席位的歴史回顧」（中共中央党史研究室『中共党史資料』第五七輯、一九九六年二月）
王文「建国初期知識分子思想改造運動」（中共中央党史研究室、中央档案館『中共党史資料』第六六輯、一九九八年六月）
王玉強「周恩来与朝鮮戦争戦虜遣返問題」（中共中央文献研究室、中央档案館『党的文献』一九九九年第四期、一九九九年七月）
肖天亮『疾風：共和国空戦紀実』（北京、西苑出版社、一九九九年）
徐焔『第一次較量—抗美援朝戦争的歴史回顧与反思』（北京、中国広播電視出版社、一九九〇年、一九九八年増訂版『金門之戦』（北京、中国広播電視出版社、一九九二年）
「五〇年代中共中央在東南沿海闘争中的戦略方針」（『中共党史研究』一九九二年第二期、一九九二年三月）
「熄滅印度支那戦火卓越歴史—試述中共中央関於援越抗法及和平解決印度支那戦争的方針及其実施」（中共中央文献研究室、中央档案館『党的文献』一九九二年第五期、一九九二年一〇月）
『毛沢東与抗美援朝戦争』（北京、解放軍出版社、二〇〇三年）
楊奎松『中共與莫斯科的關係（一九二〇—一九六〇）』（台北、東大圖書公司、一九九七年）
青石（楊奎松）「一九五〇年解放台湾計画擱浅的幕後」（『百年潮』一九九七年一期、一九九七年一月）
「斯大林力主中国出兵援朝—来自俄国档案的秘密」（『百年潮』一九九七年第二期、一九九七年三月）
「朝鮮停戦内幕—来自俄国档案的秘密」（『百年潮』一九九七年第三期、一九九七年五月）

楊奎松『毛沢東与莫斯科的恩恩怨怨』（南昌、江西人民出版社、一九九九年）
「毛沢東與印度支那戦争」（李丹慧『中国與印度支那戦争』、香港、天地図書有限公司、二〇〇〇年、所収）
「評『抗美援朝戦争史』」（石源華『冷戦以来的朝鮮半島問題』、ソウル、図書出版高句麗、二〇〇一年、所収）
「新中国従援越抗法到争取印度支那和平的政策演変」（『中国社会科学』総第一二七号、二〇〇一年一月）
姚旭「抗美援朝戦争的英名決策―紀念中国人民志願軍出国作戦三〇周年」（『党史研究』一九八〇年第五期、一九八〇年一〇月内部発行）
余湛、張光祐「関於斯大林曾否効阻我過長江的探討」（外交部外交史編輯室『新中国外交風雲』、北京、世界知識出版社、一九九〇年）
『従鴨緑江到板門店　偉大的抗美援朝戦争』（北京、人民出版社、一九八五年内部発行）
斉徳学『朝鮮戦争内幕』（瀋陽、遼寧大学出版社、一九九一年）
「関於抗美援朝出兵決策的幾個問題」（軍事科学院軍事歴史研究部『軍事歴史』一九九三年第二期、一九九三年四月）
『巨人的較量―抗美援朝高層決策和指導』（北京、中共中央党校出版社、一九九九年）
張淑雅「米国対台灣政策轉変的考察（一九五〇年一二月―一九五一年五月）」（『中央研究院近代史研究所集刊』第一九期、一九九〇年六月）
張秀娟「周恩来与中国恢復在聯合国合法席位的闘争」（中共中央文献研究室、中央档案館『党的文献』一九九七年一期、一九九七年一月）
周鴻「論北京市抗美援朝運動中的愛国主義教育」（『当代中国史研究』一九九五年第五期、一九九五年九月）
周軍「新中国初期人民解放軍未能遂行台湾戦役計画原因初探」（『中共党史研究』一九九一第一期、一九九一年一月）
「駕馭全局的戦略決策芸術―我軍由解放戦争向抗美援朝的戦略転換」（『党史縦横』一九九二年第五号、一九九二年一〇月）
朱家壁「解放戦争時期我在雲南人民反蒋武装闘争中的一些経歴」（中共雲南、広西、貴州省委党史資料征集委員会『中国人民解放軍滇桂黔辺縦隊』、昆明、雲南民族出版社、一九九〇年）

＊　＊　＊

青山瑠妙「建国前夜の米中関係」（日本国際政治学会『国際問題』第一一八号、一九九八年五月）
青山瑠妙「中国の対台政策―一九五〇年代前半まで」（『日本台湾学会報』第四号、二〇〇二年七月）
赤木完爾『朝鮮戦争　休戦五〇周年の検証・半島の内と外から』（慶應義塾大学出版会、二〇〇三年）
浅野亮「海空軍建設と沿岸諸島戦役―人民解放軍『近代化』の淵源をめぐって―」（『姫路獨協大学外国学部紀要』第五号、一九九二年一月）
浅野亮「未完の台湾戦役―戦略転換の過程と背景」（『中国研究月報』第五二七号、一九九二年一月）
浅野亮「中国共産党の『剿匪』と『反革命鎮圧』活動（一九四九―一九五一）」（『アジア研究』第三九巻第四号、一九九三年八月）
天児慧『中華人民共和国史』（岩波書店、一九九九年）
石井明『中ソ関係史の研究（一九四五―一九五〇）』（東京大学出版会、一九九〇年）
石井明「中国の対外関係組織―その沿革と現状」（岡部達味『中国外交―政策決定の構造』、日本国際問題研究所、一九八三年、所収）
石井明「中国の外政機構の変遷―一九四九―八二」（毛里和子『毛沢東時代の中国【現代中国論　一】』、日本国際問題研究所、一九九〇年、所収）
石井明「朝鮮戦争から中ソ対立へ―国家統一・経済建設と革命支援の相克」（『世界歴史』第二六巻、岩波書店、一九九九年、所収）
井尻秀憲「中華人民共和国成立前夜の国際関係」（『アジア研究』第二八巻第一号、一九八一年四月）
泉谷陽子「中国の社会主義化と朝鮮戦争―大衆運動を梃子とした総動員態勢の構築」（歴史学研究会『歴史学研究』第七五五号、二〇〇一年一〇月）
今堀誠二「新民主主義政権の思想的・社会的基盤・愛国主義と愛国公約からみた権力と民衆の動向　一九四九―一九五三」（『東方学会創立四〇周年記念東方学論集』、一九八七年六月、所収）

入江啓四郎「国連の中華人民政府容認問題」（『アジア研究』第一巻第一号、一九五四年四月）
宇佐美滋「スチュアート大使の北京訪問計画」（『国際問題』第一九八号、一九七六年九月）
内田知行『抗日戦争と民衆運動』（創土社、二〇〇二年）
宇野重明、小林弘二、矢吹晋『現代中国の歴史（一九四九―一九八五）』（有斐閣、一九八六年）
宇野重明『中国と国際関係』（晃洋書房、一九八一年）
浦野起央『ジュネーブ協定の成立』（巌南堂書店、一九七〇年）
袁克勤『アメリカと日華講和―米・日・台関係の構図』（柏書房、二〇〇一年）
岡部達味「中国外交の四〇年」（岩波講座現代中国第六巻『中国をめぐる国際環境』、岩波書店、一九九〇年、所収）
『中国の対外戦略』（東京大学出版会、二〇〇二年）
奥村哲『中国の現代史　戦争と社会主義』（青木書店、一九九九年）
小此木政夫『朝鮮戦争―米国の介入過程』（中央公論社、一九八六年）
外務省調査局第一課『朝鮮事変の経緯』（外務省、一九五一年）
加々美光行『中国世界』（筑摩書房、一九九九年）
神谷不二「朝鮮戦争と国府軍使用問題」（『法学雑誌』第九巻第三・四合併号、一九六三年三月）
『朝鮮戦争―米中対決の原形』（中央公論社、一九六六年）
喜田昭治郎『毛沢東の外交』（法律文化社、一九九二年）
「中国と朝鮮戦争―休戦交渉をめぐって」（『アジア研究』第三九巻第三号、一九九三年六月）
木戸蓊、村上公敏、柳沢英二郎『世界平和運動史』（三一書房、一九六一年）
木之内秀彦「中越ソ『友好』成立の断面―一九五〇年のベトナムをめぐって―」（『東南アジア研究』三二巻第三号、一九九四年一二月）
栗原浩英「ホー・チ・ミンとスターリン―ホー・チ・ミン訪ソ（一九五〇年二月）の歴史的意義―」（『アジア・アフリカ言語文化研究』第六五号、二〇〇三年三月）

『コミンテルン・システムとインドシナ共産党』(東京大学出版会、二〇〇五年)
小泉直美「スターリン期の対アジア外交」(山極晃『東アジアと冷戦』、三嶺書房、一九九四年、所収)
小島朋之『中国政治と大衆路線—大衆運動と毛沢東、中央および地方の政治動態—』(慶應通信株式会社、一九八五年)
小谷鶴次「國際機関と承認—中共の承認と総会の強化—」(『国際法外交雑誌』第五〇巻第四号、一九五一年一〇月)
呉忠根「朝鮮戦争とソ連—国連安保理事会欠席を中心に—」(慶應義塾大学法学研究会『法学研究』第六五巻第二号、一九九二年二月)
小林勇『戦後世界労働組合運動史』(学習の友社、一九七八年)
小林一美「中国社会主義政権の出発—『鎮圧反革命運動』の地平」(神奈川大学中国語学科『中国民衆史への視座—新シノロジー・歴史編』、東方書店、一九九八年、所収)
佐藤栄一「東アジアの冷戦と国連—中国代表権問題を中心に—」(山極晃編『東アジアと冷戦』、三嶺書房、一九九四年、所収)
時事通信社外信部『北京・台湾・国際連合』(時事通信社、一九六一年)
信夫清三郎『朝鮮戦争の勃発』(福村出版、一九六九年)
朱建栄『毛沢東の朝鮮戦争』(岩波書店、一九九一年【改訂版、二〇〇四年】)
『毛沢東のベトナム戦争—中国外交の大転換と文化大革命の起源』(東京大学出版会、二〇〇一年)
庄司智孝「第一次インドシナ戦争時のベトナムの対中姿勢—小国の対外政策とイデオロギー」(『アジア経済』第四二巻第三号、二〇〇一年三月)
徐焔、朱建栄(訳)「朝鮮戦争に中国はどれほど兵力を投入したか」(『東亜』第三一三号、一九九三年七月)
瀬田宏『朝鮮戦争の六日間—国連安保理と舞台裏』(六興出版、一九八八年)
世良正浩「中国共産党と知識人—中華人民共和国建国期の思想改造運動を中心として—」(『明治学院大学論叢』第四八二号、一九九一年三月)
高木誠一郎「米中関係の基本構造」(岩波講座現代中国第六巻『中国をめぐる国際環境』、岩波書店、一九九〇年、所収)

高橋伸夫『中国革命と国際環境』(慶應義塾大学出版会、一九九六年)
田中恒夫「朝鮮戦争における日本の国連軍への協力―その基本姿勢と役割―」(『防衛大学校紀要・社会科学分冊』第八八号、二〇〇四年三月)
土岐茂「『愛国公約』の歴史と原理―人民の自立的規律の創造―」(早稲田大学法学会『早稲田法学会誌』第二九巻、一九七八年)
中島嶺雄『中ソ対立と現代―戦後アジアの再考察』(中央公論社、一九七八年)
西村成雄『中国外交と国連の成立』(法律文化社、二〇〇四年)
平松茂雄『中国と朝鮮戦争』(勁草書房、一九八八年)
「朝鮮戦争と中国空軍の建設」(『国防』第三九巻第一〇号、一九九〇年一〇月)
『蘇る中国海軍』(勁草書房、一九九一年)
『台湾問題―中国と米国の軍事的確執』(勁草書房、二〇〇五年)
細谷千博『サンフランシスコ講和への道』(中央公論社、一九八四年)
『ベルリン四国外相会議―その経過と結論』(国際文化協会、一九五四年)
松田康博「中国の対台湾政策―『解放』時期を中心に」(『新防衛論集』第二三巻第三号、一九九六年一月)
「台湾の大陸政策(一九五〇―五八年)―『大陸反攻』の態勢と作戦」(『日本台湾学会報』第四号、二〇〇二年七月)
丸山鋼二「中国・ビルマの国交樹立について」(『文教大学国際学部紀要』第一〇巻第二号、二〇〇〇年二月)
三木清『中国回復期の経済政策―新民主主義経済論』(川島書店、一九七一年)
宮崎繁樹「中国と国際連合」(入江啓四郎、安藤正士『現代中国の国際関係』、日本国際問題研究所、一九七五年、所収)
宮本信夫『中ソ対立の史的構造―米中ソの「核」と中ソの大国民族主義・意識の視点から』(日本国際問題研究所、一九八九年)
村田克己「中華人民共和国成立に対するビルマの対応」(『東洋研究』第八八号、一九八八年一一月)

毛里和子『中国とソ連』(岩波書店、一九八九年)
安田淳「中国初期の安全保障と朝鮮戦争への介入」(慶應義塾大学法学研究会『法学研究』第六七巻第八号、一九九四年八月)
「中国の朝鮮戦争参戦問題」(軍事史学会『軍事史学』第一一八号、一九九四年九月)
「中国の朝鮮戦争第一次、第二次戦役―三八度線と停戦協議」(慶應義塾大学法学研究会『法学研究』第六八巻第二号、一九九五年二月)
「中国の朝鮮戦争第三~五次戦役―停戦交渉への軍事過程」(小島朋之、家近亮子編『歴史の中の中国政治―近代と現代―』、勁草書房、一九九九年、所収)
「中国の朝鮮戦争停戦交渉開始に関する一考察」(慶應義塾大学法学研究会『教養論叢』第一〇八号、一九九八年三月)
「中国の朝鮮戦争停戦交渉に関する一試論―外国軍隊の撤退と軍事分界線問題―」(軍事史学会『軍事史学』第一四一号、二〇〇〇年六月)
「中国の朝鮮戦争停戦交渉―軍事分界線交渉と軍事過程―」(慶應義塾大学法学研究会『法学研究』第七五巻第一号、二〇〇二年一月)
「中国の朝鮮戦争停戦交渉―捕虜返還問題と軍事過程―」(慶應義塾大学法学研究会『法学研究』第七七巻第五号、二〇〇四年五月)
山極晃「中ソ関係の展開―米中ソ関係の視点から」(山極晃、毛里和子『現代中国とソ連』、日本国際問題研究所、一九八七年、所収)
山崎静雄『史実で語る朝鮮戦争協力の全容』(本の泉社、一九九八年)
山本勲『中台関係史』(藤原書店、一九九九年)
李和倫「朝鮮戦争休戦をめぐるトルーマン政権の政策」(早稲田政治公法研究会『早稲田政治公法研究』第二九号、一九八九年四月)

和田春樹『朝鮮戦争全史』（岩波書店、二〇〇二年）

*　　　*　　　*

Accinelli, Robert. *Crisis and Commitment: United States Policy toward Taiwan, 1950-1955* (Chapel Hill: The University of North Carolina Press, 1996)

Chang Su-Ya（張淑雅）. *Pragmatism and Opportunism: Truman's Policy toward Taiwan, 1949-1952* (Ph. D. The Pennsylvania State University, 1988)

——. "Unleashing Chiang Kai-Shek?: Eisenhower and the Policy of Indecision toward Taiwan, 1953"（『中央研究院近代史研究所集刊』第二〇期、一九九一年六月）

Chen Jian（陳兼）. *China's Road to the Korean War: The Making of the Sino-American Confrontation* (New York: Columbia University Press, 1994)

——. "China and the First Indo-China War, 1950-1954," *The China Quarterly*, No. 133 (March 1993)

Chen, King C. *Vietnam and China: 1938-1954* (Princeton: Princeton University Press, 1969)

Goncherov, S. N. *Uncertain Partners: Stalin, Mao, and the Korean War* (Stanford: Stanford University Press, 1993)

Goodman, Allan E. ed., *Negotiating While Fighting: The Diary of Admiral C. Turner Joy at the Korean Amistice Conference* (Stanford: Hoover Institution Press, 1978)

He Di（何迪）. "The Last Campaign to Unify China: The CCP's Unmaterialized Plan to Liberate Taiwan, 1949-1950," *Chinese Historians*, Vol. V, No. 1 (Spring 1992)

Lie, Trygve. *In the Cause of Peace: Seven years with the United Nations* (New York: The Macmillan Company, 1954)

Mastny, Vojtech. *The Cold War and Soviet Insecurity: The Stalin Years* (Oxford: Oxford University Press, 1996)【邦訳、ヴォイチェフ・マストニー、秋野豊、広瀬佳一（訳）『冷戦とは何だったのか―戦後政治史とスターリン』（柏書房、二〇〇〇年）】

Qiang Zhai. *China & the Vietnam War: 1950-1975* (Chapel Hill: The University of North Carolina Press, 2000)

Simmons, Robert R. *The Strained Alliance: Peking, Pyongyang, Moscow, and the Politics of the Korean Civil War*（New York: Free Press, 1975）【邦訳、ロバート・R・シモンズ、林建彦、小林敬爾（訳）『朝鮮戦争と中ソ関係』（コリア評論社、一九七六年）】

Stone, I. F. *The Hidden History of the Korean War*（New York: Monthly Review Press, 1952）【邦訳、I・F・ストーン、内田敏（訳）『秘史朝鮮戦争』（新評論社、一九五二年、のち、青木書店、一九六六年）】

Stueck, William. *The Korean War: An International History*（Princeton: Princeton University Press, 1995）【邦訳、ウィリアム・ストゥーク、豊島哲（訳）『朝鮮戦争―民族の受難と国際政治』（明石書店、一九九九年）】

Tang, Tsou（唐鄒）. *America's Failure in China*（Chicago: The Chicago University Press, 1966）【邦訳、タン・ツォウ、太田一郎（訳）『アメリカの失敗』（毎日新聞社、一九六七年）】

Van Min. *Polveka KPK I Predatelbstvo Mao tsze-duna*（Moskva: Izdatelvstvo Politicheskoi Diteratury, 1975）【邦訳、王明、高田爾郎、浅野雄三（訳）『王明回想録』（経済往来社、一九七六年）】

Weathersby, Kathryn. "Stalin, Mao, and the End of the Korean War," Odd Ame Westad, ed., *Brother in Arms: The Rise and Fall of the Sino-Soviet Alliance, 1945-1963*（Stanford: Stanford University Press, 1998）

Whiting, Allen S. *China Crosses the Yalu: The Decision to Enter the Korean War*（New York: The Macmillan Company, 1960）

Wint, Guy. *What happened in Korea?: A Study of Collective Security*（London: Batchworth Press, 1954）【邦訳、グィー・ウィント、小野武雄（訳）『朝鮮動乱回顧録』（国際文化研究所、一九五五年）】

Zhang, Shu Guang（張曙光）. *Mao's Millitary Romanticism: China and the Korean War, 1950-1953*（Lawrence: University Press of Kansas, 1995）

あとがき

本書は平成一五年度に愛知学院大学大学院文学研究科に提出した学位請求論文に若干の加筆・修正を加えたものである。ただし、第五章以外の論文は、既に発表済みのものである。参考までにそれらを示せば次のとおりである。しかし、このなかのいくつかの論文は発表当時の原形をとどめぬほど、大幅な加筆・修正がなされていることをあらかじめお断りしておきたい。

第一章　「中国人民空軍建設に関する中ソ交渉について―中華人民共和国成立前夜の交渉―」㈳中国研究所『中国研究月報』第五七七号、一九九六年三月
第二章　「中国の台湾『解放』作戦と朝鮮戦争参戦問題」愛知学院大学大学院文学研究科『文研会紀要』第七号、一九九六年三月
第三章　「建国初期中国のベトナム支援の決定について―中国の台湾『解放』とその周辺環境の安定をめぐって―」軍事史学会『軍事史学』第一四九号、二〇〇二年六月
第四章　「朝鮮戦争と中国の東南沿海地区防衛戦略（一九五〇―一九五二）」㈳中国研究所『中国研究月報』第五九五号、一九九七年九月
第五章　書き下ろし
第六章　「中華人民共和国建国初期の国連戦略と中ソ関係―台湾『解放』作戦と朝鮮戦争の遂行をめぐるジレン

マ―」愛知学院大学大学院文学研究科『文研会紀要』第一一号、二〇〇〇年三月

第七章 「朝鮮戦争の停戦交渉と中国―軍事境界線問題をめぐる中国の交渉戦略―」㈳中国研究所『中国研究月報』第六四八号、二〇〇二年二月

第八章 「朝鮮戦争の停戦交渉と中国の対ベトナム戦略の位相―朝鮮戦争後の中国の軍事戦略と安全保障問題をめぐって―」赤木完爾（編）『朝鮮戦争―休戦五〇周年の検証・半島の内と外から―』（慶應義塾大学出版会、二〇〇三年）

本書刊行までの期間に、中国側から中華人民共和国建国初期の安全保障問題を研究する上で重要な史料が刊行された。例えば、沈志華『朝鮮戦争：俄国档案館的解密文件』全三冊（台北、中央研究院近代史研究所、二〇〇三年）、中共中央文献研究室、中央档案館『建国以来劉少奇文稿』第一～四冊（北京、中央文献出版社、二〇〇五年）〈なお、本書の第一冊は、一九九八年に刊行されたものの増補、改訂版〉である。本書でもこれらの史料の一部は利用したが、十分な検討は行えなかった。また二〇〇四年一月より、中国外交部档案館で建国初期の外交文書が随時公開され、閲覧可能となった。沈志華氏によれば、本書で取り上げた国連代表権問題や朝鮮戦争の停戦交渉をめぐる外交文書も閲覧できるようである。ただこういった新しい史料を用いることで、研究の密度は増し、個々の事実の細部への検証をするには有益であろう。だがこうしたことを行うには時間的なゆとりが必要であるし、本書の論旨を改変するほど影響があるものとは考えがたいので、手直しをすることはなかった。

＊　＊　＊

本書の完成までに、実に多くの人々からさまざま形で援助を受けた。

田中正美先生（愛知学院大学元教授・筑波大学名誉教授）には、筆者が学部生の頃よりご指導を賜った。大学院に入ったばかりの頃、筆者は学部生時代、「卒業論文」で手がけた一九三〇年代の中国共産党史の勉強を続けるつもりであったが、ある日研究室に伺ったとき、当時、新たな史料が発掘され、まだ歴史的な研究が始まったばかりの中華人民共和国の建国初期の研究に取り組んではどうかと、先生に勧められたことから、本書に至るまでの勉強が始まった。田中先生退職後、文学研究科歴史学専攻の中国近現代史研究室を受け継がれた鈴木智夫先生（愛知学院大学前教授）には、このような研究課題をもつ筆者に、史料の読み方から、史料批判、更には論文の書き方まで、徹底的に指導していただいた。院生時代から、先生に提出した筆者のレジュメや論文の草稿を、先生の「独特な」字で紙面が真っ赤になるまで添削していただき、その上、問題点のひとつひとつを懇切丁寧に説明していただいたことによって、本書の各論文の根幹が作られたといってよい。両先生とも、ご専門は中国近代史であり、研究対象の時代が、大きく異なる筆者の研究をいつも温かく見守り、叱咤激励をしていただいたことに大変感謝をしている。

また二〇〇一年、二〇〇二年度にかけて、「朝鮮戦争の再検討」と名づけられた慶應義塾大学地域研究センター（現東アジア研究所）でのプロジェクトに参加させていただいたことは、筆者の研究上の大きな励みとなった。二年間のこのプロジェクトで筆者は何度も研究報告をさせていただき、その度に朝鮮戦争を専門とする研究者から実に多くのご指導・ご批判を賜わり、多くの学問的な刺激を得た。また本プロジェクトを通じて、朝鮮戦争当時、韓国陸軍第一師団長、第一軍団長を歴任し、停戦会談時には、韓国側の代表をつとめられた白善燁将軍にお会いすることができ、中国軍との戦いの実体験に触れることができた。参加を許可された本プロジェクト代表、赤木完爾先生（慶應義塾大学）をはじめ、小此木政夫（慶應義塾大学）、田中恒夫（元防衛大学校）、鐸木昌之（尚美学園大学）、河原地英武（京都産業大学）、安田淳（慶應義塾大学）、阪田恭代（神田外語大学）、白井京（国立国会図書館）ほか、各先生に大変お世話なった。

学位請求論文の審査にあたっては、恩師・鈴木先生をはじめ、西川孝雄（愛知学院大学教授）、末川清（同客員教授）、菊池一隆（当時大阪教育大学、現愛知学院大学教授）の各先生方にお世話になった。各先生方からさまざまな有益な指摘を受けたが、本書において十分反映できたとはいい難い。今後の課題としたい。

また、本書の校正にあたっては、坂本健人（愛知学院大学大学院文学研究科研究員）、菅原政徳（同文学研究科博士課程）、南谷真の各氏にお世話になった。

＊　＊　＊

筆者は大学院在籍当時から、高等学校の地歴・公民科の期限付教諭として勤めてきた。職位や金銭的な面では、恵まれた立場とはいい難いが、職場には恵まれた。特にもっとも長期間在職することができた愛知県立半田工業高等学校では、多くの先輩教師や同僚に支えられた。梛野祐三教頭（現半田東高校）には、表向き「教材研究」と称して、遅くまで学校に残り、筆者が研究や論文の執筆をすることを許していただいた。また池田正人（現知立高校）、尾鼻千代一（現阿久比高校）両教諭らと、ほとんど誰も訪れることのない教室棟四階の「社会科室」で、中国やアジアの歴史をめぐる「素朴な」疑問をいろいろ議論できたことは、「アカデミズム」に乏しい高校での日常において、筆者の歴史研究への意欲を維持し、高めるためのささやかな潤いとなった。

最後に、私事にわたって恐縮だが、本書は妻佳子に捧げたい。文字どおり、彼女の働きがなければ、毎月大量の本を購入する筆者の研究費用を捻出することはできなかった。彼女自身の楽しみや趣味をあまり表に出さず、筆者の研究環境や体調に心配りをしてくれたことに感謝したい。また同様な意味で、義父・義母の温かい心配りにも、精神的に支えられた。記して感謝を表したい。

平成一八年九月　知多半島の四畳半の小さな研究室から

服部隆行

人名索引

【あ行】

【か行】

【さ行】

【た行】

【な行】

【は行】

【ま行】

【や行】

【ら行】

【わ行】

服　部　隆　行（はっとり　たかゆき）

愛知学院大学文学部歴史学科非常勤講師

〈略歴〉

1969年生まれ。

1997年　愛知学院大学大学院文学研究科歴史学専攻博士課程満期退学。

愛知県県立高校期限付教諭、社団法人中国研究所所員、慶應義塾大学地域研究センター（現東アジア研究所）客員所員などを経て、現職。

2004年　博士（文学）を取得（愛知学院大学）。


〈主な業績〉

赤木完爾（編著）、共著『朝鮮戦争　休戦50周年の検証・半島の内と外から』（慶應義塾大学出版会、2003年）。

朝鮮戦争と中国
——建国初期中国の軍事戦略と安全保障問題の研究——

2007年２月10日　発　行

著　者　服　部　隆　行

発行所　株式会社　溪　水　社

広島市中区小町１－４（〒730-0041）

電話（082）246－7909

FAX（082）246－7876

E-mail：info@keisui.co.jp

ISBN978-4-87440-950-3 C3031